Krauss / Führer / Neukäter
Grundlagen der Tragwerklehre 1

Franz Krauss, Wilfried Führer,
Hans Joachim Neukäter

Grundlagen der Tragwerklehre 1

4., durchgesehene und verbesserte Auflage
mit 528 Abbildungen und 19 Tabellen

Rudolf Müller

CIP-Kurztitelaufnahme der Deutschen Bibliothek

Krauss, Franz
Grundlagen der Tragwerklehre
Franz Krauss; Wilfried Führer; Hans-Joachim Neukäter
4., durchges. und erw. Auflage
Köln-Braunsfeld: R. Müller, 1988

ISBN 3-481-14874-7

NE: Führer, Wilfried; Neukäter, Hans-Joachim

ISBN 3-481-14874-7

© Verlagsgesellschaft Rudolf Müller GmbH, Köln 1988
Alle Rechte vorbehalten
Umschlag: Hanswalter Herrbold, Leverkusen-Opladen
Druck- und Bindearbeiten: Druck- & Verlagshaus Wienand, Köln
Printed in Germany

Vorwort

Der Entwurf der tragenden Konstruktion ist ein wesentlicher Teil des architektonischen Gesamtentwurfes. Die Einheit dieser Konstruktion mit Funktion und Gestaltung des Gebäudes muß Ziel des Architekten sein. In wirtschaftlicher Hinsicht wirkt sich der richtige Entwurf der tragenden Konstruktion weit stärker aus, als deren spätere genaue Berechnung. Nur aus einer guten Grundkonzeption kann der Ingenieur ein wirtschaftliches Tragwerk weiterentwickeln.

Der Architekt muß mit dem Tragwerk-Ingenieur verständnisvoll zusammenarbeiten. dazu genügt nicht, daß das Wissen des einen dort beginnt, wo das des anderen aufhört. Ineinandergreifen der Kenntnisse ist notwendig.

Ziel dieses Buches ist, Architekten die für das Entwerfen tragender Konstruktionen und für das Zusammenarbeiten mit dem Ingenieur erforderlichen Grundlagen zu vermitteln. Dabei kann es nicht darum gehen, das Aufstellen statischer Berechnungen zu lehren, doch sollte der entwerfende Architekt den Kraftverlauf verfolgen, die Größenordnung der Kräfte sowie Abmessungen von Bauteilen überschlagen und Varianten vergleichen können. Dazu genügt nicht das oft zitierte statische Gefühl allein, sondern dieses Gefühl muß durch Wissen und durch Verstehen der Zusammenhänge unterbaut sein.

Der vorliegende erste Band hat die Grundbegriffe des Tragverhaltens von Bauteilen zum Inhalt. im wesentlichen beschränkt auf statisch bestimmte Systeme. Zur Erläuterung und zum Begreifen ist ein wenig Rechenarbeit unvermeidbar. Auf diesen Grundlagen aufbauend soll im zweiten Band – (voraussichtlicher Titel: Anwendung der Tragwerklehre) – die Tragkonstruktion als Ganzes im Vordergrund stehen. Dort werden u.a. Windaussteifung, Rahmen, Seile und Bogen, Seilnetze und Schalen behandelt werden, dabei wird die rechnerische Erfassung weiter zurücktreten – sie würde zum Verständnis nur noch wenig beitragen.

Curt Siegel war der Wegbereiter einer architekturbezogenen Lehre über Tragwerke. Selbst Architekt und Ingenieur, verstand er es, das für Architekten Wesentliche herauszuarbeiten und anschaulich zu lehren. Als sein Schüler baue ich auf seinem Wirken auf.
Vieles in diesem Buch geht auf Grundgedanken Siegels zurück.

Dieses Buch entstand in laufender Zusammenarbeit der drei Verfasser. Es basiert auf deren Vorlesungsmanuskripten.
Für die endgültige Ausarbeitung danken wir Herrn Dipl.-Ing Claus-Christian Willems und vielen Studenten.

Franz Krauss   Aachen, Mai 1980

Vorwort zur 2. Auflage

Das Buch wurde vollständig überarbeitet, ein Zahlenbeispiel für eine Rippendecke hinzugefügt.
Für die Bearbeitung danken wir insbesondere Herrn cand.arch. Alfred Nieuwenhuizen.

Franz Krauss   Aachen, September 1981

Vorwort zur 3. Auflage

Der Abschnitt Fachwerke wurde erweitert.
Für die Bearbeitung danken wir insbesondere Herrn cand.arch. Thomas Luczak.

Franz Krauss   Aachen, Dezember 1983

Vorwort zur 4. Auflage

Dank reger Leserzuschriften konnten wir das Buch noch verständlicher gestalten und auch kleinere Unkorrektheiten verbessern.
Für die Bearbeitung danken wir insbesondere Herrn cand.arch. Joachim Schmitz.

Die Verfasser   Aachen, März 1988

Inhaltsverzeichnis

		Übersicht der Bezeichnungen..........................	9
1		Lasten..	13
		Zahlenbeispiel - Lastaufstellungen....................	23
2		Gleichgewicht der Kräfte und Momente................	33
3		Auflager...	39
	3.1	Art der Auflager............................	39
	3.2	Ermittlung der Auflagerkräfte................	42
	3.3	Lastfälle...................................	50
	3.4	Lasten in Richtung der Stabachse.............	51
	3.5	Einspannung.................................	53
4		Statische Bestimmtheit............................	55
5		Innere Kräfte und Momente...........................	60
	5.1	Längskräfte.................................	62
	5.2	Querkräfte..................................	64
	5.3	Momente.....................................	73
	5.4	Beziehung von Querkraft und Moment...........	79
6		Lastfälle, Hüllkurven und eine schnellere Methode zur Ermittlung der Auflager und Schnittkräfte............................	91
7		Festigkeit von Bau-Materialien......................	106
8		Bemessung von Biegeträgern in Stahl und Holz.........	116
	8.1	Widerstandsmoment und Trägheitsmoment.......	116
	8.2	Schub.......................................	137
	8.3	Gestalt von Biegeträgern.....................	145
9		Zug- und Druckstäbe.................................	149
	9.1	Zugstäbe....................................	149
	9.2	Druckstäbe..................................	150
	9.2.1	Druckstäbe ohne Knicken.....................	150

	9.2.2	Knicken	151
	9.2.3	Ausbildung von Druckstützen	162
	Zahlenbeispiel		167
10	Wände und Pfeiler aus Mauerwerk		177
	10.1	Ausgesteifte tragende Wände	184
	10.2	Nichtausgesteifte tragende Wände	187
	Zahlenbeispiele		189
11	Graphische Statik		191
	11.1	Grundlagen	191
	11.2	Zusammensetzen von mehreren Kräften	194
	11.3	Poleck und Seileck	199
	11.4	Zerlegen von Kräften	204
	11.5	Zusammensetzen und Zerlegen	207
12	Fachwerke		208
	12.1	Zeichnerische Methode zur Ermittlung der Stabkräfte, Cremonaplan	213
	12.2	Rechnerische Methode zur Ermittlung der Stabkräfte. Rittersches Schnittverfahren	221
	12.3	Eine Überschlagsmethode	226
	12.4	Erkennen von Stabkräften	227
	12.5	Aussteifung des Druckgurtes	232
13	Decken und Träger aus Stahlbeton		233
	13.1	Allgemeines	233
	13.2	Stahlbeton-Balken	243
	13.3	Stahlbeton-Platten	255
	13.4	Plattenbalken	263
	13.5	Rippendecke und deckengleiche Träger	273
	Zahlenbeispiele		288
14	Stützen und Wände aus Beton und Stahlbeton		301
	14.1	Allgemeines	301
	14.2	Gedrungene Beton- und Stahlbetonstützen	303
	14.3	Schlanke Beton- und Stahlbetonstützen	308
Literatur			321

Übersicht der Bezeichnungen

A	Querschnittsfläche (bisher F)
A_s	Querschnittsfläche des Stahles (bisher F_e)
A_b	Querschnittsfläche des Betons (bisher F_b)
B	Betonfestigkeitsklasse z.B. B 35
BSt	Betonstahlfestigkeitsklasse z.B. BSt 420/500
d	Dicke eines Querschnitts, auch d_o bei Plattenbalken
E	Elastizitätsmodul
F	Kraft
f	Durchbiegung
G g	ständige Last
h	statische Nutzhöhe eines Querschnitts
I	Trägheitsmoment = Flächenmoment 2. Grades
i	Trägheitsradius $\sqrt{\dfrac{I}{A}}$
k	Beiwerte der Stahlbetonbemessung
l	Stützweite
l_i	ideelle Stützweite (Entfernung der Momenten – Nullpunkte)
M	Biegemoment
N	Normalkraft
N_k	Knicklast (allg.)
P p	Verkehrslast
q	Summe von $g + p + s$
Q	Querkraft
s	Schneelast
s	Index für Stahl (bisher e)
s	Systemlänge, auch Abstand zwischen zwei Bauteilen
S	Statisches Moment = Flächenmoment 1. Grades
s_k	Knicklänge
w	Windlast
W	Widerstandsmoment
x y z	Koordinaten
x	Abstand der o-Linie vom gedrückten Rand bei StB
z	Hebelarm der inneren Kräfte

β_R	Rechenwert der Betonfestigkeit (auch cal ß)	
β_S	Streckgrenze des Bewehrungstahls	
γ	Sicherheitsfaktor	
ε	Dehnung $\varepsilon_b, \varepsilon_s$	
λ	Schlankheit $\dfrac{s_K}{i}$	
μ	Geometrischer Bewehrungsgrad	
σ_F	Fließgrenze	
σ_K	Knickspannung (allg.)	
σ_{Ki}	Eulersche Knickspannung	
σ_i	ideelle Spannung	
σ_D	Druckspannung	
σ_N	Normalspannung	
τ	Schubspannung	
ω	Knickbeiwert (allg.)	
ω_N	Knickbeiwert zur Abminderung der aufnehmbaren Normalkraft	
ω_M	Knickbeiwert zur Abminderung des aufnehmbaren Momentes	

Nebenzeichen

cal	rechnerisch (calculated)
crit	kritisch (auch kr)
erf	erforderlich
max	maximal (Größt-)
min	minimal (Kleinst-)
tot	gesamt (total)
vorh	vorhanden
zul	zulässig
bü	Bügel
'	Apostroph = Bezeichnung für Druckseite

G GRUNDKENNTNISSE

E ERWEITERUNGSKENNTNISSE für besonders interessierte Leser. Zum Verständnis der Grundkenntnisse nicht notwendig.

H HERLEITUNG von Zusammenhängen und Formeln. Das Durcharbeiten dieser Herleitungen ist nicht unbedingt erforderlich, wird aber - vor allem mathematisch interessierten Lesern - das Verständnis vertiefen.

Z ZAHLENBEISPIEL. Der Stoff wird an praktischen Beispielen erläutert und vertieft.

Hinweise auf Tabellen beziehen sich auf den Band " Tabellen zur Tragwerklehre ".

1 Lasten

G Tragende Konstruktionen haben die Aufgabe, Lasten aufzunehmen, d.h. zu "t r a g e n" und in den Baugrund abzuleiten. Dieses Tragen und Ableiten von Lasten kann entweder die alleinige Aufgabe eines tragenden Bauteils sein oder kann verbunden sein mit anderen Aufgaben. So haben viele Stützen oft nur den Zweck, Lasten zu tragen, während Wände meist auch Räume umhüllen und gegen klimatische Einflüsse, gegen Sicht, Lärm u.s.w. schützen sollen.

Eigengewichte der tragenden Bauteile, Eigengewichte anderer Bauteile, Gewicht der Benutzer, der Einrichtung, gelagerter Gegenstände und Güter, Schnee und Wind – das alles sind Lasten. Nach D I N 1080 wird die Benennung "L a s t" für Kräfte verwendet, die von außen auf ein Gebäude einwirken, aber keine Reaktionskräfte sind (Reaktionskräfte sind hier Auflagerkräfte, darüber mehr in den nächsten Kapiteln).
Für Bremskräfte(z.B. auf Brückenfahrbahnen) und K räfte aus Längenänderung der Bauteile (z.B. infolge Erwärmung) wird nicht das Wort "L a s t", sondern der umfassendere Begriff "K r a f t" gebraucht.

Wir unterscheiden Lasten und andere Kräfte
– nach der Dauer ihrer Einwirkung
– nach der Richtung, in der sie wirken, und
– nach der Art ihrer Verteilung .

1

G Nach der <u>Dauer</u> der Einwirkung unterscheiden wir zwischen <u>ständigen</u> und <u>nichtständigen</u> Lasten. Unter den nichtständigen Lasten bilden die dynamischen Lasten eine besondere Gruppe.

<u>Ständige</u> Lasten sind die
- Eigengewichte der unveränderlichen Bauteile, sowohl der tragenden als auch der nicht tragenden. Sie sind immer da.

Zu den <u>nichtständigen</u> Lasten und Kräften gehören die
- Verkehrslasten, d.h. die Lasten, die durch die Benutzer, Einrichtung, Lagerstoffe etc. entstehen.
- Schneelasten
- Windlasten
- Erddruck (In den meisten Fällen als nichtständig anzunehmen)
- Kräfte, die aus Längenänderung infolge Temperaturänderung, Trocknen, Schwinden etc. in der Konstruktion entstehen.

Auch solche Bauteile, die eingebaut, aber auch wieder entfernt werden können - z.B. variable Trennwände - sind den nichtständigen Lasten zuzurechnen.

Eine wichtige Gruppe der nichtständigen Lasten sind die dynamischen Lasten.

- Bremskräfte, die durch allmähliches Beschleunigen bzw. Bremsen (z.B. von Krananlagen) entstehen.
- Anprallasten. Sie entstehen durch stoßartiges Abbremsen, z.B. von anprallenden Fahrzeugen.

1

G - S c h w i n g u n g e n, z.B. durch Maschinen, Glocken, aber auch durch Wind. Sie können zu einer ernsten Gefahr für Bauwerke werden, wenn sie mit der Eigenschwingung des Bauwerks oder einem Mehrfachen dieser Eigenschwingung übereinstimmen, d.h. wenn R e s o n a n z e r s c h e i n u n g e n auftreten.

- Bei E r d b e b e n bewegt sich der Baugrund unter dem Gebäude. Infolge Massenträgheit der Gebäudeteile entstehen hieraus Kräfte.

Nach der R i c h t u n g werden unterschieden:
- v e r t i k a l e Lasten
- h o r i z o n t a l e Lasten in G e b ä u d e l ä n g s - richtung
- h o r i z o n t a l e Lasten in G e b ä u d e q u e r - richtung.

Anstelle der nicht immer eindeutigen Begriffe "Längs-" und "Querrichtung" können die Bezeichnungen wie x- und y- Richtung eingeführt werden. Die Vertikale wäre dann die z -Richtung. Schräg wirkende Lasten können in x- und y- und z- Komponenten zerlegt werden, wenn dies die weiteren Untersuchungen erleichtert.

Erfahrungsgemäß wird das Abtragen der v e r t i k a l e n Lasten meist schon bei den Vorentwürfen konstruktiv richtig bedacht. Hingegen ist oft ein Vernachlässigen der h o r i z o n t a l e n Lasten - wie z.B. Wind - im Entwurf festzustellen. Die Stabilisierung gegen horizontale Lasten - z.B. durch Wandscheiben kann aber den Entwurf entscheidend beeinflussen, deshalb sollte der Entwerfende gerade der Horizontal - Stabilisierung eines Bauwerks von Anfang an besonderes Augenmerk widmen!

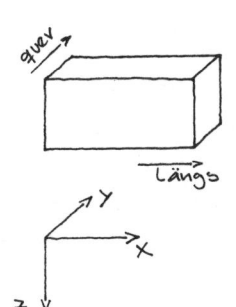

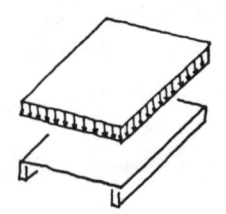

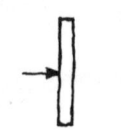

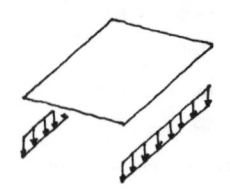

G Verteilung der Lasten

Lasten, die auf eine Fläche verteilt sind, heißen
<u>Flächenlasten</u>. So ist z.B. das Eigengewicht einer Deckenplatte eine ständige Flächenlast, die auf diese Decke wirkende Verkehrslast wird als nichtständige Flächenlast betrachtet; hierbei werden die Lasten aus Menschen, Möbeln etc. als gleichmäßig verteilt angenommen. Eigengewicht und Verkehrslast wirken vertikal. Der Wind erzeugt Flächenlasten, ihre Richtung ist immer senkrecht zur Angriffsfläche, kann also horizontal, aber auch schräg, bei Windsog sogar vertikal sein.

Kräfte, die auf einer Linie angreifen, werden als <u>Linienlasten</u> oder als <u>Streckenlasten</u> bezeichnet. Wenn z.B. die oben genannte Platte auf Balken oder Trägern auflagert, so wirken damit Streckenlasten auf diese Balken, und zwar ständige Streckenlasten aus dem Eigengewicht der Platte und nichtständige aus der Verkehrslast auf der Platte. Hinzu kommt die ständige Streckenlast aus dem Eigengewicht des Balkens.
Bei dieser Betrachtung wird die Breite des Balkens außer acht gelassen; wir vereinfachen den Balken in Gedanken zu einem linienförmigen Tragwerk, die auf ihn wirkenden Lasten zu Streckenlasten.
Allerdings muß bei der Ermittlung seines Eigengewichtes und später bei seiner Bemessung die Breite dann doch berücksichtigt werden.

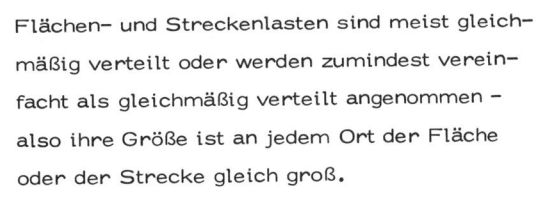

1

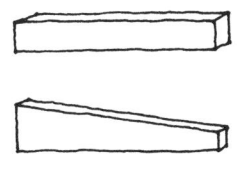

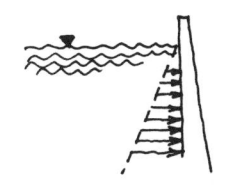

G Flächen- und Streckenlasten sind meist gleichmäßig verteilt oder werden zumindest vereinfacht als gleichmäßig verteilt angenommen – also ihre Größe ist an jedem Ort der Fläche oder der Strecke gleich groß.
Diese Lasten können aber auch ungleichmäßig verteilt sein, so z.B. das Eigengewicht eines konisch zulaufenden Trägers oder der Wasserdruck gegen eine Staumauer – er wird nach unten größer.

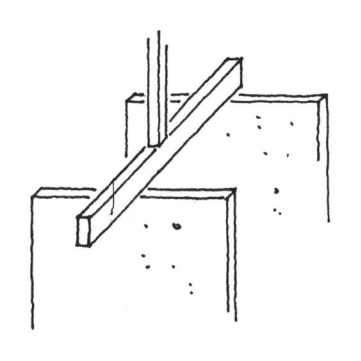

Ein Balken, der auf 2 Wänden aufliegt, belastet diese Wände durch E i n z e l l a s t e n, auch p u n k t f ö r m i g e Lasten genannt. Auch ein Pfosten, der auf einem horizontalen Holz, der "S c h w e l l e" aufsteht, erzeugt dort eine Einzellast.
Wie vorher bei der Breite des Balkens, so vernachlässigen wir jetzt die geringe Fläche des Auflagers und betrachten sie als einen Punkt.

Vereinfachungen dieser Art werden wir im folgenden noch oft brauchen. Sie sind notwendig, um mit angemessenem Aufwand Tragsysteme untersuchen zu können. Selbstverständlich müssen solche Vereinfachungen der Wirklichkeit möglichst nahe kommen.

G Bezeichnungen und Symbole

Flächen- und Streckenlasten bezeichnen wir mit kleinen Buchstaben, und zwar
- ständige Lasten mit   g
- Verkehrslasten mit   p
- Summe g + p   mit   q
- Schneelast   mit   s
- Windlast   mit   w

Bei der Windlast kann getrennt werden in Winddruck w_D und Windsog w_S.

Zur Unterscheidung der Flächenlasten von den Streckenlasten schlagen die Verfasser vor, Flächenlasten außerdem mit einem Querstrich zu versehen, also $\bar{g}, \bar{p}, \bar{q}, \bar{s}, \bar{w}$.

Flächenlasten werden meist in kN/m², bei sehr kleinen Lasten evtl. in N/m² angegeben, Streckenlasten in kN/m, bei sehr kleinen Lasten evtl. in N/m.

Für Einzellasten werden Großbuchstaben gewählt, also für ständige Einzellasten G, für solche aus Verkehrslast P, für Schnee S u.s.w. Nur für die Summe dürfen wir nicht Q verwenden, die Bezeichnung Q ist schon vergeben für die Querkraft (s. Kap.5), und hier könnte es böse Verwechslungen geben. Deshalb schreiben wir nur G + P, evtl. + S.
(Die Alphabete reichen leider nicht aus, obwohl wir schon das lateinische, das griechische und auch das alte deutsche heranziehen.)

1 **G** Bezeichnungen für Lasten, Übersicht.

	Flächenlasten	Streckenlasten	Einzellasten
	kN/m²	kN/m	kN
Ständige Lasten	$\bar{g}$	g	G
Verkehrslasten (nichtständige Lasten)	$\bar{p}$	p	P
Schnee	$\bar{s}$	s	S
Summe	$\bar{q}$	q	G + P + S
Wind	$\bar{w}$	w	W
andere Horizontalkräfte	$\bar{h}$	h	H

In Systemskizzen werden Lasten durch folgende Symbole dargestellt:

gleichmäßig verteilte Streckenlasten

p

ungleichmäßig verteilte Streckenlasten

p_1 ... p_2

Einzellasten

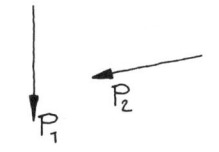

P_1 , P_2

Für Einzellasten kann auch allgemein die Bezeichnung F (force) oder für Vertikalkräfte die Bezeichnung V verwendet werden.

19

DIN 1055

G Lasten nach DIN 1055

Die Gewichte der Baustoffe und der als Belastung infrage kommenden Lagerstoffe, die erfahrungsgemäß möglichen Verkehrslasten sowie Wind- und Schneelasten sind in DIN 1055 festgelegt. Es ist also nicht notwendig, im Einzelfall Untersuchungen anzustellen etwa über Zahl und Gewicht der Personen, die sich möglicherweise in einem Raum aufhalten, sondern in Abhängigkeit von der Funktion dieses Raumes können die Werte der DIN 1055 entnommen werden.

Die wichtigsten dieser Werte sind im Tabellenband unter Abschnitt L - Lastannahmen zu finden. Dazu einige Anmerkungen:

Beim Betrachten dieser Tabellen erscheint es zunächst verwunderlich, daß bei Wohnräumen über Decken mit ausreichender Querverteilung der Lasten (z.B. Stahlbetonplatten) geringere Lasten anzunehmen sind, als für Decken unter denselben Räumen ohne ausreichende Querverteilung der Lasten (z.B. Holzbalken). Der Grund liegt nicht etwa darin, daß die einen Räume tatsächlich weniger belastet wären als die anderen, sondern er liegt darin, daß hohe Einzellasten, die in Wohnräumen auftreten können - z.B. durch einen Bücherschrank oder ein Klavier - bei der einen Decke auf eine größere mittragende Breite verteilt werden, bei der anderen Decke hingegen, z.B. bei der Holzbalkendecke, von nur einem oder zwei Balken aufgenommen werden müssen. (vergl. Tabellen L 3 im Tabellenband).

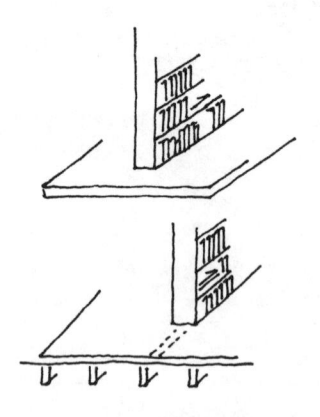

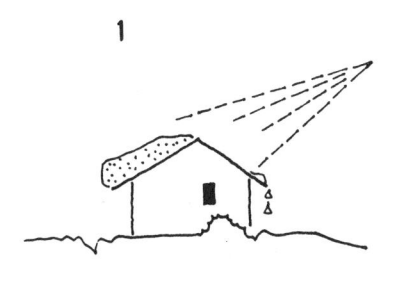

DIN 1055 UND TABELLENBAND, L4

GDaß die <u>Schneelast</u> abhängt von der Dachneigung, ist leicht einzusehen; auf einem flachen oder wenig geneigten Dach kann mehr Schnee liegen bleiben als auf einem steilen.
Die zu erwartende Schneemenge ist je nach geographischer Lage verschieden.

DIN 1055 unterscheidet 4 Schneelastzonen.
Die anzunehmende Schneelast ergibt sich nach Schneelastzone und nach Seehöhe. Eine Karte in DIN 1055 gibt Aufschluß über die Zonen. In Zweifelsfällen tut man gut daran, die zuständigen Bauämter rechtzeitig zu befragen.

Entsprechendes gilt für <u>Windlasten.</u> Die Windwerte nehmen zu mit der Höhe über Erdboden. An der See, im Hochgebirge und in exponierten Lagen sind höhere Werte anzunehmen.
Wind wirkt nicht nur als Druck, sondern auch als Sog. So ist es zu erklären, daß der Wind Dächer abheben kann, wenn diese nicht genügend befestigt sind. Der Wind ist also nicht nur auf der Luvseite, sondern auch auf der Leeseite zu berücksichtigen. Auf großen, ebenen, vertikalen Flächen sind nach DIN 1055 $2/3$ der Windlast als Druck auf der Luvseite, $1/3$ als Sog auf der Leeseite anzunehmen. Aber im Bereich der Ränder oder Ecken oder bei gekrümmten Formen kann die Sogwirkung wesentlich größer sein als die Druckwirkung.
Winddruck und Windsog sind immer als senkrecht zur betroffenen Fläche wirkend anzunehmen.

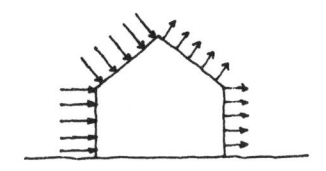

1 GDIN 1055 gibt für viele gebräuchliche Formen Werte für die Windlasten an. Für Bauwerke, für die diese Angaben nicht anwendbar sind, sollte man entweder sehr reichliche Annahmen treffen oder Windkanalversuche mit geeigneten Modellen unternehmen. Manchmal kann auf Veröffentlichungen früherer Windkanal - Untersuchungen an vergleichbaren Bauformen zurückgegriffen werden.

Z ZAHLENBEISPIEL - LASTAUFSTELLUNGEN

im folgenden Beispiel werden Lastaufstellungen für ein einfaches Holzhaus gezeigt.

(TABELLEN L 2 - 5) Die Lasten sind den Tabellen zu entnehmen.

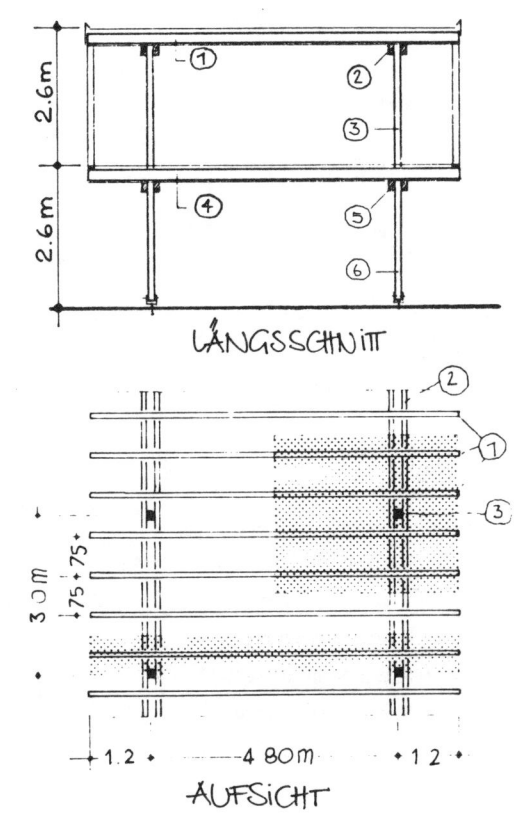

LÄNGSSCHNITT

AUFSICHT

Pos. 1 Balken der Dachdecke

(Pos. 1 bedeutet "Position 1". Mit Position werden die verschiedenen Bauteile bezeichnet, wobei gleiche Bauteile meist die gleiche Positions-Nummer haben. Im Positionsplan - einer Übersichtsskizze - zum schnellen Auffinden der Positionen und zum Erkennen ihrer gegenseitigen Beziehung - werden die Positionsnummern in kleine Kreise gesetzt, also ① im Positionsplan bedeutet: Pos. 1).

Z

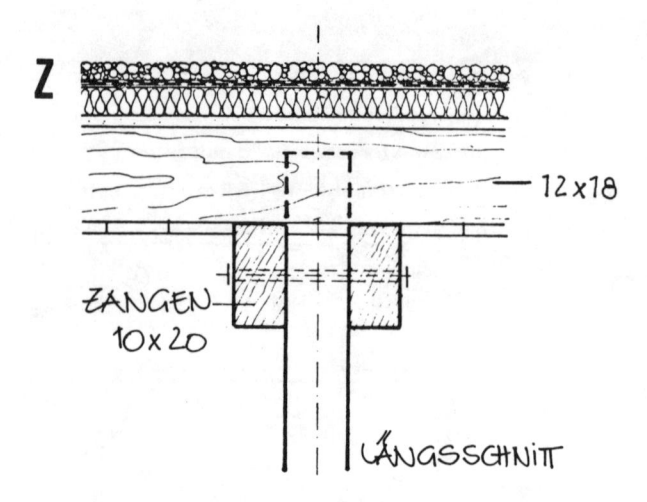

— 12 x 18

ZANGEN 10 x 20

LÄNGSSCHNITT

		kN/m²	kN/m
Ständige Lasten			
(TABELLEN L 2)	3 cm Kies 0,03 m . 18 kN/m³	0,54	
	3 Lagen Pappe	0,22	
	6 cm Isolierung ca.	0,05	
	2,2 cm Spanplatte	0,15	
	2,4 cm Holzschalung 0,024 m . 6 kN/m³	0,14	
	$\bar{g}$ =	1,10	
(TABELLEN L 4)	Schnee für horizontale Dächer	$\bar{s}$ = 0,75	
	$\bar{q}$ =	1,85	

Alle Holzbauteile : Nadelholz, Gkl II

2 Balken

Eigengewicht

Da wir die endgültigen Abmessungen der Balken bei der Lastaufstellung noch nicht kennen, schätzen wir den Balken mit 12 / 18 cm.

(geschätzt : 12 / 18 cm)

0, 12 m . 0, 18 m . 6 kN/m³

Balkenabstand
0, 75 m

Übrige ständige Lasten
bezogen auf 1 m Balkenlänge
1, 10 kN/m² . 0, 75 m

Schnee 0,75 kN/m² . 0, 75 m

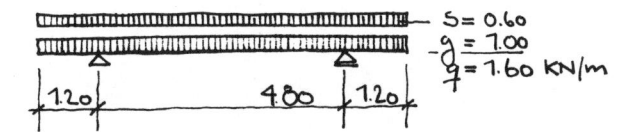

	kN/m²	kN/m
		0, 12
		0, 83
g =		0, 95
		≈ 1, 00
s ≈		0, 60
q ≈		1, 60

s = 0.60
g = 1.00
q = 1.60 kN/m

1.20 | 4.80 | 1.20

Das Ergebnis dieser Lastaufstellung wird für jede Position in einer Systemskizze niedergelegt. In einer statischen Berechnung würde jetzt die weitere Untersuchung des Bauteils erfolgen – Ermittlung der Auflagerkräfte, der inneren Kräfte, Bemessung des Balkens, gegebenenfalls Korrektur der Lastannahme, falls die Bemessung ein wesentlich anderes Eigengewicht ergeben sollte (s. folgende Zahlenbeispiele). – Für diese weitere Untersuchung ist die Skizze eine wichtige Grundlage. Wir fahren hier jedoch mit der Lastaufstellung für die anderen Positionen fort.

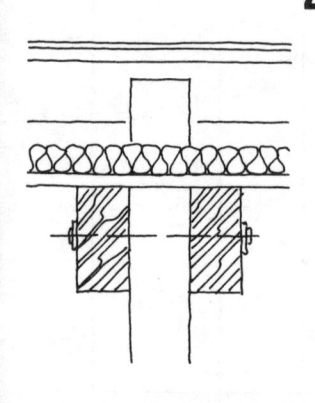

Pos.2 Zangen

Eigengewicht:

(geschätzt: 2 . 10/20 cm)

2 . 0,10 m . 0,20 m . 6,0 kN/m³

g aus Pos.1 : (Wegen Symmetrie entfällt je die halbe Last des Balkens auf eine der Zangen)

$1{,}00 \text{ kN/m} \cdot \dfrac{1{,}2 + 4{,}80 + 1{,}2}{2}$ m

Schneelast

s aus Pos.1 :

$0{,}60 \text{ kN/m} \cdot \dfrac{1{,}2 + 4{,}80 + 1{,}2}{2}$ m

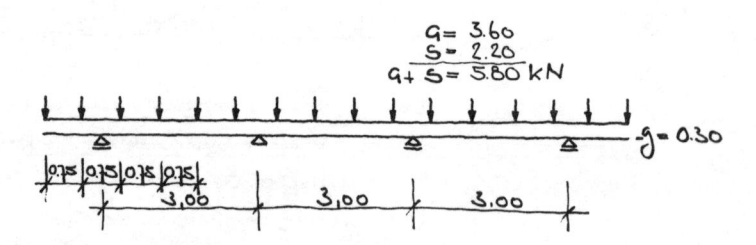

	kN/m²	kN/m	kN
		0,24	
g ≈		0,30	
G ≈			3,60
S =			2,20
G + S =			5,80

G = 3.60
S = 2.20
G + S = 5.80 kN

g = 0.30

0.75 | 0.75 | 0.75 | 0.75 | 3,00 | 3,00 | 3,00

Die Balken Pos.1 belasten also die Zangen Pos.2 als viele Einzellasten von je 5,80 kN. Nur das Eigengewicht der Zange bildet eine gleichmäßig verteilte Last von 0,30 kN/m.

Pos.3 Stütze

Ständige Lasten

Eigengewicht (geschätzt: 12/12 cm)

0,12 m . 0,12 m . 6 kN/m³ . 2,6 m   0,23

Die Lasten von je 3 m Länge der Zange Pos.2 entfallen auf eine Stütze. Wir sagen : "Das Einzugsfeld beträgt 3 m."

g aus Pos.2 :

0,3 kN/m . 3,0 m (Einzugsfeld)   0,90

G_2 aus Pos.2 :

3,60 kN . 4 (in dem Einzugsfeld liegen 4 Einzellasten)   14,40

	kN
	0,23
	0,90
	14,40
G =	15,53
≈	15,60

Schneelast:

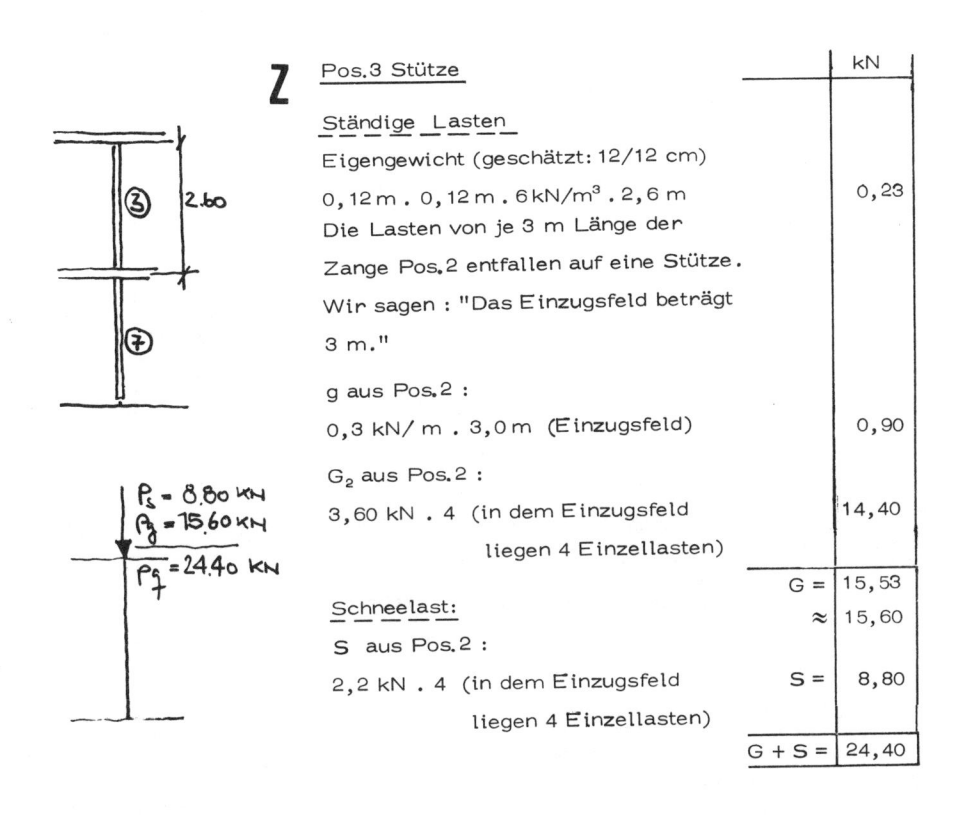

S aus Pos.2 :

2,2 kN . 4 (in dem Einzugsfeld liegen 4 Einzellasten)

	kN
S =	8,80
G + S =	24,40

$P_S = 8,80$ kN
$P_g = 15,60$ kN
$P_q = 24,40$ kN

QUERSCHNITT

Balken 12/18
Zange 2 × 10/20
Stütze 12/12

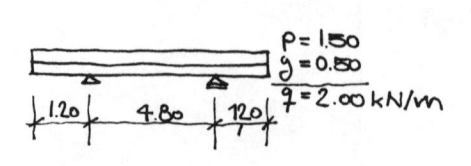

	Pos. 4 Balken der Decke über Erdgeschoß	kN/m²	kN/m	kN
	Ständige Lasten			
	Belag (z.B. Spannteppich)	0,10		
	2 cm Spanplatte	0,20		
	5 cm Glaswolle	0,05		
	2 cm Holzschalung			
	0,02 m . 6 kN/m³	0,12		
		0,47		
	(Da leichte Decken und Wände	$\bar{g}$ = 0,50		
	nur eine geringe Schalldämmung			
	aufweisen, werden oft zusätzliche			
	Lasten wie Sand oder Schlacke			
	in die Decken eingebracht, um			
	die Schalldämmung zu verbessern.			
	Darauf wurde hier verzichtet.)			
TABELLEN L 3	**Verkehrslast**			
(Deckenkonstruktion ohne ausreichende Querverteilung)	unter Wohnräumen	$\bar{p}$ = 2,00		
		$\bar{q}$ = 2,50		
	Balken			
	Eigengewicht (geschätzt 10/20			
	0,10 m . 0,20 m . 6 kN/m³)		0,12	
Balkenabstand	übrige ständige Lasten (s. oben)			
0,75 m	0,50 kN/m² . 0,75 m		0,38	
		g =	0,50	
	Verkehrslast			
	2,00 kN/m² . 0,75	p =	1,50	
		q =	2,00	

$p = 1.50$
$g = 0.50$
$q = 2.00$ kN/m

1.20 | 4.80 | 1.20

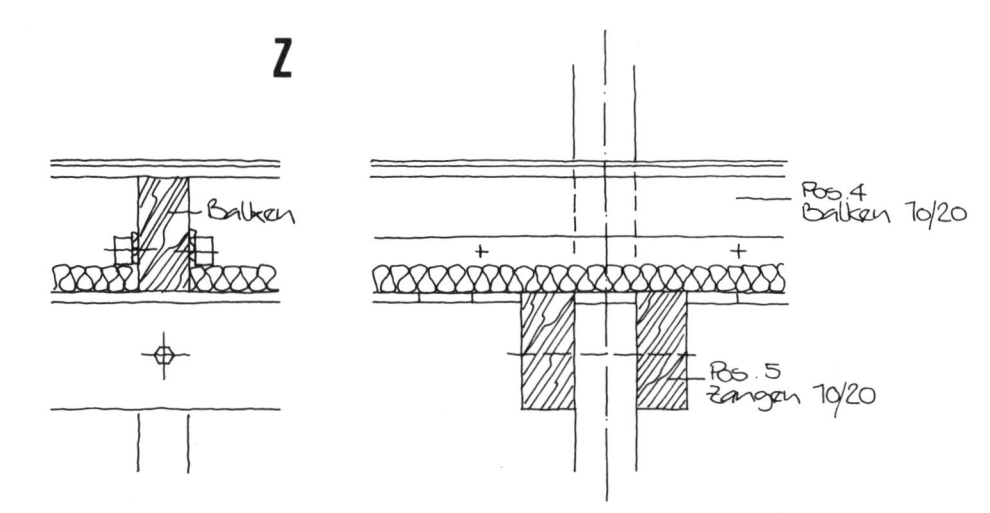

Z

Balken

Pos. 4 Balken 70/20

Pos. 5 Zangen 70/20

Vergleiche Skizze oben

Pos.5 Zangen

Eigengewicht (geschätzt: 2 . 10/20)
2 . 0,10 m . 0,20 m . 6,0 kN/m³

g aus Pos. 4 :
$0,50 \text{ kN/m} \cdot \dfrac{1,2 + 4,80 + 1,20}{2}$ m

p aus Pos. 4:
$1,50 \text{ kN/m} \cdot \dfrac{1,2 + 4,80 + 1,20}{2}$ m

	kN/m	kN
	0,24	
g =	0,30	
G =		1,80
P =		5,40
P + G =		7,20

G = 1.80
P = 5.40
P+G = 7.20 kN

g = 0.30 kN/m

0,75 | 3,00 | 3,00 | 3,00

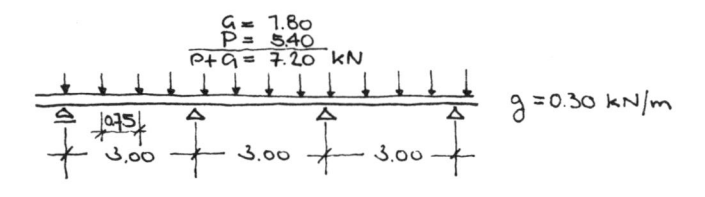

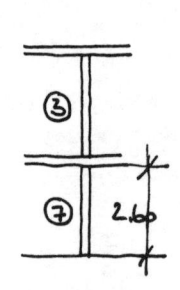

Pos.6 Stütze

	kN/m	kN
Ständige Lasten		
Eigengewicht (geschätzt 12/12)^{x)}		
0,12 m . 0,12 m . 6 kN/m³ . 2,6 m		0,23
G aus Pos.3 :		15,60
g aus Pos.5 : 0,3 kN/m . 3,00		0,90
G aus Pos.5 : 1,80 kN . 4		7,20
G =		24,83
Schneelast		
P_s aus Pos.3: S =		8,80
Nutzlast		
P aus Pos.5 : P =		21,60
5,40 kN . 4 =		
G + S + P =		55,30

x) Eigenlast der Balken kann auch aus Tabellen H 2 entnommen werden.

Z Überschlagsrechnung

Möchten wir nur die Belastung einer Stütze ermitteln, so können wir das folgende Überschlagsverfahren anwenden: Wir gehen aus von dem unter Pos. 1 und Pos. 4 ermittelten Flächenlasten der Decke und addieren für die Eigengewichte der Balken, Pfetten und Stützen einen geschätzten Zuschlag. Diese Gesamt - Flächenlast multiplizieren wir mit dem E i n z u g s f e l d der Stützen, das sich im Grundriß leicht ermitteln läßt.

Einzugsfeld der Stütze : 3,60 m . 3,00 m

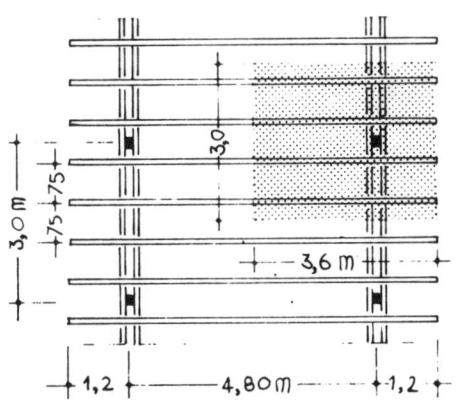

	kN/m²	kN/m	kN
aus Pos.1 (S. 24)	$\bar{q}_1 = 1,85$		
Zuschlag für Balken			
Zangen und Stütze (geschätzt)	0,30		
	2,15		
3,60 m . 3,00 m . 2,20 kN/m²			23,20
aus Pos.4 (S. 28)	$\bar{q}_2 = 2,50$		
Zuschlag für Balken etc.	0,30		
	2,80		
3,60 m . 3,00 m . 2,80 kN/m²			30,20
G + P + S =			53,40

Z Wind

	kN/m²	kN/m	kN

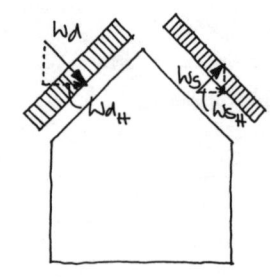

Die Windlast auf die senkrechten Wände beträgt bei Höhen bis zu 8 m :

$1{,}2 \cdot 0{,}5 \ kN/m^2$ w = 0,60

Hierbei ist 1,2 der Beiwert für ebene Flächen und 0,5 der Staudruck. (s. Tabellen L 5)

Die Windlast kann zerlegt werden in :

Windsog auf der Leeseite

$-0{,}40 \cdot 0{,}5 \ kN/m^2$ = − 0,20

und

Winddruck auf der Luvseite

$0{,}60 \ kN/m^2 - 0{,}4 \cdot 0{,}5 \ kN/m^2$ = 0,40

w = 0,60

2 Gleichgewicht der Kräfte und Momente

G Eine Kraft ist die Ursache einer Bewegungsänderung. Ein Gebäude sollte sich aber nicht in Bewegung setzen, es soll in Ruhe sein und bleiben. Deshalb muß jeder Kraft eine andere, gleichgroße entgegenwirken. Die Kräfte müssen im Gleichgewicht stehen.

Ein Bauteil, das nicht auf einem anderen aufliegt, fällt herunter. Damit es das nicht tut, muß es aufgelagert sein und die Auflager müssen die erforderlichen Gegenkräfte entwickeln können, um das Bauteil im Gleichgewicht zu halten.

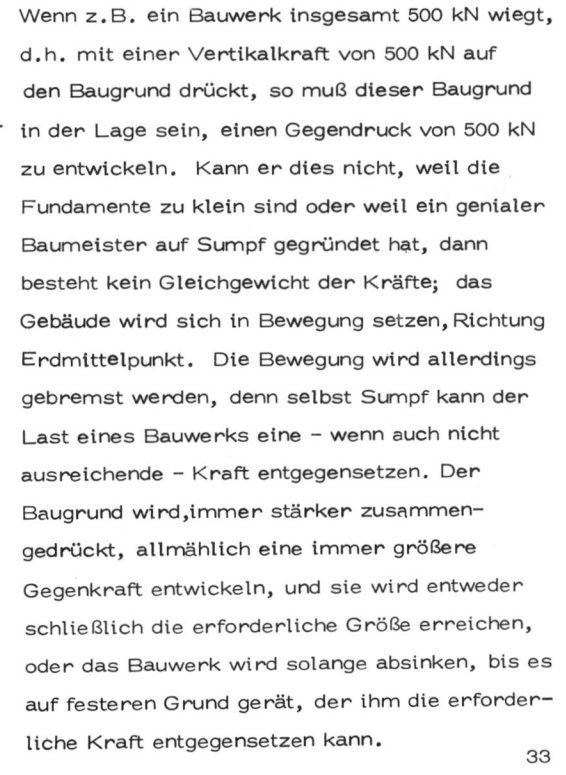

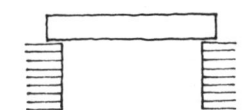

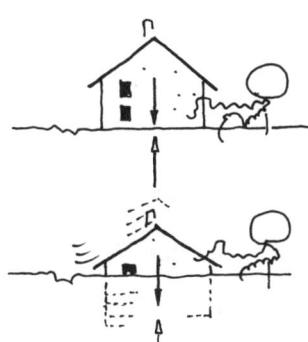

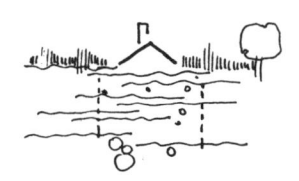

Wenn z.B. ein Bauwerk insgesamt 500 kN wiegt, d.h. mit einer Vertikalkraft von 500 kN auf den Baugrund drückt, so muß dieser Baugrund in der Lage sein, einen Gegendruck von 500 kN zu entwickeln. Kann er dies nicht, weil die Fundamente zu klein sind oder weil ein genialer Baumeister auf Sumpf gegründet hat, dann besteht kein Gleichgewicht der Kräfte; das Gebäude wird sich in Bewegung setzen, Richtung Erdmittelpunkt. Die Bewegung wird allerdings gebremst werden, denn selbst Sumpf kann der Last eines Bauwerks eine – wenn auch nicht ausreichende – Kraft entgegensetzen. Der Baugrund wird, immer stärker zusammengedrückt, allmählich eine immer größere Gegenkraft entwickeln, und sie wird entweder schließlich die erforderliche Größe erreichen, oder das Bauwerk wird solange absinken, bis es auf festeren Grund gerät, der ihm die erforderliche Kraft entgegensetzen kann.

G In diesem Beispiel war also die Reaktionskraft nicht von vornherein da, sondern sie wurde erst allmählich aufgebaut bzw. nach tieferem Absinken gefunden.(Wir werden übrigens bald sehen, daß ein geringes Absinken immer nicht nur unvermeidbar, sondern sogar notwendig ist, damit der Boden gepreßt und so in die Lage versetzt wird, die erforderliche Gegenkraft aufzubringen.)

Der Baugrund muß also eine Reaktionskraft entwickeln, die der Aktionskraft - in unserem Beispiel 500 kN - gleich, aber entgegengesetzt gerichtet ist.

Aktion = Reaktion
ist eine grundlegende Voraussetzung der Standfestigkeit.

Wir stellen Aktionskräfte durch einen geschlossenen Pfeil dar, Reaktionskräfte durch einen offenen.

Vorzeichen $V(+)$

In dem Beispiel mit dem Sumpf als Baugrund wirkte die Aktionskraft und folglich auch die Reaktionskraft vertikal. Wir können Vertikalkräfte mit V bezeichnen. Nach unten wirkende Vertikalkräfte, der weitaus häufigste Fall für Lasten, werden mit positivem Vorzeichen (+) bezeichnet. Entsprechend bekommen nach oben wirkende Kräfte ein negatives Vorzeichen (-).

2

G Statt eines Vorzeichens kann ein Pfeil die Kraftrichtung kennzeichnen. Jetzt ist mit zusätzlichen Vorzeichen Vorsicht geboten. Ein (+) zusätzlich zum Pfeil bedeutet, daß die Kraft in Richtung des Pfeiles wirkt, ein (-), daß sie entgegen der Richtung des Pfeils wirkt.

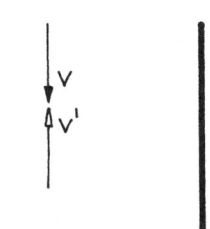

Es gilt :

Die Summe der V e r t i k a l k r ä f t e ist Null.

Bezeichnet man Summe mit Σ (dem griechischen Buchstaben Groß-Sigma), so können wir schreiben

$$\boxed{\Sigma V = 0}$$

Entsprechendes gilt für die Horizontalkräfte. Wind und vielleicht ein anstoßendes Fahrzeug bewirken horizontale Kräfte auf das Bauwerk, die wir mit H bezeichnen. Würde das Gebäude auf Rollen stehen, so könnte diese Lagerung nicht die erforderliche Reaktion gegen H-Kräfte entwickeln, es bestünde kein Gleichgewicht der H-Kräfte, der Bau würde wegrollen. Aber beruhigenderweise steht er nicht auf Rollen sondern auf Fundamenten, deren Bodenreibung groß genug ist, um der Kraft H eine gleichgroße Reaktionskraft entgegenzustellen.

Es gilt :

Die Summe der H o r i z o n t a l k r ä f t e ist Null.

$$\boxed{\Sigma H = 0}$$

Wie schon bei den Lasten sind auch hier die beiden Horizontalrichtungen H_x und H_y zu unterscheiden, es muß also gelten

$$\Sigma H_x = 0 \text{ und}$$
$$\Sigma H_y = 0$$

2

G Doch selbst, wenn für ein Bauwerk oder für ein Bauteil die Bedingungen

$$\Sigma V = 0 \text{ und}$$
$$\Sigma H = 0 \text{ (in jeder Richtung)}$$

erfüllt sind, so ist sein Gleichgewicht noch nicht gewährleistet.

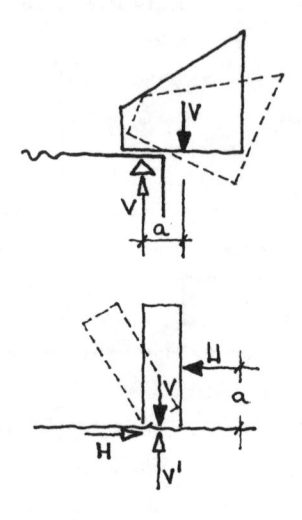

Die Hütte am Felsrand würde trotz bestem Untergrund abstürzen, der Turm trotz guter horizontaler Verankerung kippen, wenn nicht auch Maßnahmen zur Aufnahme des **Drehmoments** getroffen würden, das entsteht, wenn Aktion und Reaktion nicht in derselben Wirkungslinie angreifen, sondern um einen Hebelarm a gegeneinander versetzt sind.

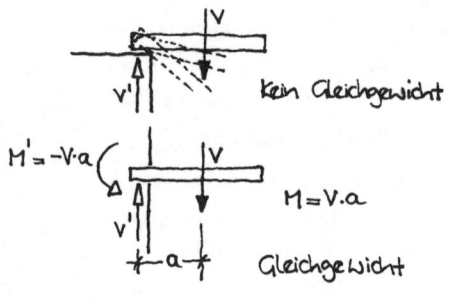

Dem Drehmoment M muß ein gleichgroßes Reaktionsmoment M' entgegenwirken, damit Gleichgewicht herrscht.

Es gilt:

Die Summe der **M o m e n t e** ist Null.

$$\boxed{\Sigma M = 0}$$

Diese Bedingung muß in jeder der 3 Ebenen gelten, die durch die vertikale Richtung, die horizontale x-Richtung und die horizontale y-Richtung bestimmt werden.

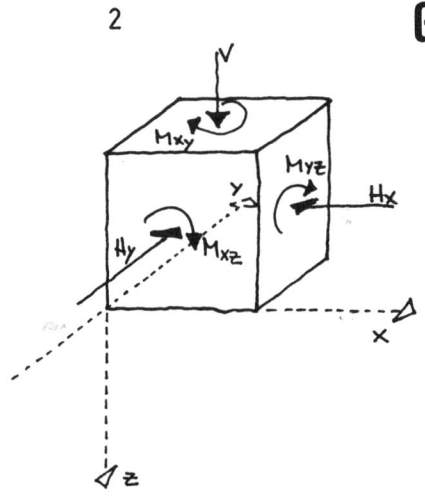

G Im 3-dimensionalen Raum – d.h. für jedes Bauwerk und jedes Bauteil – müssen also insgesamt 6 Gleichgewichtsbedingungen erfüllt werden :

$$\Sigma V = 0$$
$$\Sigma H_x = 0$$
$$\Sigma H_y = 0$$
$$\Sigma M_{xz} = 0$$
$$\Sigma M_{yz} = 0$$
$$\Sigma M_{xy} = 0$$

Bei den meisten Gebäuden und Bauteilen ist es möglich, die verschiedenen Ebenen getrennt zu betrachten und nacheinander zu untersuchen. Dies führt zu einer wesentlichen Erleichterung der Arbeit.

Bei der Betrachtung in jeder einzelnen Ebene genügt es jeweils, 3 Gleichgewichtsbedingungen zu erfüllen, in der Regel

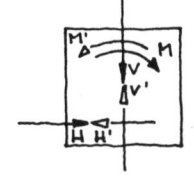

$$\Sigma V = 0$$
$$\Sigma H = 0$$
$$\Sigma M = 0$$

Diese 3 Gleichgewichtsbedingungen stellen die Grundlage unserer weiteren Arbeit dar. Sie gelten nicht nur für jedes Bauwerk und jedes Bauteil, sondern auch für jedes kleine Teilchen. Mit Hilfe dieser 3 Gleichgewichtsbedingungen werden wir unbekannte Kräfte ermitteln. Wir werden sie aber auch heranziehen, um Spannungen in Bauteilen zu bestimmen und um die erforderlichen Abmessungen festzulegen.

2

G Der entwerfende Architekt wird darauf zu achten haben, daß das Gleichgewicht der Kräfte und Momente am Bauwerk und in jedem Bauteil für jeden möglichen Lastfall hergestellt werden kann, mit einfachen und wirtschaftlichen Mitteln, die sich sinnvoll in die Gesamtheit des Entwurfs einfügen.

3 Auflager

3.1 Art der Auflager

Ein Bauteil liegt auf einem anderen Bauteil auf. Es ist auf diesem "aufgelagert". Die Verbindungsstelle zwischen diesen beiden Bauteilen heißt A u f l a g e r.

Wir unterscheiden 3 Arten der Auflager:
1. Einspannende Auflager
2. Unverschieblich-gelenkige Auflager
3. Verschiebliche Auflager

3.1.1 Einspannende Auflager

(Meist – sprachlich unkorrekt – als "eingespannte Auflager" bezeichnet)

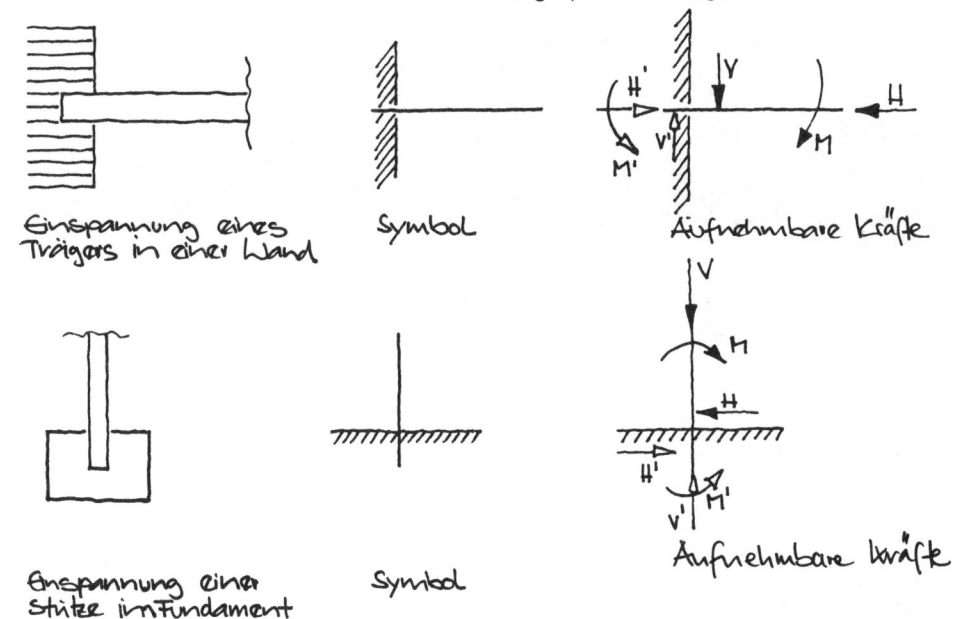

Einspannung eines Trägers in einer Wand — Symbol — Aufnehmbare Kräfte

Einspannung einer Stütze im Fundament — Symbol — Aufnehmbare Kräfte

G Der skizzierte Träger ist in einer Wand, die skizzierte Stütze in einem Fundament e i n g e - s p a n n t. Am einspannenden Auflager können Vertikalkräfte und Momente aufgenommen werden, d.h. das Auflager kann diesen Kräften und Momenten entsprechende Reaktionen entgegensetzen.

3.1.2 Unverschieblich-gelenkige Auflager

Von diesen Auflagern können vertikale und horizontale Kräfte, jedoch keine Momente aufgenommen werden. Die Bauteile sind zwar unverschieblich, aber drehbar gelagert. Das Auflager bildet ein G e l e n k; es wird durch einen kleinen Kreis oder die Spitze eines Dreiecks symbolisch dargestellt.

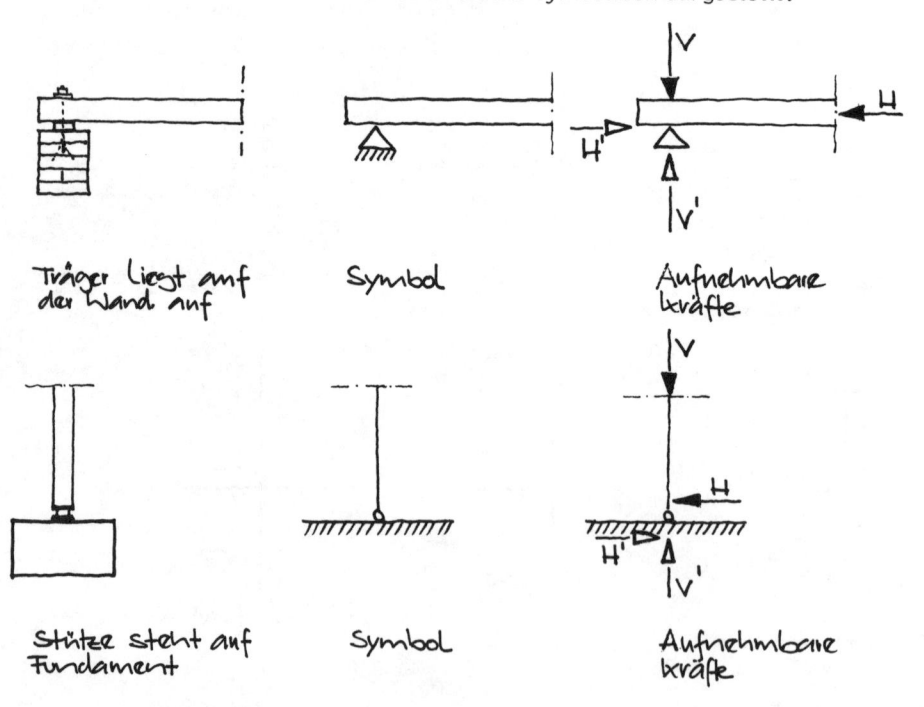

3

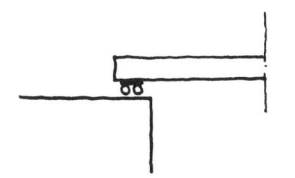

Träger liegt auf Rollenlager

G 3.1.3 Verschiebliche Auflager

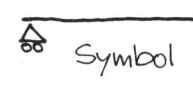

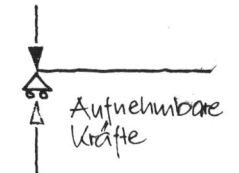

Symbol   Aufnehmbare Kräfte

Viele Brückenauflager sind deutlich erkennbar als Rollenlager ausgebildet. Die Wärmedehnung der Brücke erfordert, daß der Brückenträger nur an e i n e m Auflager unverschieblich, an dem anderen (bzw., falls er über mehrere Auflager läuft, an allen anderen Auflagern) verschieblich gelagert ist, weil sonst die Wärmedehnung zu hohen Spannungen in den Bauteilen führen könnte.

Jedes Bauteil, nicht nur der Brückenträger, ist Wärmedehnungen und anderen Volumen-Änderungen unterworfen. Um die Bewegungen spannungsfrei zu ermöglichen, sind v e r s c h i e b l i c h e A u f l a g e r erforderlich. Sie sind jedoch im Hochbau nur selten als Rollenlager ausgebildet, hier genügen meist einfachere Konstruktionen, z.B. mit Gleitfolien etc. Oft reicht schon der kleine Bewegungsspielraum zwischen zwei nur locker verbundenen Bauteilen, um die erforderliche Verschieblichkeit zu gewährleisten.

Verschiebliche Auflager sind in der Praxis immer gelenkig. Es ist daher nicht notwendig, von "verschieblich gelenkigen Auflagern" zu sprechen, das Wort "verschieblich" schließt das "gelenkig" ein.

Verschiebliche Auflager können nur Kräfte in einer Richtung und keine Momente aufnehmen.

3.2 Ermittlung der Auflagerkräfte

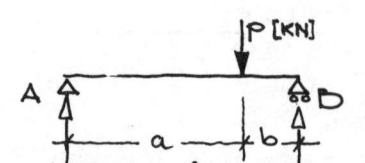

Beispiel 3.2.1 Einzellast

Gegeben ist ein Träger auf 2 Stützen, belastet mit einer Einzellast P. Das Eigengewicht oder andere Lasten sollen zunächst außer acht bleiben, wir betrachten nur P. Gesucht sind die Auflagerreaktionen A und B.

Zur Lösung stehen uns die 3 Gleichgewichtsbedingungen zur Verfügung. Welche ist hier geeignet?

$$\Sigma V = 0$$

führt zu $\quad -A - B + P = 0$

(Wir gehen davon aus, daß die Auflagerreaktionen nach oben wirken. Wie in Kapitel 2 dargelegt, bezeichnen wir nach oben wirkende Kräfte mit (-). Dies wird unten näher erläutert.)
Aber nur eine Gleichung mit 2 Unbekannten ist nicht lösbar. Mit dieser Gleichung allein kommen wir also nicht zum Ziel.
Versuchen wir es mit

$$\Sigma H = 0.$$

Das bringt uns nicht weiter, weil H-Kräfte nicht auftreten. Nächster Versuch:

$$\Sigma M = 0$$

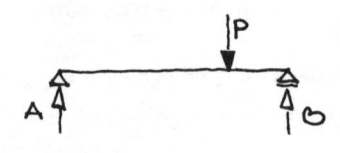

Diese Bedingung muß um jeden Punkt gelten. Wenn das System im Gleichgewicht ist, so dreht es sich um keinen Punkt. Das heißt: Um jeden Punkt ist $\Sigma M = 0$.

3

Drehpunkt in A

VORZEICHEN

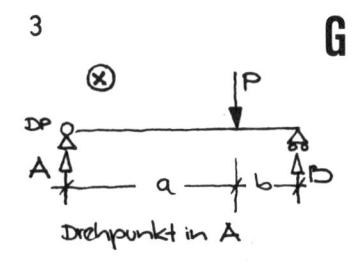

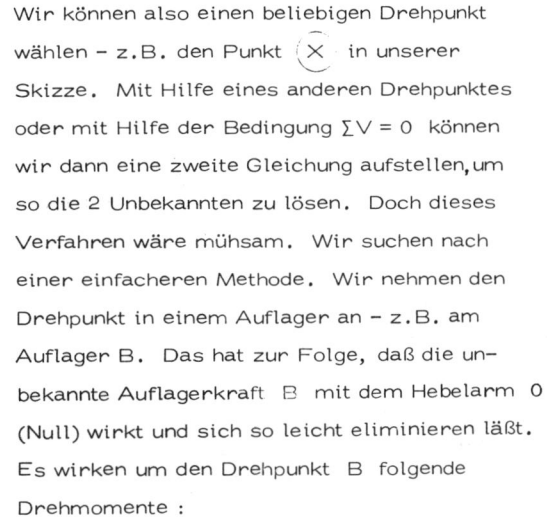

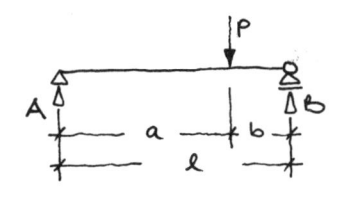

(+)
(−)

G Wir können also einen beliebigen Drehpunkt wählen – z.B. den Punkt X in unserer Skizze. Mit Hilfe eines anderen Drehpunktes oder mit Hilfe der Bedingung $\Sigma V = 0$ können wir dann eine zweite Gleichung aufstellen, um so die 2 Unbekannten zu lösen. Doch dieses Verfahren wäre mühsam. Wir suchen nach einer einfacheren Methode. Wir nehmen den Drehpunkt in einem Auflager an – z.B. am Auflager B. Das hat zur Folge, daß die unbekannte Auflagerkraft B mit dem Hebelarm 0 (Null) wirkt und sich so leicht eliminieren läßt. Es wirken um den Drehpunkt B folgende Drehmomente:

A . l   rechtsdrehend
P . b   linksdrehend
B . 0   keine Drehung

Um eine Gleichung zu bilden, müssen wir eine Vereinbarung über die Vorzeichen treffen.

Wahl der Vorzeichen für Drehmomente:
Wir nennen Drehmomente
rechtsdrehend positiv (+)
linksdrehend   negativ (−)

(Selbstverständlich könnte die Wahl auch anders getroffen werden, sie würde dieselben Ergebnisse liefern. Eine einmal getroffene Wahl muß aber innerhalb einer Untersuchung beibehalten werden.)

G Damit lautet die Gleichung für Drehpunkt B :

$$+ A \cdot l - P \cdot b \pm B \cdot 0 = 0$$

$$\Rightarrow A = \frac{P \cdot b}{l}$$

Um B zu ermitteln, können wir jetzt zwischen zwei Methoden wählen :

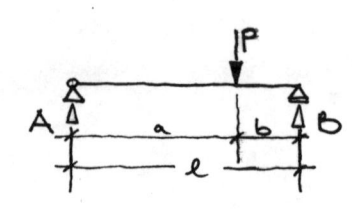

<u>1. Methode</u> : Wir verfahren wie oben und wenden die Bedingung $\Sigma M = 0$ an mit dem Drehpunkt A.
Dann ist

B . l   linksdrehend und
P . a   rechtsdrehend, also

$$- B \cdot l + P \cdot a \pm A \cdot 0 = 0$$

$$\Rightarrow B = \frac{P \cdot a}{l}$$

<u>2. Methode</u> : Nachdem A bekannt ist, können wir B auch bestimmen über $\Sigma V = 0$.

$$+ P - A - B = 0$$
$$B = P - A$$

Für A setzen wir den bereits bekannten Wert ein und erhalten damit

$$B = P - \frac{P \cdot b}{l} = \frac{P \cdot l - P \cdot b}{l}$$

$$B = \frac{P (l - b)}{l} \quad \bigg| \quad l - b = a$$

$$\Rightarrow B = \frac{P \cdot a}{l}$$

Dasselbe Ergebnis hat bereits $\Sigma M = 0$ geliefert.

3 **G** Hier stutzt der Leser. Wir hatten doch festgelegt, eine nach oben wirkende Kraft wird negativ (–) angesetzt. Wieso erhalten wir jetzt die doch offensichtlich nach oben wirkenden Auflagerkräfte A und B mit positiven Vorzeichen?

<u>VORZEICHEN</u>   Wir waren von vornherein davon ausgegangen, daß Auflagerreaktionen nach oben wirkende Kräfte seien und hatten sie deshalb mit dieser Richtung in die Skizze eingetragen.
Mit dieser Richtung – nach oben wirkend – mußten wir jetzt konsquent weiterarbeiten. In den Rechengang wurden diese Auflagerreaktionen also mit (–) eingesetzt. Wenn als Ergebnis die Auflagerkraft mit (+) erscheint, so bedeutet das : Die Richtung der Kraft ist so, wie wir sie in die Gleichung eingesetzt haben, also nach oben wirkend. Ein nochmaliges (–) im Ergebnis hingegen würde das erste, in die Gleichung eingesetzte (–) umkehren, weil (–) . (–) = + .
Es würde bedeuten : Die Kraft wirkt nicht wie eingesetzt, sondern sie wirkt entgegengesetzt, also nach unten.

> So bleibt das Ergebnis unabhängig von der Vorzeichenwahl des Rechenganges :
> (+) im Ergebnis bedeutet immer : <u>Die getroffene Annahme über die Kraftrichtung war richtig.</u>

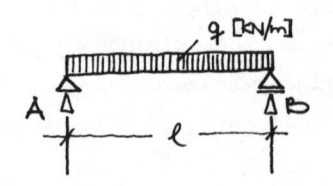

Beispiel 3.2.2 Streckenlast

Dieser Träger ist mit einer gleichmäßig verteilten Last q belastet. Zur Ermittlung der Auflagerreaktionen denken wir uns das ganze Lastpaket q . l in seinem Schwerpunkt – d.h. in der Mitte – zusammengefaßt. Jetzt können wir mit dieser zusammengefaßten Last umgehen, wie vorhin mit der Einzellast :

$$\Sigma M = 0$$

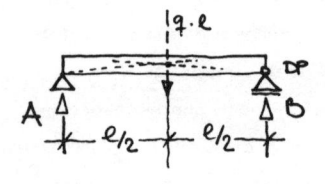

Drehpunkt sei B.

$$- q \cdot l \cdot \frac{l}{2} + A \cdot l \pm B \cdot 0 = 0$$

$$\Rightarrow A = \frac{q \cdot l}{2}$$

Ebenso können wir auch B ermitteln :
Drehpunkt sei A.

$$+ q \cdot l \cdot \frac{l}{2} - B \cdot l \pm A \cdot 0 = 0$$

$$\Rightarrow B = \frac{q \cdot l}{2}$$

(Dieses Ergebnis – auf jedes Auflager entfällt die Hälfte des gesamten Lastpaketes – war vorauszusehen. Wir hätten es auch ohne Rechnung unmittelbar anschreiben können).

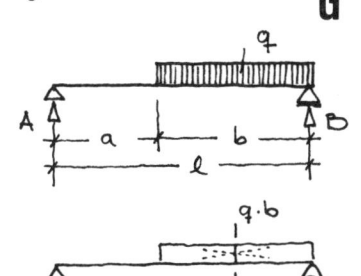

Beispiel 3.2.3 Streckenlast

Das Lastpaket q . b – diesmal nur über einen Teil der Spannweite l verteilt – wird wieder in Gedanken zusammengefaßt in seinem Schwerpunkt, d.h. in seiner Mitte.

Mit Drehpunkt B ermitteln wir die Auflagerreaktion A :

$$+ A \cdot l - q \cdot b \cdot \frac{b}{2} \pm B \cdot 0 = 0$$

$$\Rightarrow A = \frac{q \cdot b^2}{2\, l}$$

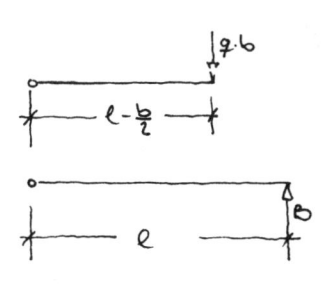

Entsprechend wird Auflagerreaktion B mit dem Drehpunkt im Auflager A ermittelt :

$$- B \cdot l + q \cdot b \left(l - \frac{b}{2}\right) \pm A \cdot 0 = 0$$

$$\Rightarrow B = q \cdot b \left(1 - \frac{b}{2\, l}\right)$$

Zur Probe können wir
$\Sigma V = 0$ ansetzen :

$$-\frac{q \cdot b^2}{2\, l} - q b \left(1 - \frac{b}{2\, l}\right) + q \cdot b = 0$$

47

E Beispiel 3.2.4 Kombinierte Lasten

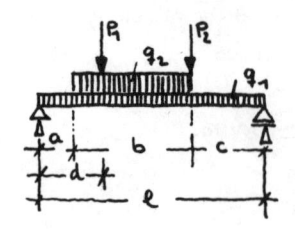

Die verschiedenen Belastungsarten lassen sich auch kombinieren, wie in diesem Beispiel.

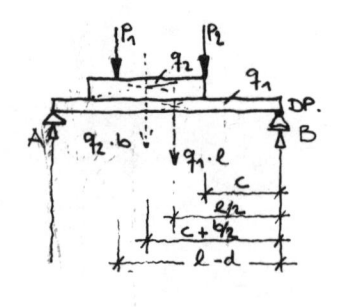

Drehpunkt B :

$$+ A \cdot l - P_2 \cdot c - P_1 (l - d) - q_1 \cdot l \cdot \frac{l}{2}$$

$$- q_2 \cdot b \left(c + \frac{b}{2} \right) = 0$$

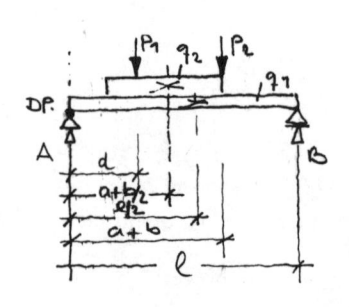

$\Rightarrow$ A

Drehpunkt A :

$$- B \cdot l + P_1 \cdot d + P_2 (a + b)$$

$$+ q_1 \cdot l \cdot \frac{l}{2} + q_2 \cdot b \left(a + \frac{b}{2} \right) = 0$$

$\Rightarrow$ B

über $\Sigma\, V = 0$ kann die Probe erfolgen :

$$- A - B + P_1 + P_2 + q_1 \cdot l + q_2 \cdot b = 0$$

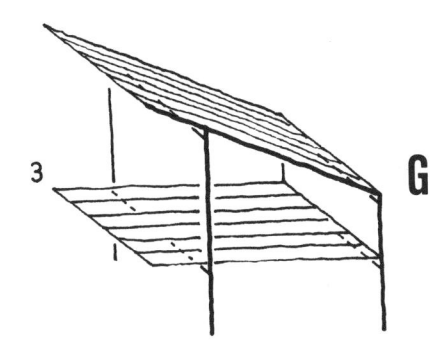

Beispiel 3.2.5 **Träger mit Kragarm**

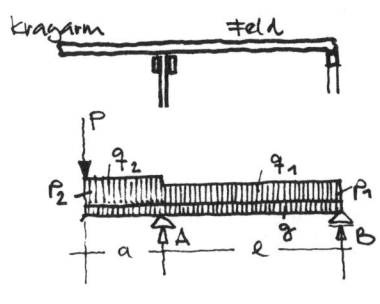

Auch die Auflagerreaktionen des Trägers mit Kragarm werden mit Hilfe der Gleichgewichtsbedingungen ermittelt.

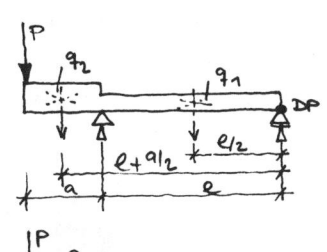

$\Sigma\ M = 0$, Drehpunkt B:

$$- P(l + a) - q_2 \cdot a \left(l + \frac{a}{2}\right) - q_1 \cdot l \cdot \frac{l}{2}$$

$$+ A \cdot l \pm B \cdot 0 = 0$$

$$\Rightarrow A = \frac{P \cdot (l + a)}{l} + \frac{q_2 \cdot a \left(l + \frac{a}{2}\right)}{l} + \frac{q_1 \cdot l}{2}$$

Drehpunkt A :

$$- P \cdot a - q_2 \cdot a \cdot \frac{a}{2} + q_1 \cdot l \cdot \frac{l}{2} \pm A \cdot 0$$

$$- B \cdot l = 0$$

$$\Rightarrow B = - \frac{P \cdot a}{l} - \frac{q_2 \cdot a^2}{2\ l} + \frac{q_1 \cdot l}{2}$$

An diesem Beispiel wird deutlich, daß ein belasteter Kragarm das ihm nahe Auflager belastet, das gegenüberliegende Auflager hingegen entlastet.

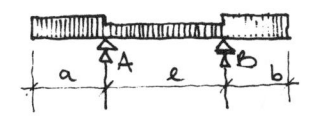

Entsprechendes gilt für den Träger mit 2 Kragarmen - es erübrigt sich, das an einem weiteren Beispiel zu erläutern.

49

3.3 Lastfälle

Ein Träger mit einem stark belasteten Kragarm und einem kurzen, schwach belasteten Feld droht abzukippen.

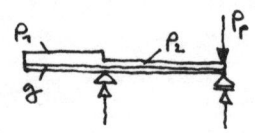

Hier ist es wichtig, ständige und nichtständige Lasten getrennt zu betrachten. Denn nicht nur die **größtmögliche** kippende Last auf dem Kragarm muß erfaßt werden, sondern auch die **kleinstmögliche** stabilisierende Last im Feld und auf dem gegenüberliegenden Kragarm - es geht ja darum, den jeweils ungünstigsten Fall zu untersuchen.

Wir unterscheiden mehrere Lastfälle :

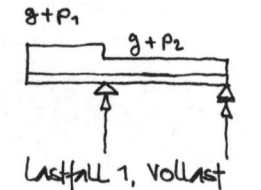

<u>Lastfall 1</u>, Voll-Last.

Ein Balkon mit Menschen voll besetzt. Auch im anschließenden Raum ist die größtmögliche Last also überall g + p = q. Wir nennen diesen Lastfall "Vollast".

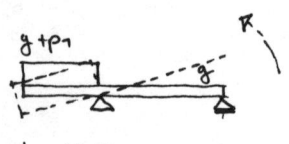

<u>Lastfall 2</u>

Wenn jetzt Bewohner den Raum verlassen, so wird das stabilisierende Gewicht kleiner, die Gefahr des Kippens größer.

Auf dem Balkon lastet g + p, im Feld hingegen nur g. Aus Gründen der Sicherheit muß gewährleistet sein, daß nicht nur für jeden möglichen Lastfall das Gleichgewicht gewährleistet ist, sondern daß das stabilisierende S t a n d m o m e n t mindestens 1,5 mal so groß ist, wie das K i p p m o m e n t.

$$M_{stand} \geq 1{,}5\, M_{kipp}$$

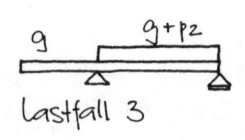

<u>Lastfall 3</u>

führt zur größten Auflagerreaktion B und zur größten Beanspruchung im Feld.

3

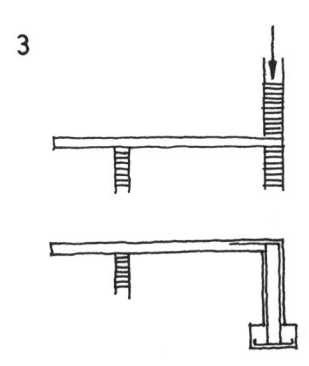

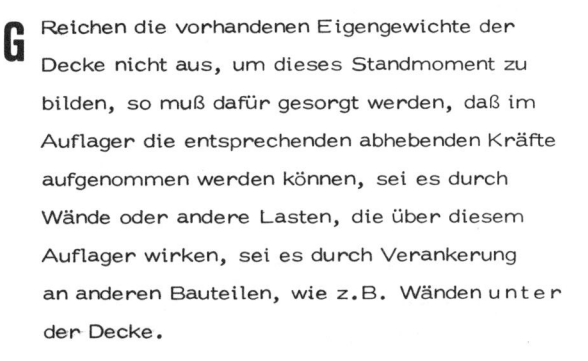

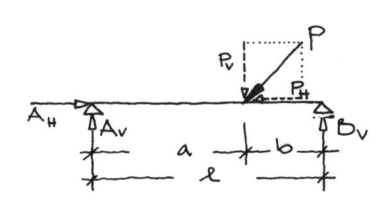

G Reichen die vorhandenen Eigengewichte der Decke nicht aus, um dieses Standmoment zu bilden, so muß dafür gesorgt werden, daß im Auflager die entsprechenden abhebenden Kräfte aufgenommen werden können, sei es durch Wände oder andere Lasten, die über diesem Auflager wirken, sei es durch Verankerung an anderen Bauteilen, wie z.B. Wänden u n t e r der Decke.

3.4 Lasten in Richtung der Stabachse

Eine s c h r ä g auf den Träger wirkende Last, kann aufgeteilt werden in eine v e r t i k a l e und eine h o r i z o n t a l e Komponente. Die horizontale Kraft kann nur im u n v e r s c h i e b l i c h e n A u f l a g e r aufgenommen werden, das verschiebliche Auflager ist ja nicht geeignet, horizontale Kräfte zu übernehmen. Die Auflagerreaktionen aus der Vertikalkomponente werden in der bekannten Weise ermittelt.

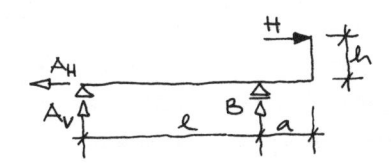

Beispiel 3.4.1

Am Geländerholm eines Balkons wirkt eine Horizontalkraft. Sie ist dort als nicht-ständige Last anzunehmen für den Fall, daß Menschen gegen dieses Geländer stoßen.

aus $\Sigma H = 0$ ergibt sich

$$A_H - H = 0$$

$$A_H = + H$$

im verschieblichen Auflager B kann keine Horizontalkraft aufgenommen werden.

$$B_H = 0$$

3

G Die H-Kraft auf dem Holm erzeugt aber auch ein Moment $M = H \cdot h$ in Höhe der Träger-Achse. Dieses Moment muß zu Vertikalkräften in den Auflagern führen. Wir finden diese über $\Sigma M = 0$.

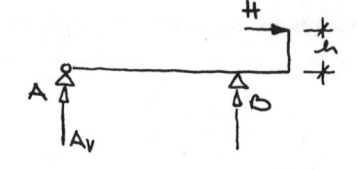

Drehpunkt A :

Die Auflagerreaktionen werden auch hier nach oben wirkend angenommen. Auflager B dreht daher um A linksherum (-).

$$A \cdot 0 - B_v \cdot l + H \cdot h = 0$$

$$B_v = \frac{H \cdot h}{l}$$

Aus $\Sigma V = 0$ folgt

$$-A_v - B = 0$$
$$A_v = -B$$
$$A_v = -\frac{H \cdot h}{l}$$

Das (-) besagt, daß A_v entgegen der ursprünglich eingesetzten Richtung, also nach unten wirkt.

Um Verwechslungen zu vermeiden, werden wir immer vertikale Auflagerreaktionen zunächst als nach oben wirkend annehmen, auch dann, wenn ihre tatsächliche Richtung zunächst unklar ist, ja selbst dann, wenn wir wissen, sie wirken nach unten. Negatives Vorzeichen (-) im Ergebnis bedeutet dann : Die Richtung ist entgegen dieser Annahme, d.h. die Auflagerreaktion wirkt nach unten.

(In der nebenstehenden Ergebnis-Skizze sind die Auflagerreaktionen in ihrer **tatsächlichen** Richtung gezeichnet).

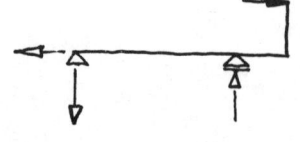

3.5 Einspannung

Beispiel 3.5.1

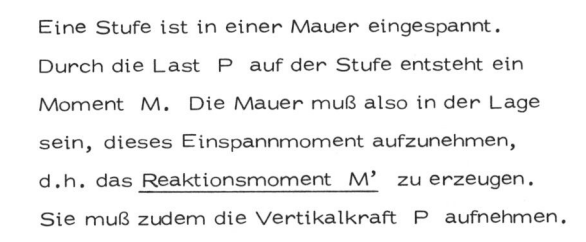

Eine Stufe ist in einer Mauer eingespannt. Durch die Last P auf der Stufe entsteht ein Moment M. Die Mauer muß also in der Lage sein, dieses Einspannmoment aufzunehmen, d.h. das Reaktionsmoment M' zu erzeugen. Sie muß zudem die Vertikalkraft P aufnehmen.

$$M' = P \cdot a$$

Beispiel 3.5.2

In diesem Fall ist

Drehpunkt A :

$$- M' + q \cdot a \cdot \frac{a}{2} \pm A \cdot 0 = 0$$

$$M' = \frac{q \cdot a^2}{2}$$

Für die Vertikalkraft gilt

$$- A + q \cdot a = 0$$

$$A = q \cdot a$$

Die vertikale Auflagerkraft A ist also gleich dem gesamten Lastpaket. Das ist unmittelbar einzusehen.

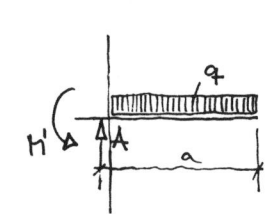

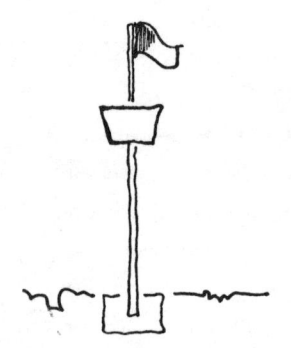

G Beispiel 3.5.3

Dieser Mast mit einem Beobachtungskorb ist in seinem Fundament fest eingespannt. Als Lasten treten auf :

- Der Wind, der auf den Korb mit der Gesamtkraft W und auf den Mast mit der Streckenlast w wirkt, sowie
- die Gesamtlast V von Korb und Mast.

Das Einspannmoment ergibt sich aus $\Sigma M = 0$:

$$W \cdot h + w \cdot h \cdot \frac{h}{2} - M' \pm V \cdot 0 \pm A \cdot 0 = 0$$

$$M' = W \cdot h + \frac{w \cdot h^2}{2}$$

Die vertikale Auflagerreaktion A ist nach $\Sigma V = 0$:

$-A + V = 0$

$A = V$

Anmerkung:

Die Glieder $\pm A \cdot 0$ oder $\pm B \cdot 0$ zu schreiben, ist überflüssig.
Wir werden sie im folgenden weglassen.

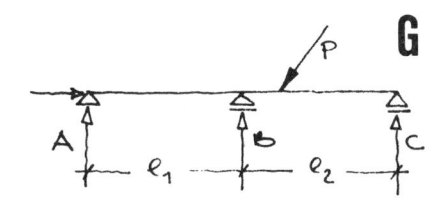

4 Statische Bestimmtheit

Dies ist ein Durchlaufträger über zwei Felder bzw. über drei Auflager – er läuft über 2 Felder bzw. 3 Auflager in einem Stück durch. Bitte versuchen Sie, die Auflagerreaktionen A_H, A_V, B und C zu ermitteln!

    Geht es nicht?

    Nein, es geht nicht.

    Warum nicht?

Mit den 3 Gleichgewichtsbedingungen

$$\Sigma V = 0$$
$$\Sigma H = 0$$
$$\Sigma M = 0$$

können wir 3 Gleichungen aufstellen. Mit diesen 3 Gleichungen können wir 3 Unbekannte lösen. Hier aber sind es 4 Unbekannte, also eine zuviel. (Auch wenn in unserem Fall A_H leicht zu ermitteln ist, so ist es doch als eine der Unbekannten zu werten.)

Ein solches System heißt

    statisch unbestimmt.

Statisch unbestimmt ist nichts Böses, es heißt nur, daß wir mit Hilfe der 3 Auflagerbedingungen allein nicht weiterkommen, sondern andere Methoden brauchen – näheres folgt im zweiten Band. Für das Tragwerk bedeutet statische Unbestimmtheit sogar eine erhöhte Sicherheit: Wenn z.B. an unserem Durchlaufträger über 3 Auflager eins dieser Auflager versagt, so hat er immer noch eine Chance: Vielleicht schafft er es kraft seiner Biegesteifigkeit, auch auf den verbleibenden 2 Auflagern zu halten.

4 **G** Die Frage, ob ein Tragsystem statisch bestimmt oder statisch unbestimmt ist, läßt sich zunächst von der Anschauung beantworten:

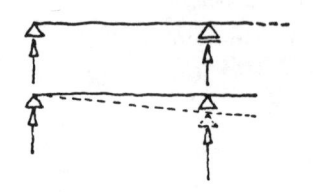

Stellen Sie sich vor, ein Tragsystem dehne sich unter Temperatureinwirkung aus oder eines seiner Auflager senke sich. Das statisch bestimmte System kann sowohl der Temperatur-Dehnung als auch der Stützen-Senkung ohne weiteres nachgeben, ohne innerlich verformt - z.B. gebogen - zu werden. Der Träger auf 2 Stützen - jeweils gelenkig gelagert - kann sich, wenn er bei Erwärmung länger wird, ohne weiteres ausdehnen. Die Auflager setzen dem keinen Wiederstand entgegen. Auch wenn sich eins der beiden Auflager senkt, so stellt er sich leicht schräg, ohne verbogen zu werden. Innere Zwängungen treten nicht auf, der Träger ist statisch bestimmt.

Dieser Durchlaufträger kann sich zwar ungehindert unter Temperatur dehnen, aber es fällt ihm schwer, sich der Absenkung eines Auflagers anzupassen. Er wird gezwängt. Er ist statisch unbestimmt.

4　　G Dieses Gebilde heißt "Rahmen", wir werden
es in Band 2 näher kennenlernen.

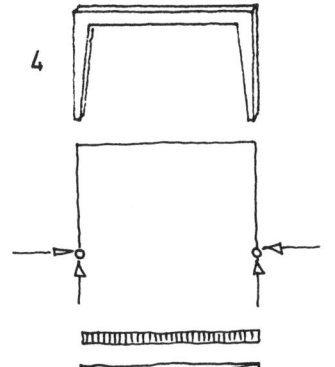

Ein Rahmen, der an den zwei Fußpunkten gelenkig
gelagert ist, heißt Zweigelenkrahmen.

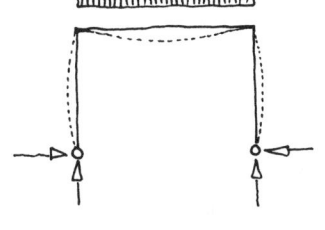

Die Auflager sind unverschieblich – das ist
wesentlich für den Rahmen; durch diese Unverschieblichkeit der Auflager wird das Tragverhalten
des Rahmens günstig beeinflußt. Ein Rahmen,
dessen Fußpunkte verschieblich gelagert wären,
würde erheblich an Tragfähigkeit verlieren.
Warum dies so ist, wird später begründet.

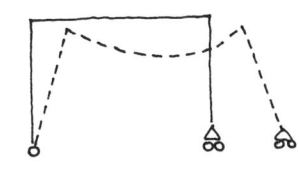

Uns interessiert hier die statische Bestimmtheit.
Die Vergrößerung infolge Wärme stößt auf den
Widerstand der unverschieblichen Auflager.
Dieser Rahmen muß sich verbiegen, um sich
trotz der unverschieblichen Auflager dehnen zu
können; es treten Zwängungen auf.
Diese Zwängungen sind charakteristisch für
statisch unbestimmte Systeme.

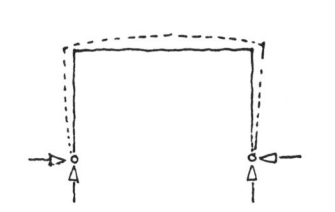

Dieses Gebilde heißt Dreigelenkrahmen.
Es ist nicht nur an seinen beiden Auflagern gelenkig gelagert, sondern hat in sich ein weiteres
Gelenk.
Von der Anschauung wird klar, daß sich dieser
Dreigelenkrahmen in der Wärme dehnen kann,
oder daß sich ein Auflager senken kann, ohne
Zwängungen zu erleiden – er ist statisch bestimmt.

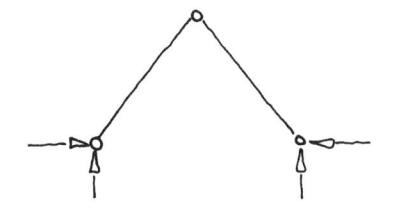

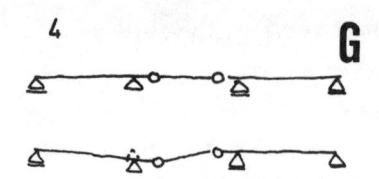

G Auch dieser Gelenkträger – **Gerberträger** genannt – ist statisch bestimmt. Wärmedehnungen oder Stützensenkungen führen nicht zu inneren Zwängungen.

In diesem Band werden wir uns fast nur mit statisch bestimmten, erst im nächsten Band auch mit statisch unbestimmten Systemen befassen.

E Wir unterscheiden nicht nur zwischen statisch bestimmten und statisch unbestimmten Systemen, sondern es gibt auch verschiedene Grade der statischen Unbestimmtheit. Sie lassen sich nicht mehr durch die Anschauung, sondern durch eine einfache Rechnung feststellen.

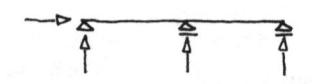

Der Durchlaufträger unserer Ausgangs-Betrachtung hat eine Unbekannte zuviel, wir bezeichnen das System deshalb als **einfach** statisch unbestimmt.

   4 unbekannte Auflagerreaktionen
   −3 Gleichgewichtsbedingungen
   1 - fach statisch unbestimmt.

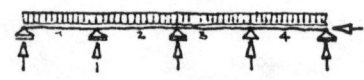

Durchlaufträger über 4 Felder bzw. über 5 Auflager. In diesem Fall haben wir :

   6 unbekannte Auflagerreaktionen (1 H, 5 V)
   −3 Gleichgewichtsbedingungen
   3 - fach statisch unbestimmt.

Das gilt genauso bei Belastung von nur einem Feld. Die statische Bestimmtheit ist unabhängig von der Art der Belastung.

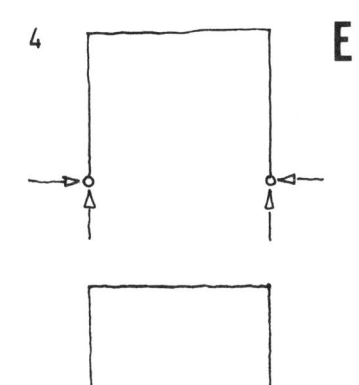

E Der Zweigelenkrahmen hat 2 Vertikale und 2 Horizontale, also :

    4 unbekannte Auflagerreaktionen
    − 3 Gleichgewichtsbedingungen
    1- fach statisch unbestimmt

Dieser Rahmen ist an seinen Auflagern eingespannt. Zu den 2 vertikalen und 2 horizontalen Auflagerreaktionen kommen noch 2 Einspannmomente an den Auflagern.

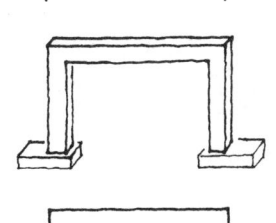

    6 unbekannte Auflagerreaktionen
    − 3 Gleichgewichtsbedingungen
    3- fach statisch unbestimmt

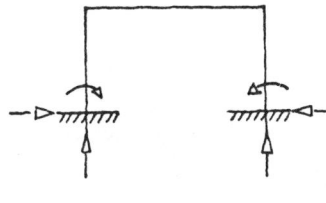

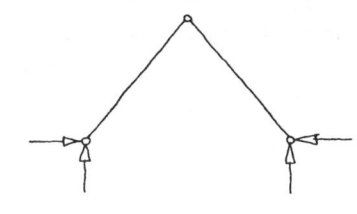

Der Dreigelenkrahmen hat neben den Gelenken an seinen beiden Auflagern noch ein weiteres, ein drittes Gelenk. Dieses dritte Gelenk bedeutet eine zusätzliche Angabe über die Kräfte, denn es besagt ja : "Hier können keine Momente übertragen werden, hier ist also das Moment M = 0." Damit haben wir neben den 3 Gleichgewichtsbedingungen eine weitere Angabe :

    4 unbekannte Auflagerreaktionen
    − 3 Gleichgewichtsbedingungen
    − 1 Gelenk
    0- fach statisch unbestimmt = statisch bestimmt, wie schon die Anschauung ergab.

5 Innere Kräfte und Momente

G Wir haben bisher die Kräfte und Momente untersucht, die lastend oder stützend von a u ß e n an einem Tragteil angreifen – die ä u ß e r e n Kräfte und Momente. Nachdem wir diese äußeren Kräfte und Momente kennen, können wir untersuchen, welche Kräfte und Momente im I n n e r e n des Tragteils wirken, wie sie das Tragteil zusammenhalten, verformen oder zerstören.

<u>Auch für diese i n n e r e n K r ä f t e u n d M o m e n t e muß sein :</u>

A k t i o n = R e a k t i o n

Dieser Satz gilt an jedem Punkt und für jedes kleinste Teilchen.

Die inneren Kräfte und Momente in einem Tragteil sind ein Ergebnis der äußeren Kräfte und Momente, die auf dieses Tragteil einwirken. Deshalb müssen wir zunächst die äußeren Kräfte und Momente kennen, bevor wir daran gehen können, die inneren Kräfte zu ermitteln. Dort hatten wir unterschieden

— horizontale Kräfte
— vertikale Kräfte und
— Momente.

Für die inneren Kräfte ist eine etwas andere Unterteilung zweckmäßiger. Hier ist es vor allem von Bedeutung, ob eine Kraft längs oder quer zur Stabachse gerichtet ist. Wir unterscheiden deshalb :

5   G   – Längskräfte N. Sie wirken in Richtung der Stabachse (auch Normalkräfte genannt, weil sie normal, d.h. senkrecht auf den Querschnitt wirken).
– Querkräfte Q. Sie wirken quer zur Stabachse.
– Momente M.

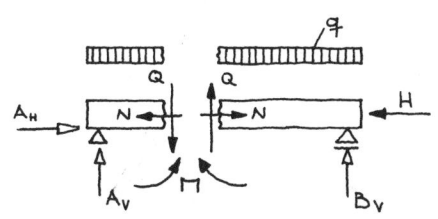

Die inneren Kräfte und Momente an einer zu untersuchenden Stelle eines Tragteils bestimmen wir mit folgendem Denkmodell : wir denken uns dieses Tragteil an dieser Stelle quer durchschnitten. Damit werden die inneren Kräfte an der Schnittstelle unterbrochen. Aus dem Tragteil werden zwei Teilstücke, die herunterfallen würden, träfen wir keine weiteren Maßnahmen. Als solche Maßnahme, die ein abgeschnittenes Teilstück wieder ins Gleichgewicht bringt, führen wir am Schnitt Kräfte und ein Moment ein, die – gleichsam von außen – so angreifen, wie vor dem Schneiden die inneren Kräfte über die Schnittfläche von Teilstück zu Teilstück wirkten.

Wir fragen uns also : Welche Kräfte und welches Moment müssen wir an der gedachten Schnittfläche ansetzen, um die inneren Kräfte und Momente zu ersetzen, d.h. um am Querschnitt wieder Gleichgewicht herzustellen?
Wegen dieses Denkmodells sprechen wir auch von Schnittkräften. Dieser Begriff umfaßt auch das innere Moment.

5 VORZEICHEN

G 5.1 Längskräfte

Längskräfte wirken in Richtung der Stabachse. Als **Zugkräfte** längen sie das Bauteil, als **Druckkräfte** verkürzen sie es. Für Längskräfte gilt die Vorzeichenregel:

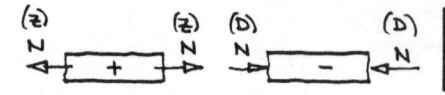

Zug +	(wird länger)
Druck −	(wird kürzer)

Längskräfte − auch Normalkräfte genannt −, werden in der Regel mit $\underline{N}$ bezeichnet.
Will man hervorheben, daß es sich um eine Zugkraft handelt, so kann man auch die Bezeichnung $\underline{Z}$ bzw. für Druck $\underline{D}$ wählen.

Die äußeren Kräfte erzeugen im Inneren des Tragteils entsprechende innere Kräfte. Die Vertikalkraft V (äußere Kraft), die auf diese Stütze wirkt, erzeugt im Schnitt x − x eine gleichgroße Druckkraft D (innere Kraft).

In diesem Fall wirken die äußeren Kräfte vom Bauteil weg, deshalb wirkt in dem Bauteil eine Zugkraft Z.

Wir kennen Tragteile, die nur Druck aufnehmen können, z.B. Mauerpfeiler, solche die nur Zug aufnehmen können, z.B. Seile und solche, die Druck und Zug aufnehmen können, z.B. Holz,- oder Stahlstützen.

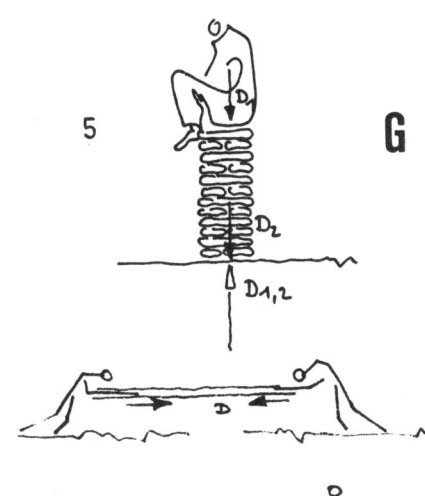

G Die Längskraft – wie auch die anderen inneren Kräfte und Momente – kann über die ganze Länge eines Bauteils gleich bleiben, sie kann sich aber auch von Querschnitt zu Querschnitt ändern.

So wird z.B. in einem Mauerpfeiler die Druckkraft nach unten immer größer – wegen des Eigengewichts. In dem gezogenen bzw. gedrückten Baumstamm in den nebenstehenden Skizzen bleibt die Längskraft von einem Ende bis zum anderen gleich – es wirkt ja dazwischen keine äußere Kraft, die die innere Längskraft verändern könnte.

Da sich die inneren Kräfte von Querschnitt zu Querschnitt ändern können, hätte es wenig Sinn, sie nur an einer Stelle durch einen Pfeil anzugeben.
Wir brauchen eine Darstellung, die es erlaubt, die inneren Kräfte an **jedem** Querschnitt abzulesen. Wir zeichnen dazu ein Diagramm längs der Stabachse.

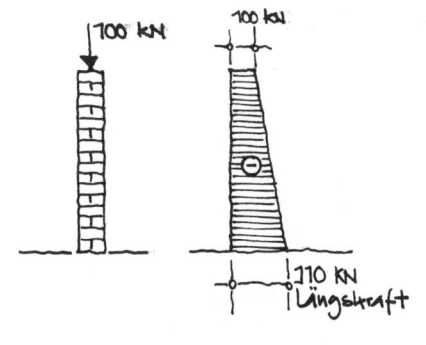

Auf diesen Mauerpfeiler wirkt an seiner Spitze eine Last von 100 kN. Sein Eigengewicht betrage 10 kN. Die innere Kraft beträgt also an seiner Spitze – wo noch kein Eigengewicht wirkt – 100 kN, sie nimmt bis zu seinem Fuß um das Eigengewicht von 10 kN auf 110 kN zu. Die Zunahme ist gleichmäßig, denn der Pfeiler ist überall gleich dick, er wiegt auf jedem Teilstück seiner Höhe das gleiche. Wir können also den Wert an der Spitze und den am Fußpunkt l i n e a r verbinden.

5 **G** Aus diesem Diagramm läßt sich für jeden Querschnitt die innere Längskraft ablesen.
Das Zeichen $(-)$ im Diagramm deutet auf eine Druckkraft hin. Schließlich zeigen wir noch durch das Wort "Längskraft" an, um welche Art innerer Kräfte es sich handelt.

5.2 Querkräfte

Querkräfte wirken – der Name sagt es – q u e r zur Stabachse.

Diese Hölzer – durch einen "Schwalbenschwanz" verbunden – werden durch die Querkraft gegeneinander verschoben.

Hier erzeugt eine Schere eine Querkraft, die das Werkstück teilt.

"Querkraft ist Scherkraft".

Diese Schere ist offensichtlich etwas locker geworden, das Werkstück wird durch den Abstand a der Schneiden gebogen. Die Querkraft ist hier zwar nicht mehr so deutlich zu erkennen, weil ihr das Papier durch Verbiegen ausweicht – aber sie ist genauso vorhanden, wie bei der festeren Schere oben.

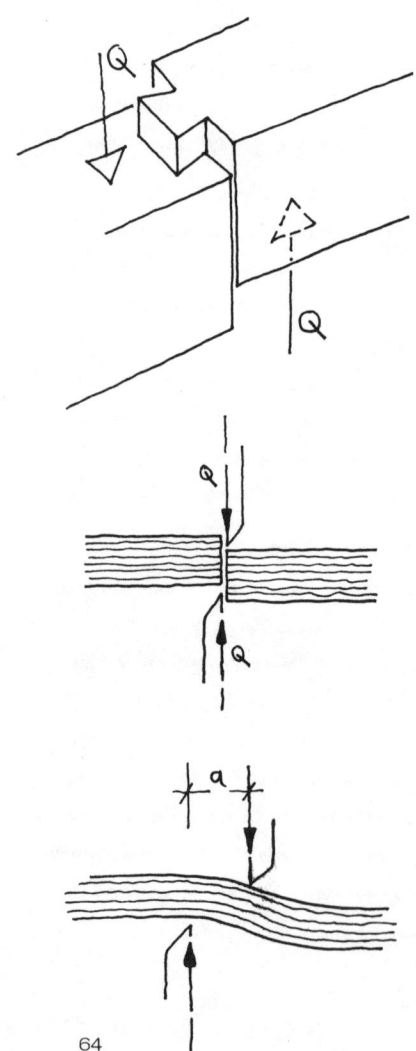

5

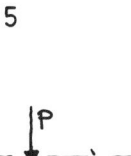

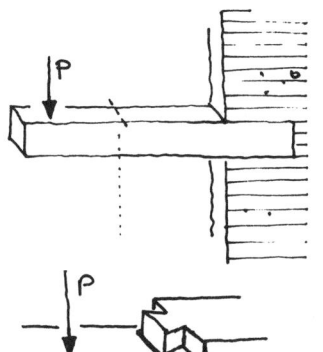

G Wäre dieser auskragende Balken durch einen Schwalbenschwanz unterbrochen, so würde er an diesem Schwalbenschwanz nach unten abrutschen, denn diese Verbindung könnte keine Querkräfte aufnehmen. Hier würde die Querkraft deutlich sichtbar. Aber sie wirkt selbstverständlich auch an den anderen Querschnitten des Balkens.

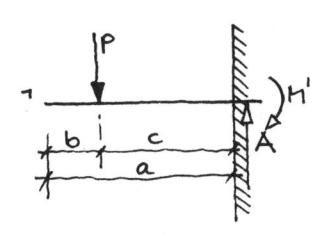

Beispiel 5.2.1

In diesem Beispiel betrachten wir nur die Kraft P und vernachlässigen das Eigengewicht des Balkens.

Zunächst müssen wir die Auflagerreaktionen kennen.

Aus $\sum V = 0$
$P - A = 0$
$A = P$

aus $\sum M = 0$ um Drehpunkt A folgt
$-P \cdot c + M' = 0$
$M' = +P \cdot c$

Jetzt sind alle äußeren Kräfte und Momente – Last und Auflagerreaktionen – bekannt, und wir können an die Ermittlung der inneren Kräfte gehen.

5 **G** Wir werden bei der Ermittlung der Querkraft
von zunächst links nach rechts vorgehen.
(Genau so gut könnten wir auch von rechts
nach links gehen – es ist nur gebräuchlich
von links nach rechts, wahrscheinlich deshalb,
weil wir gewohnt sind, von links nach rechts
zu schreiben).

Wir beginnen also links am vorderen Ende
des Balkens, am Punkt 1. Hier denken wir
uns einen Schnitt quer durch den Balken
gelegt und fragen uns: "Welche äußeren
Kräfte quer zur Stabachse wirken l i n k s
von diesem Schnitt ?"
Antwort: Keine. Die Querkraft ist hier
$Q_1 = 0$.

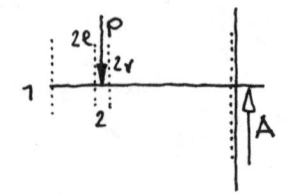

Wir gehen dem Balken entlang nach rechts – zunächst tritt kein äußerer Einfluß auf, der die
Querkraft verändern könnte. Den nächsten Schnitt
legen wir unmittelbar links von Punkt 2, an dem
die Kraft P wirkt. Dieser Schnitt heißt 2 l
(2 links).
Wieder betrachten wir die äußeren Kräfte links
von diesem Schnitt und stellen fest: Noch kein
Einfluß quer zur Stabachse. Also
$Q_{2\,l} = 0$

Den nächsten Schnitt legen wir ein kleines
Stück rechts von Punkt 2, es ist der Schnitt
2 r. Wieder schauen wir nach links und
stellen fest: Jetzt hat sich etwas geändert.
Die äußere Kraft P wirkt links von diesem
Schnitt. Damit ist die Querkraft um diesen
Wert P größer geworden.

5

G Denn die Querkraft ist ja die Summe aller querwirkenden Kräfte links von dem betrachteten Schnitt.
Die Querkraft Q_{2r} muß also gleich P sein.

VORZEICHEN*

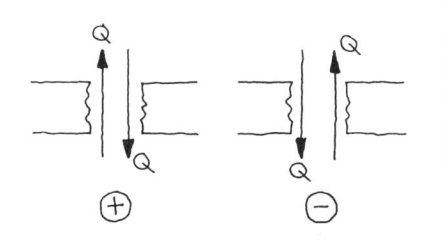

Wir bezeichnen die Querkraft als positiv, wenn sie links vom Schnitt nach oben wirkt und zeichnen im Diagramm die positiven Querkräfte nach oben. Wir bezeichnen die Querkraft als negativ, wenn sie links vom Schnitt nach unten wirkt und zeichnen negative Querkräfte nach unten.

Der Kraft, die links vom Schnitt nach oben wirkt, muß rechts vom Schnitt eine gleich große nach unten wirkende entgegenstehen, damit an diesem Schnitt Gleichgewicht herrscht. Wir können also die Vorzeichenregel auch formulieren:

VORZEICHEN

Eine Querkraft ist positiv, wenn sie am linken Schnittufer nach oben, am rechten nach unten wirkt.
In unserem Fall ist also:
$Q_{2r} = -P$

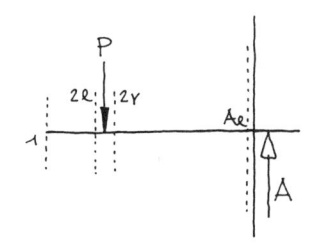

Als nächstes betrachten wir den Schnitt Al, also unmittelbar links neben dem Auflager A. Hier hat sich die Querkraft nicht gegenüber Q_{2r} geändert – es ist keine äußere Kraft hinzugekommen.
$Q_{Al} = Q_{2r} = -P$

---
* Der genaue Wortlaut der Vorzeichenregelung findet sich in DIN 1080 und wurde kurzgefaßt im Tabellenband wiedergegeben.

67

5 **G** Im Auflager A wirkt die Auflagerreaktion A, so daß im Querschnitt A_r, also unmittelbar rechts von A, gilt

$$Q_{Ar} = Q_{Al} + A = -P + P = 0$$

Am rechten Ende des Trägers ist die Querkraft wieder 0, denn auch die Summe aller äußeren Kräfte, die über die ganze Trägerlänge quer zur Stabachse wirken (hier der V-Kräfte), muß ja gleich Null sein. (Was innerhalb der Einspannlänge geschieht, lassen wir hier noch außer acht, es wird uns später beschäftigen.)

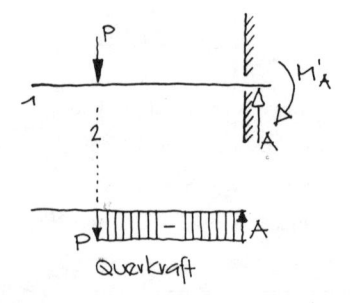

Die so ermittelten Werte können in einem Querkraft - Diagramm aufgetragen werden. Es wird so unter die Systemskizze gezeichnet, daß der Zusammenhang von Last und Querkraft klar ersichtlich ist.

5 **G** Beispiel 5.2.2

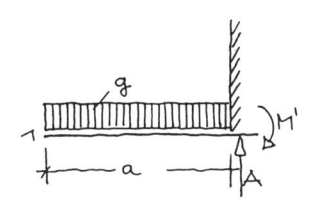

Das Eigengewicht des Kragträgers ist eine gleichmäßig verteilte Last.
Die Auflagerreaktion ergibt sich aus

$g \cdot a - A = 0$
$A = g \cdot a$

Für die Querkraft aus dieser gleichmäßig verteilten Last sind nur 2 Punkte markant: Der Punkt 1 und der Auflagerpunkt A.

Links von Punkt 1 wurde noch keine querwirkende Kraft eingetragen:

$Q_1 = 0$

Es erübrigt sich, bei nur gleichmäßig verteilten Lasten zwischen Schnitt 1_l und 1_r zu unterscheiden, das tun wir nur dort, wo eine Einzellast wirkt, so daß links von dieser Einzellast eine andere Querkraft auftritt als rechts von ihr.

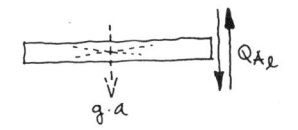

Im Querschnitt links vom Auflager A wirkt das ganze Lastpaket $g \cdot a$ nach unten:

$Q_{Al} = -g \cdot a$

Zwischen den Querschnitten A_l und A_r verändert sich die Querkraft um die Auflagerkraft A:

$Q_{Ar} = Q_{Al} + A = -g \cdot a + A$

$Q_{Ar} = 0.$

69

5

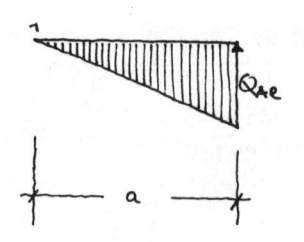

G Zwischen den beiden untersuchten Querschnitten wirkt die Last gleichmäßig verteilt, die Querkraft nimmt also gleichmäßig zu.
Wir können daher die Werte Q_1 und Q_{Al} durch eine gerade Linie verbinden. Aus diesem Diagramm läßt sich jetzt an jedem Punkt die Querkraft ablesen.

Beispiel 5.2.3

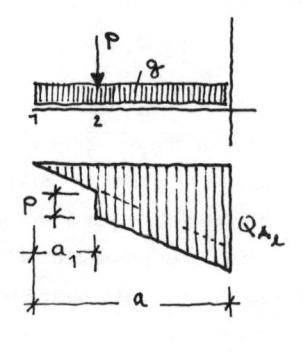

In diesem Beispiel sind an einem Kragträger die Einzellast aus Beispiel 5.2.1 und die gleichmäßig verteilte Last aus Beispiel 5.2.2 zusammengefaßt. Um die Querkraft für diese beiden Lasten zu ermitteln und im Diagramm darzustellen, werden die Werte aus P und aus g an den verschiedenen Querschnitten addiert. Wir können die Einzelwerte aus den vorangegangenen Beispielen entnehmen.

$Q_{2l} = -g \cdot a_1$

$Q_{2r} = -g \cdot a_1 - P$

$Q_{Al} = -g \cdot a - P$

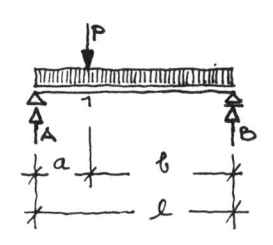

Beispiel 5.2.4

Nachdem wir nun gesehen haben, wie man die Querkraft für zusammengesetzte Lasten durch Addition der Einzelquerkräfte ermitteln kann, werden wir für diesen Träger auf zwei Stützen die Querkraft gleich für P und q zusammen verfolgen.

Zunächst die Auflagerreaktionen :

$$+A \cdot l - P \cdot b - q \cdot l \cdot \frac{l}{2} = 0$$

$$A = \frac{P \cdot b}{l} + \frac{q \cdot l}{2}$$

$$-B \cdot l + P \cdot a + q \cdot l \cdot \frac{l}{2} = 0$$

$$B = \frac{P \cdot a}{l} + \frac{q \cdot l}{2}$$

Daraus ergeben sich für die markanten Punkte A, 1 und B die Querkräfte :

$$Q_{Al} = 0$$
$$Q_{Ar} = Q_{Al} + A = +A$$
$$Q_{1l} = Q_{Ar} - q \cdot a = A - q \cdot a$$
$$Q_{1r} = Q_{1l} - P = A - q \cdot a - P$$
$$Q_{Bl} = Q_{1r} - q \cdot b = A - q \cdot l - P$$
$$Q_{Br} = Q_{Bl} + B = A - q \cdot l - P + B = 0$$

5

Q_{Av} Q_{be}

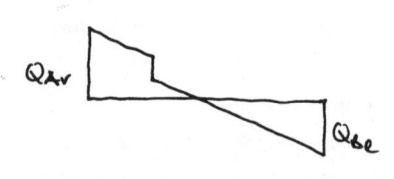

Querkraftdiagramm

G Q_{Br} muß gleich Null sein, da weiter rechts keine Kräfte mehr quer zur Trägerachse wirken. Dies wird klar, wenn man bedenkt, daß man die Untersuchung ja auch von rechts nach links hätte durchführen können (die Arbeitsweise von links nach rechts ist ja nur eine Vereinbarungsregel), dann hätte sich als erster Wert ergeben:

$$Q_{Br} = 0$$

Nur dann, wenn ein Querkraftdiagramm gezeichnet werden soll, müssen wir die Querkraft Schritt für Schritt an jedem markanten Punkt bestimmen. Oft aber genügt es, die Querkraft für den einen oder anderen Schnitt zu ermitteln. Man kann diese Querkraft auch unmittelbar bestimmen: Sie ist gleich der Summe aller links (bzw. rechts) von diesem Schnitt quer zur Stabachse wirkenden Kräfte. So kann in unserem Beispiel

$$Q_{1r} = A - q \cdot a - P$$

auch unmittelbar angeschrieben werden ohne vorheriges Ermitteln der Querkräfte an anderen Schnitten. Zur Probe, oder wenn es leichter geht, können wir dieselbe Querkraft auch von rechts ermitteln.

$$Q_{1r} = -B + q \cdot b$$

(B wirkt rechts vom Schnitt nach oben, ist also negativ einzusetzen!)

VORZEICHEN

5.3 Momente

Moment ist Kraft mal Hebelarm.
Bei der Ermittlung der äußeren Kräfte und Momente untersuchten wir, welche Kräfte um einen angenommenen Drehpunkt drehen, und ermittelten so die unbekannten Auflagerkräfte und Einspannmomente. Wir können deshalb die äußeren Momente auch als Drehmomente bezeichnen.

Bei der Ermittlung der inneren Momente sind die äußeren Kräfte und Momente bereits bekannt. Jetzt fragen wir uns, welche Momente das Tragteil biegen (bzw. brechen). Und wir werden dann in einem nächsten Arbeitsgang das Tragteil so ausbilden, so bemessen, daß die Biegung klein gehalten und daß der Bruch verhindert wird. Wir bezeichnen deshalb die inneren Momente als Biegemomente.

Beispiel 5.3.1

Dieser Träger sei ohne Eigengewicht und von der Einzellast P belastet.

$A = \dfrac{P \cdot b}{l}$ \quad (DP$_B$)

$B = \dfrac{P \cdot a}{l}$ \quad (DP$_A$)

Wir können für jede beliebige Stelle dieses Trägers, also für jeden Schnitt, das dort wirkende Biegemoment ermitteln.
Beginnen wir mit dem willkürlich gewählten Schnitt 1.

5

G Um das Biegemoment am Schnitt 1 zu ermitteln, fragen wir uns : welche Kräfte drehen von einer Seite um diesen Schnitt. In unserem Fall dreht – wenn wir nach links schauen – die Kraft A mit dem Hebelarm x.

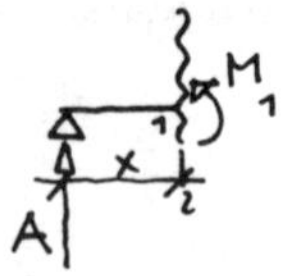

Das Biegemoment beträgt also

$$M_1 = A \cdot x$$

$$M_1 = \frac{P \cdot b \cdot x}{l}$$

Ist das Moment positiv, weil es rechts herumdreht ? Würden wir nach rechts schauen, so würde das Moment links herum drehen.
Welches Vorzeichen sollen wir also wählen ?
Für die inneren Momente, die Biegemomente also, brauchen wir eine andere Vorzeichenregel als für die äußeren.

Es ist leicht vorstellbar, daß dieser Träger unter der Last P sich so durchbiegt, daß er an seiner Unterseite gezogen, an seiner Oberseite gedrückt wird.

VORZEICHEN

Wir bezeichnen ein Biegemoment, das Zug an der Unterseite erzeugt, als positiv (+), ein Biegemoment, das Zug an der Oberseite erzeugt, als negativ (−).

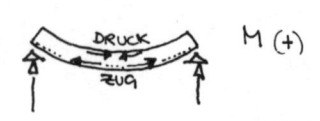

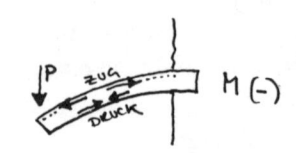

Das Moment am Schnitt 1 unseres Trägers ist also positiv.

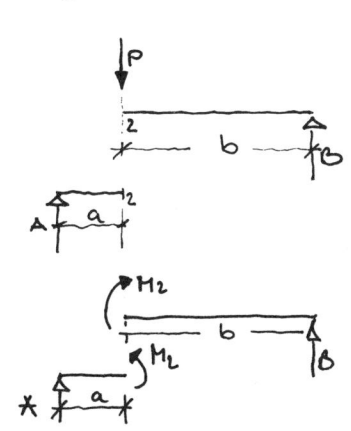

5 **G** Ein markanter Punkt ist der Angriffspunkt von P.

Dort ist

$$M_2 = + B \cdot b = + \frac{P \cdot a}{l} \cdot b$$

Das Ergebnis muß selbstverständlich das gleiche sein, ob wir die Kräfte rechts oder links vom Schnitt drehen lassen, also gilt auch:

$$M_2 = + A \cdot a = + \frac{P \cdot b}{l} \cdot a$$

Das Moment erzeugt unten Zug, ist also positiv (+).

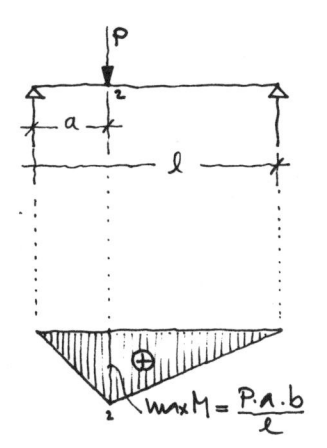

Bei den Auflagern A und B ist das Moment $M_A = A \cdot 0 = 0$ bzw. $M_B = B \cdot 0 = 0$.

Zur Probe sei der Schnitt von der anderen Seite betrachtet :

$$M_A = B \cdot l - P \cdot a$$

$$M_A = \frac{P \cdot a}{l} \cdot l - P \cdot a = 0$$

Das Moment wächst linear von A bis 2 bzw. von B bis 2. Das läßt sich leicht ablesen aus $M_1 = A \cdot x$. Da zwischen den Auflagern und dem Schnitt 2 - also dem Angriffspunkt von P - keine weitere Kraft wirkt, kann das Moment nur proportional mit der Zunahme des Hebelarmes wachsen.

G Das Moment im Angriffspunkt von P ist das **m a x i m a l e** Moment, abgekürzt max M.

Etwas inkonsequenterweise werden positive Momente im Diagramm nach unten, negative Momente im Diagramm nach oben gezeichnet. Positive Momente werden also in Richtung der Durchbiegung gezeichnet, die sie bewirken.

Beispiel 5.3.2

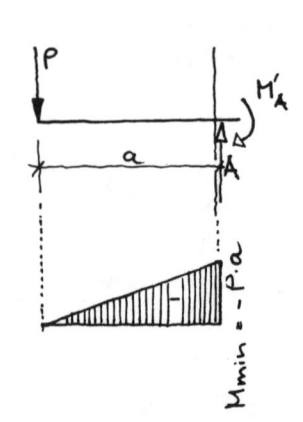

Die Einzellast auf einem gewichtslosen Kragarm erzeugt im Einspannpunkt das Moment
$M'_A = - P \cdot a$

Es ist negativ (−), weil es oben Zug erzeugt. Konsequenterweise muß der Extrem-Wert des negativen Moments als **m i n i m a l e s** Moment abgekürzt min M bezeichnet werden.

Beispiel 5.3.3

Träger mit gleichmäßig verteilter Last

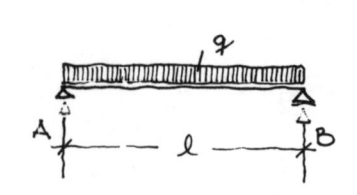

Wegen Symmetrie dieses Einfeldträgers ist unmittelbar zu erkennen, daß je die Hälfte des gesamten Lastpaketes $q \cdot l$ auf die beiden Auflager A und B entfällt.

$A = \dfrac{q \cdot l}{2}$

$B = \dfrac{q \cdot l}{2}$

5

G Es ist weiterhin leicht zu erkennen, daß die größte Biegebeanspruchung – d.h. das größte Biegemoment – in der Mitte des Trägers liegt. Ein exakter Nachweis hierüber wird im Abschnitt 5.4 – Beziehung von Moment und Querkraft – geführt.

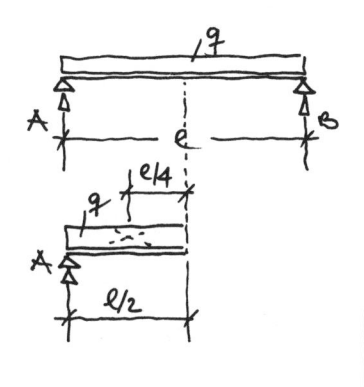

Wir betrachten also das Moment in Trägermitte:

$$\max M = + A \cdot \frac{l}{2} - q \cdot \frac{l}{2} \cdot \frac{l}{4} \quad \Big| A = \frac{q \cdot l}{2}$$

$$= \frac{q \cdot l}{2} \cdot \frac{l}{2} - \frac{q \cdot l^2}{8}$$

$$\boxed{\max M = \frac{q \cdot l^2}{8}}$$

Trotz aller Abneigung der Verfasser gegen Auswendiglernen – diese Formel sei dem geneigten Leser zum sorgsamen Merken empfohlen – es ist die meistgebrauchte Formel der Baustatik !!!

An jedem beliebigen Schnitt 1 ist das Moment

$$M_1 = A \cdot x - q \cdot x \cdot \frac{x}{2} \quad \Big| A = \frac{q \cdot l}{2}$$

$$M_1 = \frac{q \cdot l}{2} \cdot x - \frac{q \cdot x^2}{2}$$

Hieraus läßt sich eine quadratische Funktion erkennen. Das Momenten-Diagramm muß eine quadratische Parabel sein.

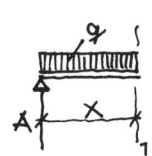

5

G Da die Momente in den Auflagerpunkten

$M_A = 0$ und

$M_B = 0$ und das Maximalmoment

$\max M = \dfrac{q \cdot l^2}{8}$ in Trägermitte

bekannt sind, läßt sich diese Parabel konstruieren.

PARABELKONSTRUKTION

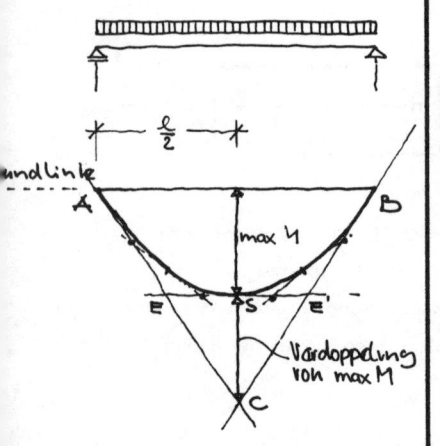

1. Trage die Strecke max M in Trägermitte an; der so gefundene Punkt S ist der Scheitelpunkt der Parabel.
2. Verdoppele die Strecke max M bis zum Punkt C.
3. Verbinde C mit A und mit B, die Verbindungsgeraden sind Tangenten an die Parabel in A und B.
4. Ziehe durch S eine Parallele zur Grundlinie. Diese Parallele ist die Tangente bei max M.
5. Halbiere die Strecke $\overline{AE}$ zwischen Auflagerpunkt A und Tangentenschnittpunkt E, ebenso die Strecke $\overline{SE}$. Verbinde die Halbierungspunkte. Diese Verbindungsstrecke ist eine neue Tangente. In ihrer Mitte ist der neue Tangentialpunkt.
Wiederhole das gleiche $\overline{BE'}$ und $\overline{SE'}$.

Die so gefundenen Tangenten und Tangentialpunkte ermöglichen ein hinreichend genaues Zeichnen der Parabel. Diese Konstruktion ist auch zum freihändigen Skizzieren von Parabeln geeignet.

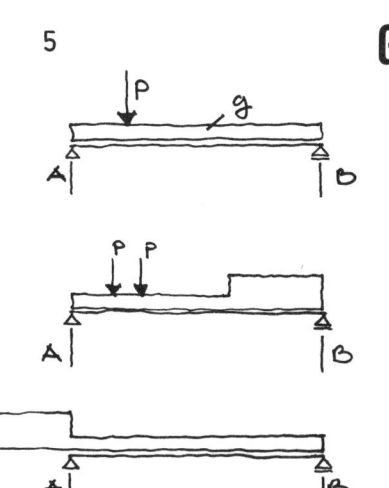

G 5.4 Beziehung von Querkraft und Moment

Wo liegt in diesem Fall das maximale Biegemoment?

Wo liegt das maximale Moment bei solchen Belastungen, mit mehreren Einzellasten und verschiedenen gleichmäßig verteilten Belastungen

Oder wo liegt es bei diesem Träger mit Kragarm?

Die Lage der Maximal - bzw. Minimalmomente wird mit Hilfe des folgenden Gesetzes bestimmt:

GESETZ

Die Momentenlinie hat ein Maximum oder ein Minimum, wo die Querkraft $Q = 0$ ist.

H Herleitung dieses Gesetzes:

Vorbemerkung:

Die im folgenden verwandte, einfache mathematische Schreibweise ist im Ingenieurwesen allgemein gebräuchlich, unterscheidet sich jedoch von der der heute üblichen Schulmathematik. Dies bedarf einer Erläuterung:
Wahrscheinlich hat der Leser im Mathematikunterricht die folgende Definition der Ableitung kennengelernt: Es sei f eine Funktion, die reellen Zahlen wieder reelle Zahlen zuordnet. Wenn es eine Zahl c gibt, so daß

$$\lim_{h \to 0} \frac{f(x+h) - f(x)}{h} = c \text{ ist,}$$

so heißt f differenzierbar an der Stelle x mit Ableitung (oder Differentialquotient) c.

H Man schreibt $c = f'(x) = \dfrac{df}{dx}$.

Setzt man $\Delta f = f(x + \Delta x) - f(x)$, $\Delta x = h$
so erhält man die Gleichung

$$\lim_{\Delta x \to 0} \frac{\Delta f}{\Delta x} = \frac{df}{dx} ,$$

$\dfrac{\Delta f}{\Delta x}$ heißt Differenzenquotient.

Vielleicht wurde auch noch folgende Warnung hinzugefügt : Während der Differenzenquotient ein "richtiger Quotient" zweier reeller Zahlen ist, hat die Schreibweise $\dfrac{df}{dx}$ für den Differentialquotienten nur symbolischen Charakter. Es handelt sich dabei nicht etwa um den Quotienten zweier "unendlich kleiner Größen".
Die Symbole df und dx haben für sich allein keine Bedeutung.
Umso erstaunter wird der Leser sein, wenn er hier das dereinst für unsinnig erklärte Rechnen mit unendlich kleinen Größen wiederfindet :
Der Differentialquotient wird hier tatsächlich als Quotient zweier reeller Zahlen betrachtet. Wie dies zu verstehen ist, mag ein Abschnitt erläutern aus Richard Courant, Vorlesungen über Differential- und Integralrechnung, Bd. I, S. 98 - 99 : "Ebenso wie die Frage nach Rationalität oder Irrationalität in der strengen Bedeutung der "Präzisionsmathematik" keinen physikalischen Sinn hat, wird auch sonst in den Anwendungen die wirkliche Durchführung von Grenzübergängen gewöhnlich nur eine Idealisierung darstellen. .... Der Physiker oder...

5

H Techniker... wird dann vernünftigerweise innerhalb seiner Genauigkeitsgrenzen den Differenzenquotienten mit dem Differentialquotienten identifizieren. ... Diese physikalisch unendlich kleinen Größen haben einen präzisen Sinn. Es sind durchaus endliche, von Null verschiedene Größen, nur für die betreffende Betrachtung klein genug gewählt."

Im folgenden wird auch die Differenzierbarkeit nicht mathematisch bewiesen sondern als gegeben vorausgesetzt. Analoges gilt für den Integralbegriff. (Soweit die Vorbemerkung)

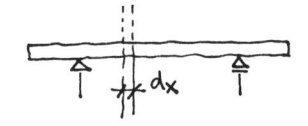

An dem hier skizzierten kleinen Ausschnitt aus einem Träger greifen links das Moment M und die Querkraft Q, rechts M + dM und Q + dQ an. Die Belastung ist p.

Nach $\Sigma V = 0$ ist

$$Q - (Q + dQ) - p \cdot dx = 0$$
$$-dQ = p \cdot dx$$
$$\frac{dQ}{dx} = -p$$

das heißt: Die Last ist der Differentialquotient aus der Querkraft nach der Strecke. Sie zeigt die Steigung der Querkraftlinie an. Die Steigung der Q-Linie ist proportional der Last.

Nach $\Sigma M = 0$ ist

$$M - (M + dM) + Q \cdot dx - p \cdot dx \frac{dx}{2} = 0$$
$$-dM + Q \cdot dx - p \cdot \frac{(dx)^2}{2} = 0$$

Das Glied $(dx)^2$ kann entfallen – es ist von höherer Ordnung klein.

$$-dM + Q \cdot dx = 0$$
$$\frac{dM}{dx} = Q$$

5 **G** Das heißt : Die Querkraft ist der Differentialquotient des Moments. Sie zeigt die Steigung der Momentenlinie an. Wo die Querkraft Q = 0 ist, verläuft die Momentenlinie horizontal – sie hat dort ein Maximum oder ein Minimum. Weitere Zusammenhänge zeigt die folgende Tabelle.

Last	keine Last	↓P	⎯g⎯	g₁ ▮▮ g₂	g ↓P
Q (0)	horizontal	Sprung	geneigte Gerade	Knick	Sprung
M (Max. oder Min.)	gerade	Knick	Parabel	Parabel 1 / Parabel 2 (Übergang mit gemeinsamer Tangente)	Knick

5　G　Beispiel 5.4.1　Einfeldträger mit Kragarm

Auflagerreaktionen:

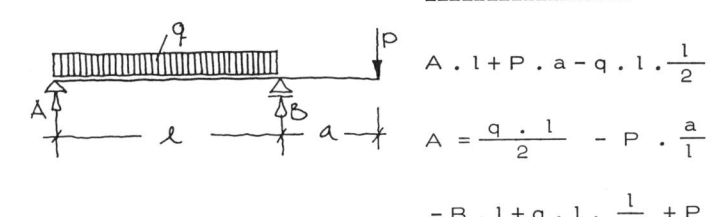

$$A \cdot l + P \cdot a - q \cdot l \cdot \frac{l}{2} = 0 \qquad (DP_B)$$

$$A = \frac{q \cdot l}{2} - P \cdot \frac{a}{l}$$

$$-B \cdot l + q \cdot l \cdot \frac{l}{2} + P \cdot (a + l) = 0 \qquad (DP_A)$$

$$B = \frac{q \cdot l}{2} + P \cdot \frac{a + l}{l}$$

Querkräfte

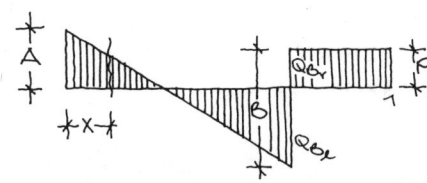

$$Q_{Ar} = 0 + A = A$$

$$Q_{Bl} = Q_{Ar} - q \cdot l$$

$$Q_{Br} = Q_{Bl} + B$$

$$Q_{1l} = Q_{Br}$$

$$Q_{1r} = Q_{1l} - P = 0$$

G Momente

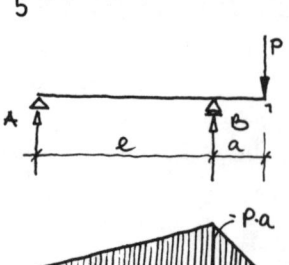

Für die Konstruktion der Momentenlinie untersuchen wir zunächst getrennt den Einfluß der Einzellast P und den der gleichmäßig verteilten Last q.

Aus P allein:

$M_{BP} = -P \cdot a$

$M_A = \pm 0$

Die Verbindung zwischen M_B und den Punkten A und 1 verläuft linear, denn es wirkt keine weitere Kraft zwischen diesen Punkten.

Aus q allein:

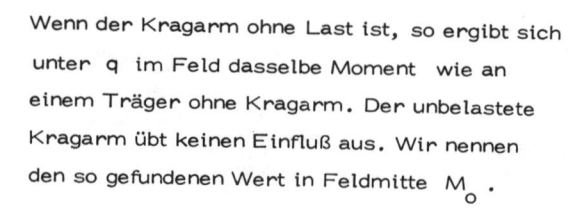

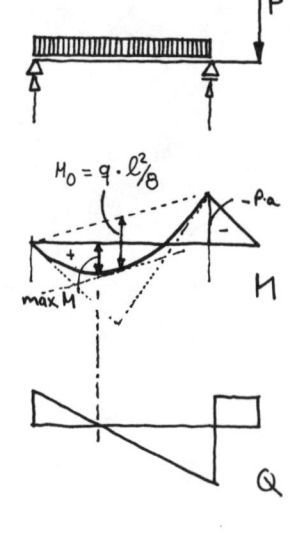

Wenn der Kragarm ohne Last ist, so ergibt sich unter q im Feld dasselbe Moment wie an einem Träger ohne Kragarm. Der unbelastete Kragarm übt keinen Einfluß aus. Wir nennen den so gefundenen Wert in Feldmitte M_o.

$M_o = \dfrac{q \cdot l^2}{8}$

Die Momentenlinie für die gesamte Belastung erhalten wir, wenn wir die Momentenlinien aus den Teillasten überlagern. Wir tun dies, indem wir an die gerade Verbindungslinie zwischen A und M_B in der Mitte den Wert $M_o = \dfrac{q \cdot l^2}{8}$ antragen und jetzt zwischen diesen 3 Punkten die Parabel konstruieren. Die Tangente bei M_o verläuft parallel zur Verbindungslinie.

5   **G** Das Maximalmoment max M ist kleiner als $\frac{q \cdot l^2}{8}$. Der Kragarm mit der Last P hat zu einer Verminderung des Feldmoments geführt. Wie aus der Momentenlinie zu erkennen ist, liegt der Wert max M nicht mehr in Mitte des Feldes – er ist nach links, vom Kragarm weg, gewandert. Wo liegt max M und wie groß ist es?

max M liegt da, wo die Querkraft Q = 0 ist. Diese Stelle finden wir mit

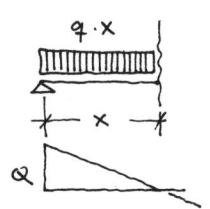

$$Q_{A\,r} - q \cdot x = 0$$

$$x = \frac{Q_{A\,r}}{q}$$

q . x ist das Lastpaket von A bis zur gesuchten Stelle

An dieser Stelle ist das Moment

$$\max M = A \cdot x - q \cdot x \cdot \frac{x}{2}$$

5 G Beispiel 5.4.2

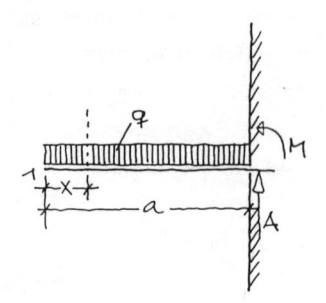

Kragarm mit gleichmäßig verteilter Last.

Auflagerreaktionen

aus $\Sigma V = 0$ folgt

$q \cdot a - A = 0$

$A = q \cdot a$

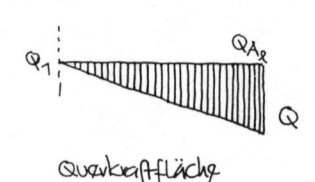

aus $\Sigma M = 0$ folgt

$-q \cdot a \cdot \dfrac{a}{2} - M_A = 0$

$M_A = -\dfrac{q \cdot a^2}{2}$

Querkräfte

$Q_1 = 0$

$Q_{Al} = -q \cdot a$

$Q_{Ar} = Q_{Al} + A = 0$

Biegemomente

$M_1 = 0$

$M_A = \min M = -\dfrac{q \cdot a^2}{2}$

Wie verläuft die Momentenlinie ?

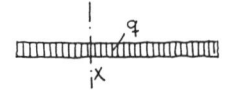

5   **G**   In jedem beliebigen Schnitt x ist

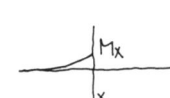

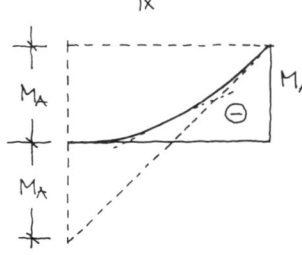

$$M_x = - \frac{q \cdot x^2}{2}$$

Die Strecke x wirkt sich also im Quadrat aus. Dies führt zu einer quadratischen Parabel. Die Steigung dieser Parabel am vorderen Ende des Kragträgers (Schnitt 1) ist 0, weil dort

$$Q_1 = 0$$

Dort liegt also der Scheitel der Parabel.
Mit diesen Werten läßt sich die Kurve zeichnen.

Eine andere, noch einfachere Art, die Parabel zu zeichnen ist die folgende:

Verbinde die Werte der markanten Punkte

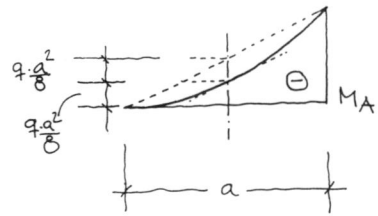

$$M_1 = 0 \quad \text{und}$$

$$M_A = - \frac{q \cdot a^2}{2}$$

durch eine Gerade – die "Schlußlinie".
Ermittle den Wert

$$M_o = \frac{q \cdot a^2}{8}$$

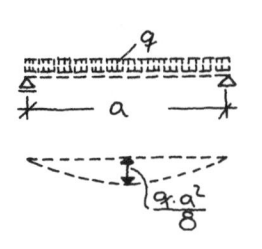

den Wert also, der in einem gedachten gleichlangen Einfeldträger mit der Gleichlast q als max M auftreten würde und trage diesen Wert mittig an. An dem so gefundenen Punkt liegt die Tangente parallel zur Schlußlinie. Damit läßt sich die Parabel in der bekannten Weise konstruieren.

5   **G**   Dasselbe Verfahren haben wir schon im Beispiel 5.4.1 angewandt, als wir die Gerade aus Last P mit der Parabel aus Last q überlagerten.

Dieses Verfahren ist immer anwendbar, wenn zwischen markanten Punkten 1 und 2 mit dem Abstand l_o nur eine gleichmäßig verteilte Last q wirkt.

Verfahrensweise:

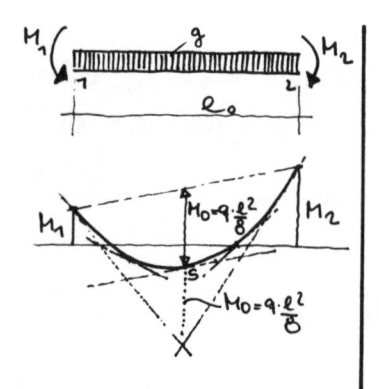

1. Trage die Momente M_1 und M_2 an.
2. Verbinde diese Werte durch die gerade Schlußlinie.
3. Ermittle $M_o = \dfrac{q \cdot l_o^2}{8}$
4. Trage M_o mittig an die Schlußlinie an.
5. Ziehe durch den so gefundenen Punkt S die Tangente parallel zur Schlußlinie.
6. Zeichne die Parabel wie auf Seite 78 beschrieben, jedoch mit der Tangente bei M_o parallel zur Schlußlinie.

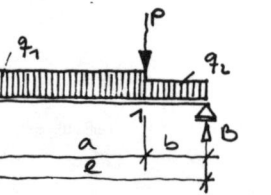

Beispiel 5.4.3

Einfeldträger mit verschiedenen Belastungen

Auflagerreaktionen:

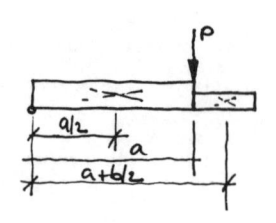

Die Ermittlung der Auflagerkräfte ist bereits bekannt und wird deshalb hier nicht nochmals angeschrieben. (Vergl. Kap. 3 S. 48)

A = ····
B = ····

5

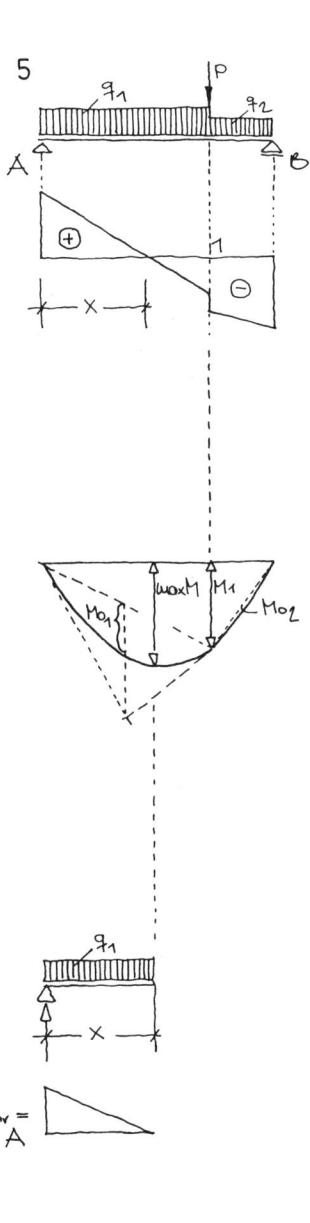

G Querkräfte:

Ermittlung ebenfalls bekannt

Momente:

1) M_1 (bei Einzellast P)

$$M_1 = A \cdot a - \frac{q_1 \cdot a^2}{2}$$

2) M_o - Werte

$$M_{o\,1} = \frac{q_1 \cdot a^2}{8}$$

$$M_{o\,2} = \frac{q_2 \cdot b^2}{8}$$

Mit diesen Werten läßt sich die Momentenlinie zeichnen.

3) max M :

Wo liegt max M, dh. wo ist $Q = 0$?

$$Q_{A\,r} - q_1 \cdot x = 0$$

$$\Rightarrow x = \frac{Q_{A\,r}}{q_1} = \frac{A}{q_1} \quad \Big| \quad Q_{A\,r} = A$$

$$\max M = A \cdot x - \frac{q_1 \cdot x^2}{2}$$

Wir können also den Wert für max M entweder aus der Kurve messen oder ihn rechnerisch ermitteln. Der Vergleich des zeichnerischen und des rechnerischen Wertes kann als Probe dienen.

Beispiel 5.4.4

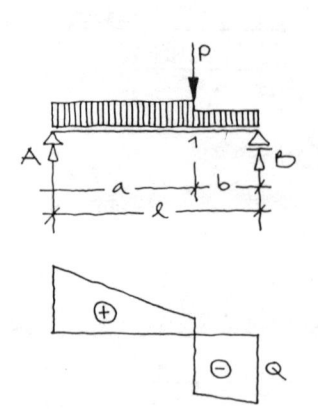

Das ist fast dieselbe Aufgabe, wie 5.4.3 , jedoch sind die Lasten etwas anders verteilt, so daß max M unter der Einzellast P liegt. Das ist daran zu erkennen, daß die Querkraft im Schnitt 1 durch 0 geht, daß also

$Q_{1l} > 0$

$Q_{1r} < 0$ ist.

In diesem Fall ist

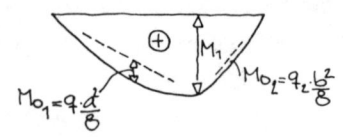

$$M_1 = \max M = A \cdot a - \frac{q_1 \cdot a^2}{2}$$

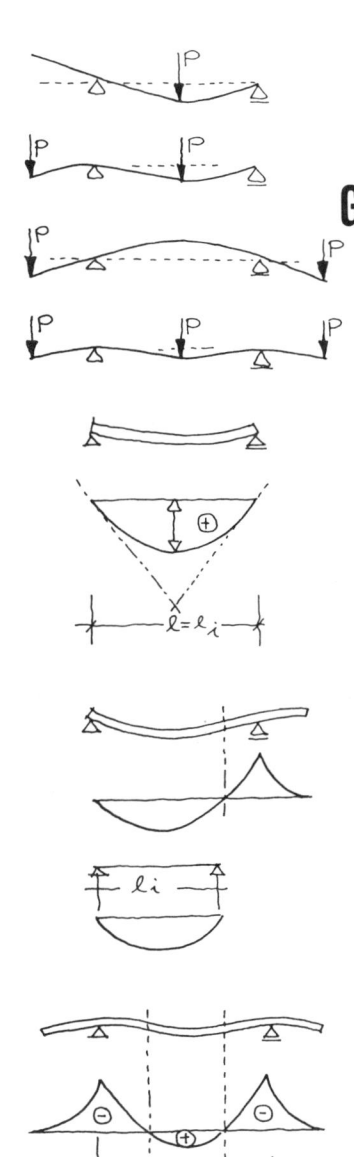

6 Lastfälle, Hüllkurven und eine schnellere Methode zur Ermittlung der Auflager- und Schnittkräfte

G Träger mit Kragarmen

Eine Last auf einem Kragarm entlastet das Feld. Noch stärker ist die Feld-Entlastung durch Lasten auf 2 Kragarmen.

Die hier skizzierten Durchbiegungsversuche lassen sich leicht mit Reißschiene o.ä. durchführen. Man kann spüren oder sich vorstellen, wie durch die Belastung der Kragarme das Feld angehoben wird.

Zwar sind die Durchbiegungen keineswegs identisch mit den Momenten, aber sie lassen doch Rückschlüsse auf die Momente zu : Wo die Durchbiegung nach oben konkav ist – also oben Druck wirkt – zeigt sie ein positives Biegemoment an, wo sie nach oben konvex ist – also oben Zug wirkt – zeigt sie ein negatives Moment an. Der Übergang von konkav zu konvex – also der Wendepunkt der elastischen Linie – zeigt demnach den Momenten-Nullpunkt an.

Die Kragmomente verschieben die Momenten-Nullpunkte von den Auflagern nach innen. Das Feldmoment ist jetzt nur noch so groß, wie bei einem kragarmlosen Träger von der Spannweite l_i – dabei ist l_i die Entfernung der Nullpunkte.

6

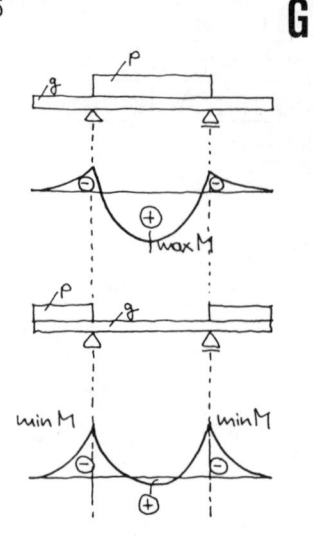

G Die Kragarm-Belastung verringert das Feldmoment. Damit kommt der Verteilung von g und p – also von ständiger und nichtständiger Last – eine wichtige Bedeutung zu :
Das maximale Feldmoment entsteht dann, wenn das Feld voll belastet ist, d.h. mit $g + p = q$, die Kragarme hingegen nur mit der kleinstmöglichen Last, d.h. nur mit der ständigen Last g.
Für evtl. vorhandene Einzellasten gilt entsprechendes : Sie sind zu unterteilen in ständige Anteile G und nichtständige Anteile P

Die größten Kragmomente min M entstehen unter größter Belastung der Kragarme, sie sind unabhängig von der Feld-Last.
Es müssen hier also verschiedene Lastfälle unterschieden werden. Für die Bemessung des Trägers – sie wird in Kap. 8 und 13 behandelt – ist nicht nur e i n Lastfall maßgebend, sondern wir müssen für jede zu bemessende Stelle des Trägers das größte Moment kennen, das im jeweils maßgebenden Lastfall dort auftritt.

6 G

Lastfall 1:

Größte Last im Feld,

Kleinste Last auf dem Kragarm

⇒ maximales Feldmoment max M

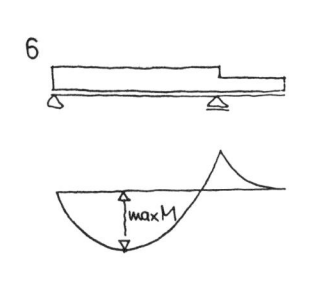

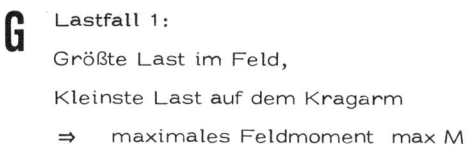

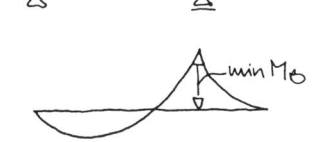

Lastfall 2:

Kleinste Last im Feld

Größte Last auf dem Kragarm

⇒ maximale Stützenmomente min M_B

und kleinstes Feldmoment

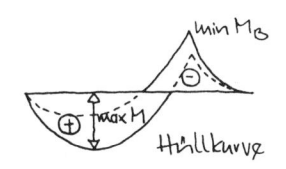

Die verschiedenen Lastfälle ergeben verschiedene Momentenkurven. Die maßgebenden Momentenkurven werden in einer Figur zusammengezeichnet. Diese Figur heißt H ü l l k u r v e , weil sie alle infrage kommenden Momente unhüllt.

Lastfall 3: V o l l a s t (Voll-Last)

ergibt keine neuen Maximalmomente; sie ist aber von Bedeutung für die Schub-Bemessung, die in Abschnitt 8 beschrieben wird. Deshalb wird die Querkraft für diesen Lastfall ermittelt.

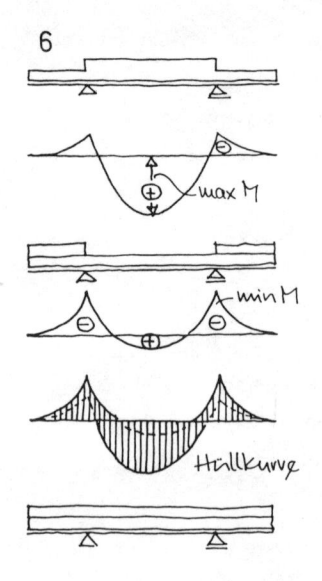

G Entsprechendes gilt für den Träger mit 2 Kragarmen.

An der Hüllkurve kann für jede Stelle – d.h. jeden Schnitt – des Trägers abgelesen werden, welche Momente dort auftreten können. Die jeweils größten Momente sind für die Bemessung des Trägers maßgebend.

Vollast maßgebend nur für Querkraft und Schubbemessung.

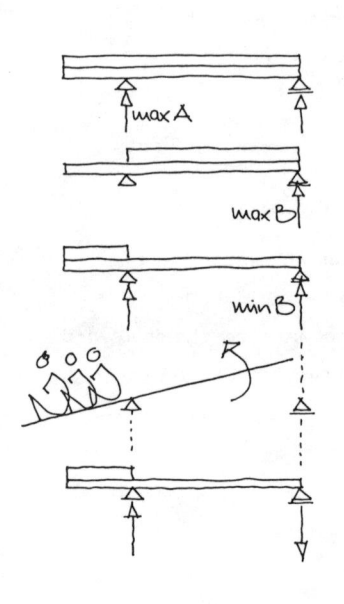

Für den Träger mit nur e i n e m Kragarm ergeben sich aus diesen Lastfällen auch die maximalen und die minimalen Auflagerreaktionen und evtl. die Kippsicherheit, die bei großem, schwer belastetem Kragarm eine Verankerung des dem Kragarm gegenüberliegenden Auflagers erfordern könnte.

6   **G**   Am Träger mit 2 Kragarmen ergeben sich die maximalen bzw. die minimalen Auflagerreaktionen aus weiteren Lastfällen:

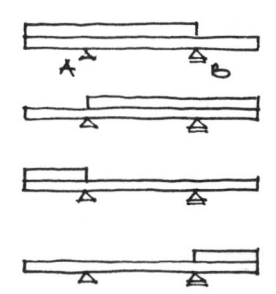

⇒   max A

⇒   max B

⇒   min B

⇒   min A

Die beiden letzten Lastfälle sind nur im Hinblick auf eine evtl. Kippgefahr zu untersuchen.
Mit etwas Erfahrung läßt sich meist auf den ersten Blick erkennen, ob Kippen möglich ist, d.h. ob eine Untersuchung dieser beiden Lastfälle überhaupt erforderlich ist.

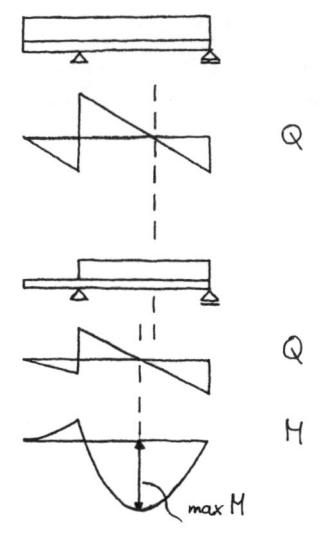

Die Querkraft wird in der Regel nur für den Lastfall Vollast untersucht – das ist eine Vereinfachung, die uns die DIN-Vorschriften (z.B. DIN 1045) gestatten.

Eine Ausnahme bildet die Querkraft, die wir für die Ermittlung des maximalen Feldmomentes kennen müssen. Sie ist selbstverständlich für den Lastfall zu ermitteln, der dieses maximale Feldmoment ergibt. Bei d i e s e m Lastfall muß dann $Q = 0$ dort sein, wo das maximale Feldmoment liegt.

6

E Zur Ermittlung der Auflagerreaktionen

Bevor wir Hüllkurven anhand einiger Beispiele untersuchen, werden wir uns mit einer Art der Ermittlung von Auflagerreaktionen und Maximalmomenten beschäftigen, die schneller zum Ziel führt, als die in Kap. 5 besprochenen.
Interessierte Leser können dann die Hüllkurvenbeispiele nach dieser Art verfolgen.
Ein belasteter Kragarm am Auflager A entlastet das Auflager B. Um diese Entlastung von B muß A zusätzlich belastet werden – die bei B weggenommene Auflagerkraft muß ja an einer anderen Stelle dazugegeben werden, damit $\Sigma V = 0$ bleibt.
Damit wirken im hier skizzierten Beispiel folgende Auflagerreaktionen :

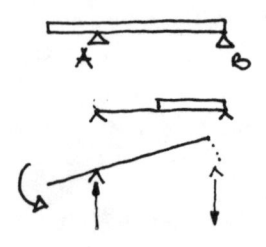

Auf <u>Auflager B</u> wirkt die Feldlast wie bei einem Träger ohne Kragarm (also halbe Feldlast), davon abgezogen wird die Entlastung aus Kragmoment.

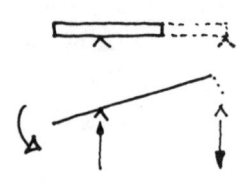

Auf <u>Auflager A</u> wirkt ebenfalls die Feldlast wie bei einem Träger ohne Kragarm,
dazu kommt die Kragarmlast,
dazu kommt die Belastung aus dem Kragmoment, also der Betrag von der Entlastung bei Auflager B.

6 E Die Entlastung von B bzw. Belastung von A ist

$$\frac{|M_A|}{l}$$

Wie Moment = Kraft . Hebelarm

So ist hier Kraft = $\frac{\text{Moment}}{\text{Hebelarm}}$

Um Konflikte mit Vorzeichenregeln zu vermeiden, setzen wir M_A bzw M_B in Betragstriche, $|M_A|$ und $|M_B|$ und gehen nach der Anschauung vor: Ein Kragmoment **entlastet** das gegenüberliegende Auflager und **belastet** das eigene Auflager.

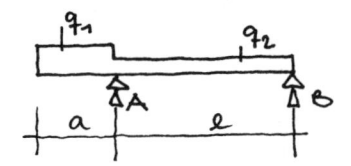

Beispiel 6.1 Träger mit Kragarm

$$M_A = - \frac{q_1 \cdot a^2}{2}$$

daraus ergibt sich die Entlastung von B und die gleichgroße Mehrbelastung von A:

$$B = \frac{q_2 \cdot l}{2} \qquad - \frac{|M_A|}{l}$$

aus Feldlast   Entlastung aus Kragmoment

$$A = \frac{q_2 \cdot l}{2} + q_1 \cdot a + \frac{|M_A|}{l}$$

aus Feldlast   Kragarmlast   Belastung aus Kragmoment

Bitte vergleichen Sie, ob nach der Drehmethode ($\Sigma M = 0$ um die Drehpunkte A bzw. B) das gleiche herauskommt!

6

E Die Auflagerreaktion B ist gleich dem Betrag der Querkraft Q_{Bl}

$$|Q_{Bl}| = B = \frac{q_2 \cdot l}{2} - \frac{|M_A|}{l}$$

Die Auflagerreaktion A ist gleich der Summe der beiden Querkräfte $\overline{Q}_{Al}$ und Q_{Ar}, jeweils als Betrag.

$$A = |Q_{Al}| + |Q_{Ar}|$$

Daher ist :

$$|Q_{Ar}| = A - |Q_{Al}|$$

$|Q_{Al}|$ ist gleich der Last auf Kragarm $q_1 \cdot a$

$$|Q_{Ar}| = \frac{q \cdot l}{2} + \frac{|M_A|}{l}$$

oder :

$|Q_{Ar}|$ = halbe Feldlast, vermehrt um Einfluß des Moments

Beispiel 6.2 Träger mit 2 Kragarmen

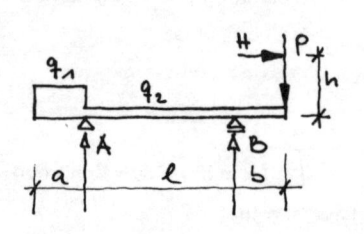

$$M_A = -\frac{q_1 \cdot a^2}{2}$$

$$M_B = -\frac{q_2 \cdot b^2}{2} - P \cdot b - H \cdot h$$

$$A = \frac{q_2 \cdot l}{2} + q_1 \cdot a + \frac{|M_A|}{l} - \frac{|M_B|}{l}$$

$$B = \frac{q_2 \cdot l}{2} + q_2 \cdot b + P + \frac{|M_B|}{l} - \frac{|M_A|}{l}$$

6

E *Zur Ermittlung der Momente*

Nicht nur die Auflagerreaktionen, auch die Maximalmomente lassen sich mit den Erkenntnissen, die wir inzwischen erworben haben, schneller ermitteln, als in Kap. 5 besprochen.

max M liegt bei:

$$x = \frac{A}{q} \quad \text{(Vergl. Beispiel 5.4.1 letzter Absatz)}$$

$$\max M = A \cdot x - \frac{q \cdot x^2}{2}$$

$$= A \cdot \frac{A}{q} - \frac{q \left(\frac{A}{q}\right)^2}{2}$$

$$\boxed{\max M = \frac{A^2}{2q}}$$

Diese Formel gilt genau dann, wenn am Auflager A keine Momente angreifen und wenn von A bis einschließlich zum Punkt des Maximalmoments nur eine gleichmäßig verteilte Last wirkt. Sie gilt also nicht, wenn beim Auflager A ein Kragarm oder eine Einspannung vorhanden ist, und sie gilt nicht, wenn zwischen A und dem Punkt des Maximalmomentes oder auf dem Punkt des Maximalmomentes eine Einzellast wirkt oder sich die gleichmäßig verteilte Last in diesem Bereich verändert.

Wenn wir diese Formel kennen, so können wir mit ihrer Hilfe max M unmittelbar anschreiben, ohne vorher Q und x zu ermitteln. Selbstverständlich ist A aus dem Lastfall zu wählen, der zu max M führt.

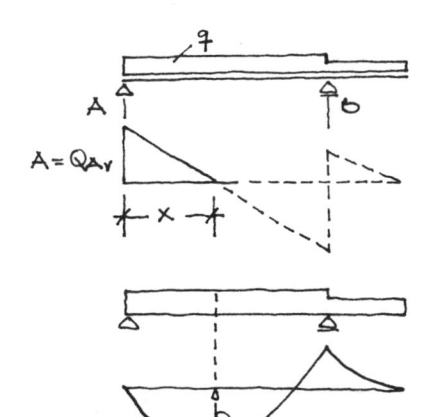

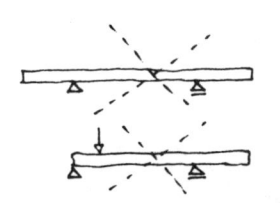

Hier gilt diese Formel nicht!

Hier gilt die Formel
$$\max M = \frac{A^2}{2q}$$

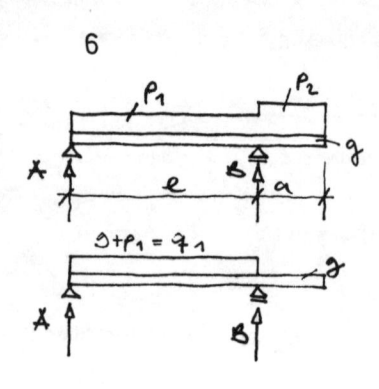

G Beispiele zur Hüllkurve

Beispiel 6.3 Einfeldträger mit Kragarm

Lastfall 1 $\longrightarrow$ max M

$\longrightarrow$ max A

Auflager A:

$$A \cdot l - q_1 \cdot \frac{l^2}{2} + g \frac{a^2}{2} = 0$$

$\Rightarrow$ max A

Maximalmoment:

$$x = \frac{A}{q} \quad \text{(Vergl. Beispiel 5.4.1, letzter Absatz)}$$

$$\max M = A \cdot x - \frac{q \cdot x^2}{2}$$

Lastfall 2 $\longrightarrow$ min M_B

 min A

$$\min M_B = - \frac{q_2 \cdot a^2}{2}$$

$$A \cdot l - g \cdot \frac{l^2}{2} + q_2 \cdot \frac{a^2}{2} = 0$$

$\Rightarrow$ min A

Lastfall 3 Vollast

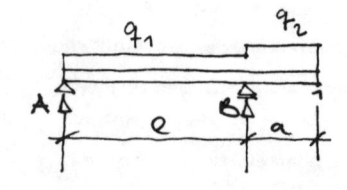

$\longrightarrow$ max B

Dieser Lastfall ergibt keine weiteren Maximal- bzw. Minimal - Momente. Jedoch die Querkraftkurve wird für diesen Lastfall gezeichnet.

Für die Ermittlung der Querkräfte sind zunächst die Auflagerreaktionen zu ermitteln:

Auflager:

$$A \cdot l - q_1 \cdot \frac{l^2}{2} + q_2 \cdot \frac{a^2}{2} = 0$$

$\Rightarrow$ A

$$-B \cdot l + q_1 \cdot \frac{l^2}{2} + q_2 \cdot a (l + \frac{a}{2}) = 0$$

$\Rightarrow$ max B

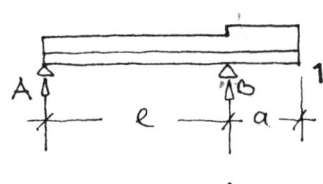

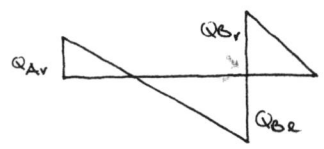

6   **G**   Querkraft: (nach Lastfall 3)

$Q_{Al} = 0$

$Q_{Ar} = A$

$Q_{Bl} = A - q_1 \cdot l$

$Q_{Br} = Q_{Bl} + B$

$Q_1 = Q_{Br} - q_2 \cdot a = 0$

Hüllkurve:

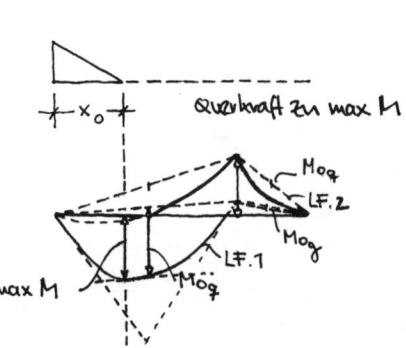

Zum Zeichnen der Hüllkurve benötigen wir noch die M_o - Werte:

Feld : $M_{o\,q} = \dfrac{q_1 \cdot l^2}{8}$

           $M_{o\,g} = \dfrac{g \cdot l^2}{8}$

Diese Werte werden in Feldmitte an die zugehörigen Schlußlinien angetragen

Kragarm : $M_{o\,q} = \dfrac{q_2 \cdot a^2}{8}$

           $M_{o\,g} = \dfrac{g \cdot a^2}{8}$

Diese Werte werden in Kragarmmitte an die zugehörigen Schlußlinien angetragen.

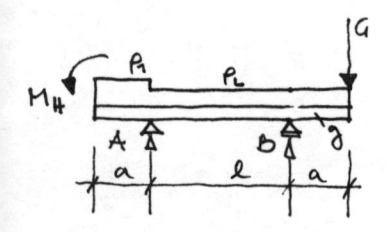

E Das folgende Beispiel wird nach der unter
E behandelten Methode besprochen :

Beispiel 6.4 Einfeldträger mit 2 Kragarmen

Das Moment M_H an der Spitze des linken Kragarmes kommt von dem möglichen Horizontaldruck auf einen Geländerholm. Er ist nichtständig. Die Einzellast auf den rechten Kragarm komme von einer Mauer. Sie ist ständig, daher G. (Wenn sie aber eine Decke mit ständigen und nichtständigen Lasten, also mit g und p, trüge, würde sich dies in einem ständigen und in einem nichtständigen Anteil niederschlagen.)

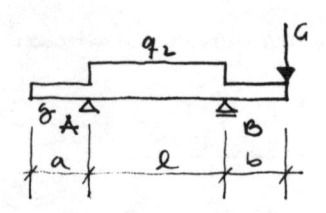

Lastfall 1 ⟶ max M

Auflager : für die Ermittlung von max M wird nur e i n e Auflagerreaktion, z.B. A, gebraucht. Für deren Ermittlung allerdings ist die Kenntnis der Kragmomente M_A und M_B für diesen Lastfall nützlich :

$$M_A = -\frac{g \cdot a^2}{2}$$

$$M_B = -\frac{g \cdot b^2}{2} - G \cdot b$$

$$A = g \cdot a + \frac{q_2 \cdot l}{2} + \frac{|M_A|}{l} - \frac{|M_B|}{l}$$

Querkraft (nur zur Bestimmung der Stelle von max M) :

$$Q_{Ar} = -g \cdot a + A$$

6   **E** Falls die Auflagerreaktion A noch nicht ermittelt wurde, läßt sich auch unmittelbar anschreiben :

$$Q_{Ar} = \frac{q_2 \cdot l}{2} + \frac{|M_A|}{l} - \frac{|M_B|}{l}$$

Für x ergibt sich aus Q_{Ar} :

$$Q_{Ar} - q_2 \cdot x = 0$$

$$x = \frac{Q_{Ar}}{q_2}$$

Moment :

$$\max M = A \cdot x - q_2 \cdot x \cdot \frac{x}{2}$$

$$- g \cdot a \cdot (\frac{a}{2} + x)$$

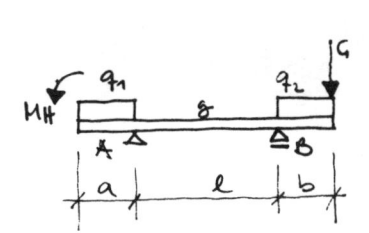

Lastfall 2 $\longrightarrow$ min M_A

min M_B

Momente:

$$M_A = - M_H - \frac{q_1 \cdot a^2}{2}$$

$$M_B = - \frac{q_2 \cdot b^2}{2} - G \cdot b$$

6

E Lastfall 3 (Vollast, nur für Querkraft)

Auflagerreaktionen:

Die Kragmomente sind in diesem Lastfall die gleichen wie in Lastfall 2, wir können sie also von dort übernehmen.

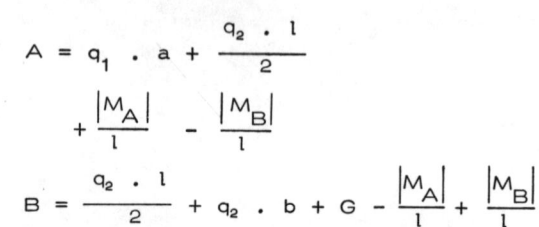

$$A = q_1 \cdot a + \frac{q_2 \cdot l}{2} + \frac{|M_A|}{l} - \frac{|M_B|}{l}$$

$$B = \frac{q_2 \cdot l}{2} + q_2 \cdot b + G - \frac{|M_A|}{l} + \frac{|M_B|}{l}$$

Aus diesem Lastfall werden die Querkräfte ermittelt. (Wird hier nicht durchgeführt, weil schon hinreichend bekannt.)

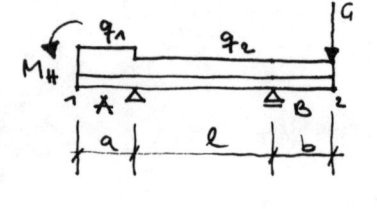

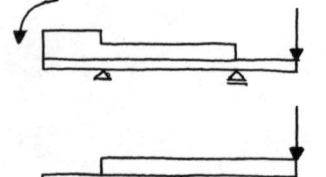

Lastfall 4 ⟶ max A

Lastfall 5 ⟶ max B

Nur, falls Kippgefahr zu befürchten:

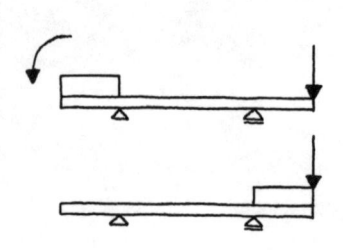

Lastfall 6 ⟶ min B

Lastfall 7 ⟶ min A

6   E   Hüllkurve :

Zum Zeichnen der Hüllkurve sind noch folgende Werte erforderlich :

Linker Kragarm

$$M_{og} = \frac{g \cdot a^2}{8}$$

$$M_{oq} = \frac{q_1 \cdot a^2}{8}$$

Feld:

$$M_{og} = \frac{g \cdot l^2}{8}$$

$$M_{oq} = \frac{q_2 \cdot l^2}{8}$$

Rechter Kragarm:

$$M_{og} = \frac{g \cdot b^2}{8}$$

$$M_{oq} = \frac{q_2 \cdot b^2}{8}$$

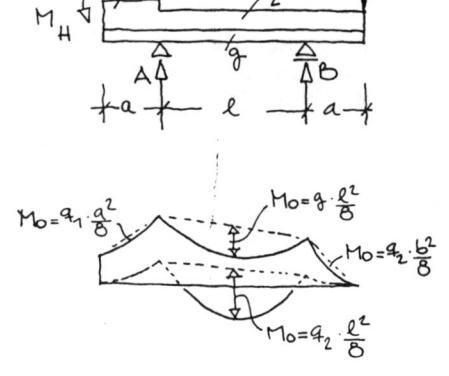

Wie die Hüllkurve erkennen läßt, sind im Lastfall 2 über die ganze Länge des Feldes nur negative Momente vorhanden. Dies würde im Stahlbeton bedeuten, daß Bewehrungsstähle oben über die ganze Länge des Feldes geführt werden müssen.

Festigkeit von Bau-Materialien

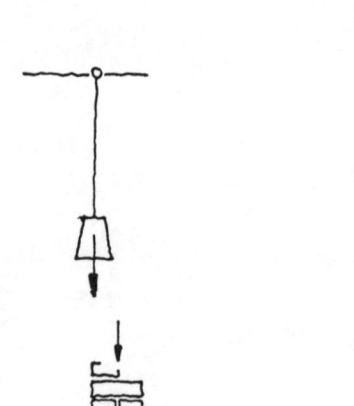

G Materialien können zugfest und/oder druckfest und/oder scherfest sein.
Wie steht es mit der Biegefestigkeit?
Biegung erzeugt Zug-, Druck- und Querkräfte.
Ein biegefestes Material muß daher zug-,
druck- und scherfest sein.
Ein Seil ist zugfest, nicht jedoch druckfest
und folglich auch nicht biegefest. (Seine Druckfestigkeit und seine Biegefestigkeit sind so
gering, daß sie bei der statischen Untersuchung
als nicht vorhanden betrachtet werden).

Würde dieser Pfeiler nur aus aufgeschichteten
Ziegeln ohne Mörtel oder Kleber bestehen, so
wäre überhaupt keine Zugfestigkeit vorhanden
und auch keine Scherfestigkeit. (Wenn man von
der Reibung absieht). Ein an diesem Pfeiler an-
gebundener Hund könnte sich befreien durch eine
horizontale Querkraft und damit Abscheren des
Pfeilers. Dieser Pfeiler ist nur druckfest.

Jede Kraft, die auf einen Körper wirkt, erzeugt
dort eine Spannung. Im einfachsten Fall,
in dem sich eine Druck- oder Zugkraft F
gleichmäßig über den Querschnitt A verteilt, *)
entsteht in diesem Querschnitt die Spannung

$$\sigma = \frac{F}{A} \quad \left[\frac{kN}{cm^2}\right]$$

Zug-Kräfte erzeugen Zugspannungen (+),
Druck-Kräfte erzeugen Druckspannungen (-).

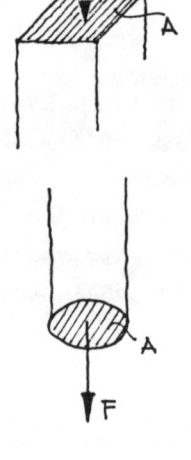

---

*) F ist das allgemeine Zeichen für Kraft (Force)
A für Fläche (Area). Dieses A hat nichts
mit der Auflager-Bezeichnung A zu tun.

7   **G** Beide werden mit σ bezeichnet. Zur genaueren Kennzeichnung kann man die Bezeichnungen σ_Z für Zugspannungen und σ_D für Druckspannungen verwenden. Biegung erzeugt in Teilen eines Querschnitts Zug, in anderen Teilen Druck, zur eindeutigeren Beschreibung auch als "Biegezug" und "Biegedruck" bezeichnet. Die entsprechenden Biegezug- und Biegedruck-Spannungen werden ebenfalls mit $\dot\sigma$ bezeichnet.

Querkräfte erzeugen Scher- und Schubspannungen. Zur Unterscheidung von den Zug- und Druckkräften bezeichnet man sie mit τ.
Hier gilt:

$$\tau \sim \frac{Q}{A} \quad \left[\frac{kN}{cm^2}\right]$$

Warum τ nur proportional $\frac{Q}{A}$ ist und nicht gleich $\frac{Q}{A}$ wird im nächsten Kapitel, Abschnitt "Schub" erläutert.

Wird eine Spannung σ bis zur Bruchspannung β_{Bruch} erhöht, so führt dies zur Zerstörung des Materials – zum Bruch. (Die Bruchspannung wird meist nicht mit σ sondern mit β_{Bruch} bezeichnet). Die zulässigen Spannungen zul σ, bis zu denen Baustoffe ausgenützt werden dürfen, liegen niedriger.

G Der Sicherheitsfaktor

$$\gamma = \frac{\beta_{Bruch}}{zul\ \sigma}$$

liegt je nach Material und Verwendungsart zwischen 1,7 und 4,0. Er ist in den DIN-Vorschriften festgelegt. Die kleineren Werte gelten für Baustoffe, deren gleichmäßige Herstellung gewährleistet ist – z.B. Stahl-, die größeren für Baustoffe, deren Eigenschaften mit Zufälligkeiten behaftet sind – z.B. Holz (Äste etc.).
In manchen Fällen ist die zulässige Spannung zul σ nicht von der Bruchspannung, sondern von der Elastizitätsgrenze abhängig – das wird im folgenden erläutert.

Elastische und plastische Verformungen

Jede Spannung bewirkt eine Verformung.
Erst durch die Verformung erwirbt ein Material die erforderliche innere Widerstandsfähigkeit, um die Spannung aufnehmen zu können. Deshalb biegt sich jeder Balken und jede Decke unter einer Belastung, deshalb verkürzt sich jede Druckstütze und längt sich jedes Seil unter einer Last. Die Konstruktion, die sich unter Last nicht verformt, existiert nur in der Phantasie des Bauherrn.

Ein Material verhält sich elastisch, wenn eine Verformung nur so lange andauert, wie die Spannung besteht, wenn es also nach der Entlastung wieder in seine alte Form zurückkehrt.

7

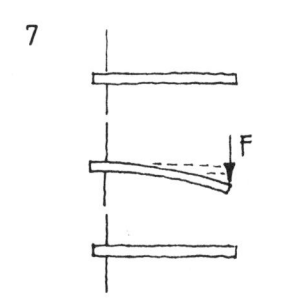

elastische Verformung

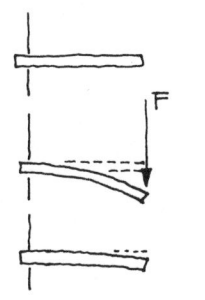

elastische und
plastische Verformung

G Die Kraft F biegt den eingespannten Stab nach unten. Wenn die Kraft F wegfällt, kehrt der Stab in seine alte Form zurück – er hat sich e l a s t i s c h durchgebogen.

Wird der Stab von einer noch größeren Kraft so weit gebogen, daß er nach Wegfall dieser Kraft nicht mehr ganz in seine alte Form zurückkehrt, so ist er nicht nur e l a s t i s c h , sondern auch p l a s t i s c h verformt. Die E l a s t i z i t ä t s g r e n z e wurde überschritten.

Wir kennen solches Verhalten von einem Eisenstab : Nach geringer Biegung nimmt er bei Entlastung seine alte Form wieder an – die Spannungen blieben im elastischen Bereich. Verbiegt man ihn stärker, so bleibt ein Teil der Biegung. Nur um den elastischen Teil geht er zurück, der plastische Teil der Verformung bleibt. (Näheres dazu unter "Fließen des Stahls" Kap. 7 S. 113).
Baustoffe dürfen nur im elastischen Bereich beansprucht werden. Würde eine Durchbiegung bis in den plastischen Bereich führen – d.h. das Bauteil nach Entlastung nicht mehr seine alte Form annehmen – so hätte ja eine erneute Belastung eine noch weitergehende Durchbiegung zur Folge, die auch wieder z.T. bleiben würde usw. Die bleibenden Verformungen würden sich aufaddieren, das Bauteil bald unbrauchbar werden.

7

G Allerdings müssen wir hinnehmen, daß manche Baustoffe im Laufe der Z e i t ihre Form b l e i b e n d v e r ä n d e r n . So wird ein Holzbalken sich im Laufe einer vieljährigen Belastung bleibend – also plastisch – biegen, durch Trocknen wird er sein Volumen verringern.

Wir sprechen von S c h w i n d e n , wenn ein Material unabhängig von der Belastung sein Volumen verringert, von K r i e c h e n ,wenn die Verformung das Ergebnis langzeitiger Belastung ist.

Holz schwindet durch Trocknen, insbesondere in Querrichtung läßt sich dieses Schwinden deutlich beobachten.

Die erwähnte bleibende Durchbiegung des Holzbalkens unter langjähriger Last hingegen ist ein Ergebnis des Kriechens. Auch Beton schwindet beim Abbinden – der Vorgang dauert ca 3 – 5 Jahre, er ist im Anfang am stärksten und klingt allmählich aus.
Beton kriecht unter Belastung.

Schwinden und Kriechen der Baustoffe muß bei der Planung bedacht werden – ebenso wie die Verformungen infolge Temperatur. Näheres darüber im nächsten Band.

7 G Elastizitätsmodul, Hookesches Gesetz

Die Verformungen infolge der Zug- und Druckspannungen heißen **Dehnungen**. Anders als im allgemeinen Sprachgebrauch wird nicht nur die Längung infolge Zugspannung, sondern auch die Verkürzung infolge Druckspannung als Dehnung bezeichnet.

Bei vielen Baustoffen - so bei Holz und Stahl - sind im elastischen Bereich die Dehnungen proportional den Spannungen.

Das heißt: Wenn eine bestimmte Last die Dehnung von 1 cm bewirkt, dann bewirkt die doppelte Last die Dehnung von 2 cm, die dreifache Last die Dehnung von 3 cm u.s.w.

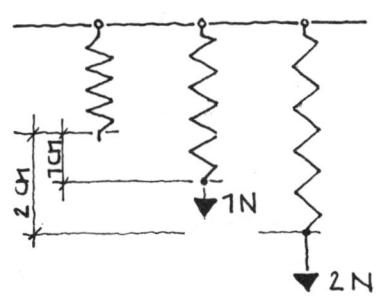

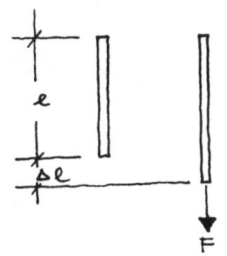

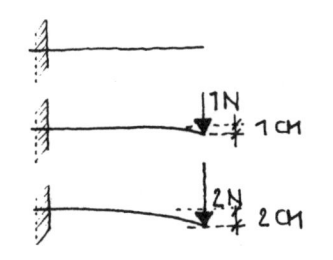

Ein Stab von der ursprünglichen Länge l dehnt sich unter einer Kraft F um den Betrag Δl. Das Verhältnis $\frac{\Delta l}{l}$ ist der **Dehnungskoeffizient**.

$$\varepsilon = \frac{\Delta l}{l} \quad \left[\frac{cm}{cm} = 1\right]$$

Sind Spannungen und Dehnungen zueinander proportional, so ist das Verhältnis $\frac{\sigma}{\varepsilon}$ konstant. Es heißt **Elastizitätsmodul E**.

$$E = \frac{\sigma}{\varepsilon} \quad \left[\frac{N}{cm^2}\right]$$

111

7   **G**   Diese Gesetzmäßigkeit wurde gefunden von dem
englischen Naturforscher Robert Hooke
(1635 - 1703).

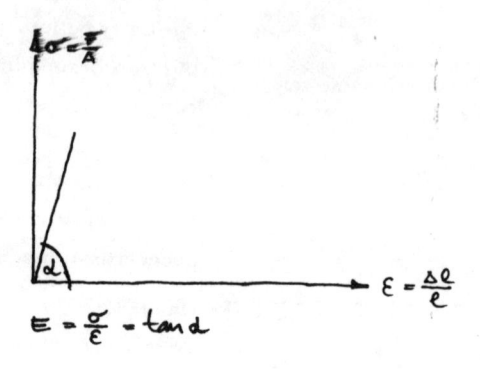

$$\sigma = \frac{F}{A}$$

$$E = \frac{\sigma}{\varepsilon} = \tan\alpha \qquad \varepsilon = \frac{\Delta \ell}{\ell}$$

GESETZ | Hookesches Gesetz:
Im elastischen Bereich sind die Dehnungen den
Spannungen proportional.

7   G   Fließen des Stahles

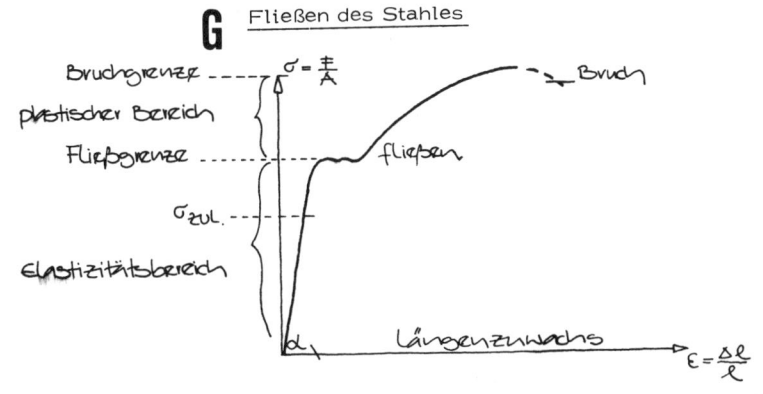

Diagramm: Spannungs-Dehnungs-Diagramm mit Achsen $\sigma = \frac{F}{A}$ und $\varepsilon = \frac{\Delta \ell}{\ell}$; Bereiche: Elastizitätsbereich, σ_{zul}, Fließgrenze, plastischer Bereich, Bruchgrenze; Kurvenpunkte: fließen, Bruch; Längenzuwachs.

Typisch für das Spannungs- Dehnungs- Verhalten von Stahl ist das F l i e ß e n . Hierunter versteht man nicht den Übergang in den flüssigen Aggregatzustand, sondern eine für den Stahl typische Art des plastischen Verhaltens.

Folgenden Versuch kann man selbst leicht durchführen:

(Skizze: gerader Stahlstab)

(Skizze: leicht gebogener Stab — im elastischen Bereich ist Durchbiegung proportional der Kraft)

Ein Stahlstab biegt sich zunächst um so stärker, je mehr Kraft man aufwendet. Das bedeutet: seine Dehnungen nehmen mit den Spannungen zu. Läßt man ihn los, so geht er in seine alte Form zurück. Das bedeutet: Der Stahl verhält sich elastisch.

(Skizze: stärker gebogener Stab — weitere Biegung unter gleichbleibender Kraft: der Stahl fließt (plastische Verformung))

Biegt man ihn jedoch weiter, so erreicht man eine Verformung, ab der sich das Verhalten des Stahles ändert: Er läßt sich jetzt weiter biegen, ohne daß die Kraft noch weiter erhöht wird. Er scheint unter der gleichbleibenden Kraft gleichsam widerstandslos die weitere Verbiegung über sich ergehen zu lassen. Hier ist die F l i e ß g r e n z e des Stahles überschritten worden. Im F l i e ß b e r e i c h nehmen die Dehnungen bei gleichbleibenden Spannungen zu.

7 G

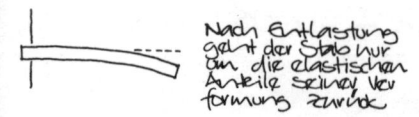

Nach Entlastung geht der Stab nur um die elastischen Anteile seiner Verformung zurück

Läßt man den Stab jetzt los, so geht er nur zum Teil zurück in seine alte Lage, ein Teil der Verbiegung bleibt, er wurde also plastisch verformt. Die Fließgrenze liegt nahe der Grenze zwischen elastischem und plastischem Verhalten. Vereinfacht können Fließgrenze und Elastizitätsgrenze gleichgesetzt werden.

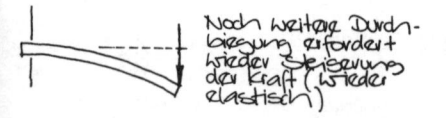

Noch weitere Durchbiegung erfordert wieder Steigerung der Kraft (wieder elastisch)

Biegt man den Stab noch weiter, so gewinnt er mit einem Mal erneut an Widerstandskraft. Jetzt muß die Kraft wieder gesteigert werden, um die Durchbiegung noch weiter zu vergrößern. Spannung und Dehnung sind etwa proportional. Erst kurz vor dem Bruch nehmen erneut die Dehnungen stärker zu als die Spannungen.

Das so ertastete Verhalten des Stahls läßt sich in einem Spannungs- Dehnungs- Diagramm auftragen:

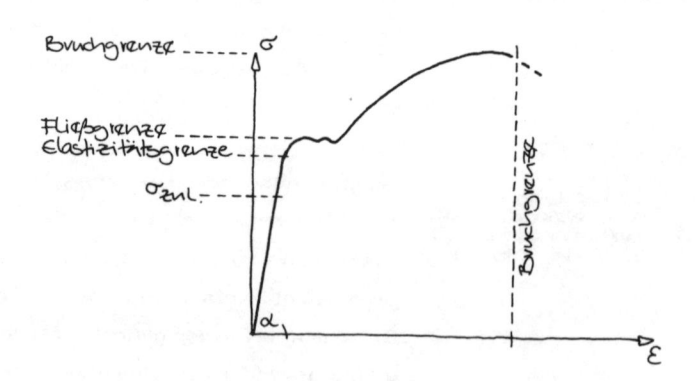

Bruchgrenze — σ
Fließgrenze
Elastizitätsgrenze
σ_{zul}
α
Bruchgrenze
ε

Spannungs-Dehnungs-Diagramm des Stahls

7   **G** Deutlich ist hier zu erkennen, daß bis zur Elastizitätsgrenze die Kurve gerade verläuft – d.h. die Spannungen verhalten sich wie die Dehnungen – nach dem Hookeschen Gesetz.
Im Fließbereich wird der Stahl für tragende Konstruktionen unbrauchbar, die zulässigen Spannungen müssen deshalb um den Sicherheitsfaktor γ unter der F l i e ß g r e n z e liegen.

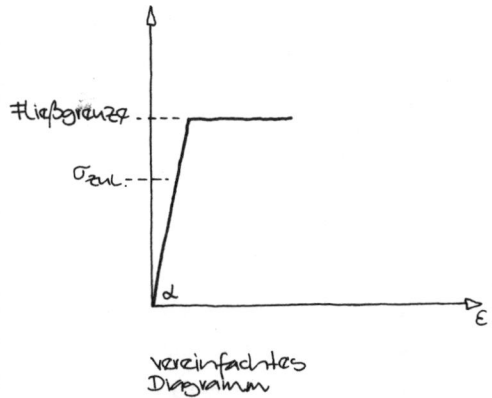

Für den praktischen Gebrauch kann nach einem vereinfachten Diagramm gearbeitet werden.
Da die Spannungen oberhalb der Fließgrenze für das Bauen nicht mehr in Betracht gezogen werden dürfen, sind sie in diesem vereinfachten Diagramm nicht dargestellt.

vereinfachtes Diagramm

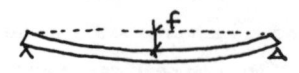

8 Bemessung von Biegeträgern in Stahl und Holz

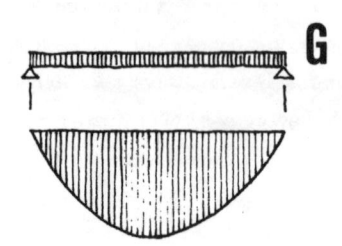

Ein Balken biegt sich unter einer Last. Die Biegung verursacht Spannungen. Die Abmessungen des Balkens müssen so gewählt werden, daß an keiner Stelle des Balkens die zulässigen Spannungen und Durchbiegungen überschritten werden.

Die vorhandenen Spannungen σ und τ und die vorhandenen Durchbiegungen f müssen kleiner oder gleich den zulässigen sein:

vorh $\sigma \leq$ zul σ
vorh $\tau \leq$ zul τ
vorh $f \leq$ zul f

Wie groß sind die vorhandenen Spannungen? Dies soll in folgendem untersucht werden. Die Durchbiegung wird erst später behandelt. (im 2. Band)

8.1 Widerstandsmoment und Trägheitsmoment

Ein positives Moment erzeugt im Träger unten Zug und oben Druck, ein negatives Moment umgekehrt.

Wie verteilen sich die Spannungen über die Höhe des Querschnitts? Hierüber geben uns drei Gesetze bzw. Hypothesen Auskunft:

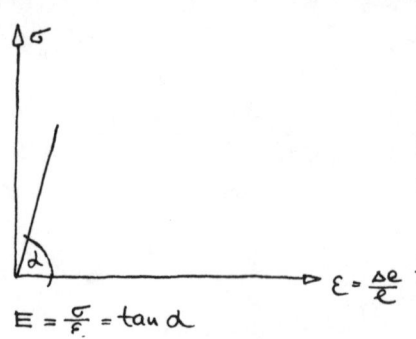

1. Das Hookesche Gesetz – (wir kennen es bereits):
   – Im elastischen Bereich verhalten sich die Spannungen wie die Dehnungen. –

$E = \dfrac{\sigma}{\varepsilon} = \tan \alpha$

$\varepsilon = \dfrac{\Delta \ell}{\ell}$

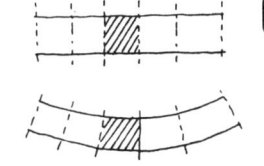

2. Geradlinigkeitshypothese von Bernoulli

(Jakob Bernoulli 1654 - 1704):

- Querschnitte, die am unverbogenen Balken eben sind, bleiben auch nach der Biegung eben. -

Von der Richtigkeit dieses Satzes kann man sich leicht überzeugen, in dem man auf einen "Balken" aus stark verformbarem Material - z.B. Schaumgummi - gerade Quer-Linien zeichnet und dann den "Balken" biegt: Die Linien bleiben gerade, die Querschnitte eben.

3. Spannungshypothese von Navier

(Louis Marie Henri Navier, 1785 - 1836 Französischer Ingenieur):

- Das Spannungsdiagramm verläuft geradlinig.

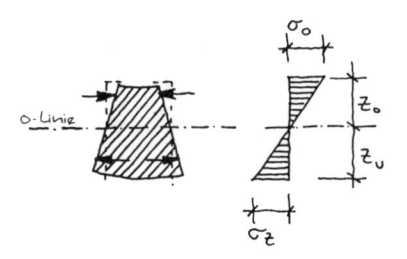

Dies ist eine konsequente Weiterführung der Sätze von Bernoulli und Hooke:
Denken wir uns aus dem Träger durch 2 parallele Schnitte ein in der Ansicht rechteckiges Stück herausgeschnitten. Wenn ebene Schnitte auch nach der Biegung eben bleiben, so wird dieses Rechteck näherungsweise zum Trapez. (Die Krümmung des oberen und unteren Randes sei hier vernachlässigt.)

Die Dehnung nimmt also geradlinig über die Höhe des Trägers zu. Dieser geradlinigen Zunahme der Dehnungen entspricht nach Hooke die geradlinige Zunahme der Spannungen.

G Zug- und Druckspannungen sind also jeweils dreieckförmig über die Höhe verteilt. Zwischen den Zug- und den Druckspannungen ist an einem Punkt die Spannung $\sigma = 0$. Über die Länge oder über die Breite des Trägers bilden diese 0-Punkte eine 0-Linie, über Länge und Breite zusammen eine 0-Fläche. (Spannungsfreie Linien bzw. Flächen.)

Die Strecke von einer 0-Linie bis zur Oberkante des Trägers bezeichnen wir mit z_o, bis zur Unterkante mit z_u.

8.1.1 Widerstandsmoment des Rechteckquerschnitts

H Aus $\sigma = \dfrac{N}{A}$ folgt $N = \sigma \cdot A$

Das Dreieck der Zugspannungen ergibt im Zugspannungsbereich eine mittlere Spannung von $\dfrac{\sigma_z}{2}$, ebenso das Dreieck der Druckspannungen eine mittlere Druckspannung von $\dfrac{\sigma_D}{2}$. Der Anteil der Querschnittsfläche, auf den der Zug wirkt, ist $b \cdot z_u$, der Anteil, auf den der Druck wirkt ist $b \cdot z_o$. Also ist die gesamte Zugkraft aus Biegung:

$$Z_B = \frac{\sigma_z}{2} \cdot z_u \cdot b$$

Entsprechend ist die Druckkraft

$$D_B = \frac{\sigma_D}{2} \cdot z_o \cdot b$$

Wegen $\sum H = 0$
muß sein $Z = D$

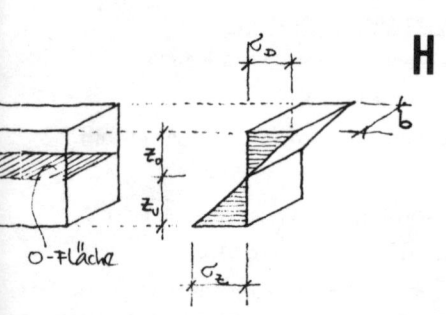

$$\frac{\sigma_z}{2} \cdot z_u \cdot b = \frac{\sigma_D}{2} \cdot z_o \cdot b$$

8 **H** Diese Forderung ist am Rechteckquerschnitt dann erfüllt, wenn

$$\sigma_z = \sigma_D \quad \text{und} \quad z_u = z_o = \frac{h}{2}$$

Das bedeutet: Die O-Linie des Rechteckquerschnitts liegt in der Mitte seiner Höhe – eine Erkenntnis, die wegen der Symmetrie des Rechtecks von vornherein nahe lag.

(Dies gilt unter der Vorraussetzung, daß das Material für Zug und für Druck den gleichen E-Modul hat, sich also antimetrisch verhält).

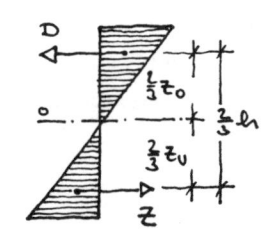

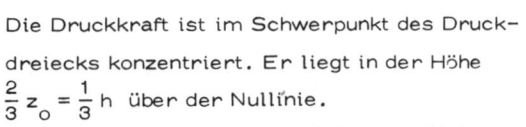

Die Druckkraft ist im Schwerpunkt des Druckdreiecks konzentriert. Er liegt in der Höhe $\frac{2}{3} z_o = \frac{1}{3} h$ über der Nullinie.
Ebenso ist die Zugkraft im Schwerpunkt des Zug-Dreiecks in Höhe $\frac{2}{3} z_u = \frac{1}{3} h$ unter der Nullinie konzentriert.

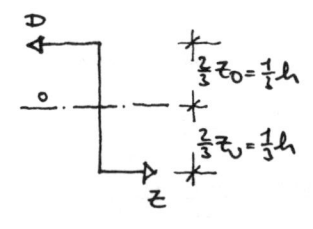

Damit ergibt sich das innere Moment mit

$$M_i = D \cdot \frac{2}{3} z_o + Z \cdot \frac{2}{3} z_u$$

$$= \frac{\sigma_D}{2} \cdot z_o \cdot b \cdot \frac{2}{3} z_o$$

$$+ \frac{\sigma_Z}{2} \cdot z_u \cdot b \cdot \frac{2}{3} z_u$$

Wie oben erläutert, ist

$$z_o = z_u = \frac{h}{2} \quad \text{und} \quad \sigma_D = \sigma_Z$$

Damit wird

$$M_i = \frac{\sigma}{2} \cdot \frac{h}{2} \cdot b \cdot \frac{h}{3} + \frac{\sigma}{2} \cdot \frac{h}{2} \cdot b \cdot \frac{h}{3}$$

$$M_i = \sigma \cdot \frac{b \cdot h^2}{6}$$

Da $M_i = M_a$ (d.h. inneres Moment = äußeres Moment) gilt allgemein

$$\boxed{M = \sigma \cdot \frac{b \cdot h^2}{6}}$$

G Den Ausdruck

$$\boxed{\frac{b\,h^2}{6}}\;[cm^3]\quad \text{bezeichnen wir als}$$

<u>Widerstandsmoment W</u>

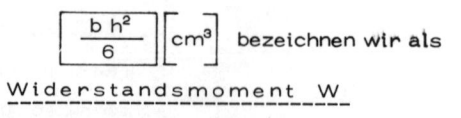

des Rechteckquerschnitts.

"Wieso Moment ?" werden Sie fragen, "Moment ist doch Kraft mal Hebelarm". Richtig ! Aber es gibt auch sogenannte F l ä c h e n m o m e n t e.
Sie beschreiben Eigenschaften einer Querschnittsfläche. Das Widerstandsmoment gehört zu ihnen. Weitere Flächenmomente werden wir noch in diesem Kapitel kennenlernen.
Wenn, wie oben hergeleitet

$$M = \sigma \cdot \frac{b \cdot h^2}{6} \quad \text{und} \quad \frac{b \cdot h^2}{6} = W, \quad \text{also}$$

$$M = \sigma \cdot W \qquad\qquad \text{so folgt daraus}$$

$$\boxed{\sigma = \frac{M}{W}} \quad \left[\frac{kN \cdot cm}{cm^3} = \frac{kN}{cm^2}\right]$$

$$\text{Randspannung} = \frac{\text{Biegemoment}}{\text{Widerstandsmoment}}$$

Jeder weiß, daß ein Balken mehr trägt, wenn die hohe Seite seines Querschnitts senkrecht steht, als wenn sie waagerecht liegt. Die Formel
$W = \frac{b\,h^2}{6}$ liefert uns die Erklärung :
Die Höhe h wirkt sich im Quadrat aus, die Breite b aber nur in der ersten Potenz.

Wenn das Biegemoment M bekannt ist und wir wissen, welches Material wir wählen wollen, so können wir bei der Bemessung eines Trägers auf 2 verschiedene Weisen vorgehen :

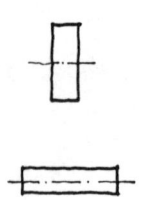

G 1. Wir schätzen den Balkenquerschnitt, oder aber wir streben einen bestimmten Querschnitt an – etwa aus Gründen der Detailgestaltung. Dann wird dessen Abmessung in folgenden Schritten überprüft :

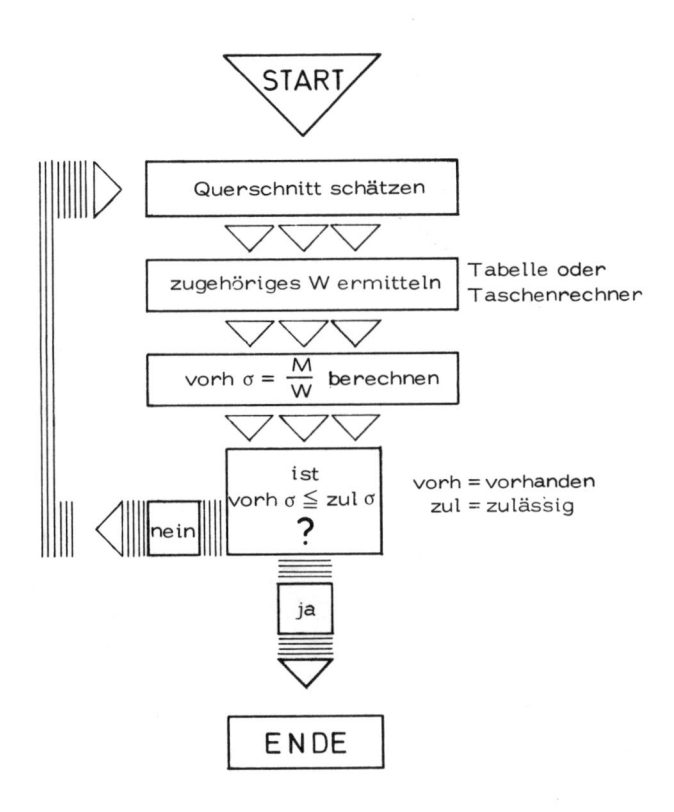

```
                    ╲START╱
                      ╲╱

   ┌──────────────────────────────┐
──▶│     Querschnitt schätzen     │
   └──────────────────────────────┘
                ▽ ▽ ▽
   ┌──────────────────────────────┐   Tabelle oder
   │    zugehöriges W ermitteln   │   Taschenrechner
   └──────────────────────────────┘
                ▽ ▽ ▽
   ┌──────────────────────────────┐
   │   vorh σ = M/W  berechnen    │
   └──────────────────────────────┘
                ▽ ▽ ▽
          ┌──────────────┐
          │     ist      │          vorh = vorhanden
   ◁─nein─│ vorh σ ≦ zul σ│          zul = zulässig
          │      ?       │
          └──────────────┘
                 │ ja
                 ▽
            ┌─────────┐
            │  ENDE   │
            └─────────┘
```

Wenn vorh σ sehr viel kleiner ist als zul σ, so trägt der Balken zwar, ist aber stark überbemessen, d.h. unwirtschaftlich. Auch in diesem Fall ist eine neue Querschnittsschätzung zu empfehlen.

8   **G** 2. Wir können die Formel

$$\sigma = \frac{M}{W}$$

umformen zu

$$\boxed{W = \frac{M}{\sigma}}$$

Zur Erläuterung kann man auch schreiben

| erf $W = \dfrac{\text{vorh } M}{\text{zul } \sigma}$ | erf = erforderlich |

Wir können jetzt sehr einfach vorgehen :

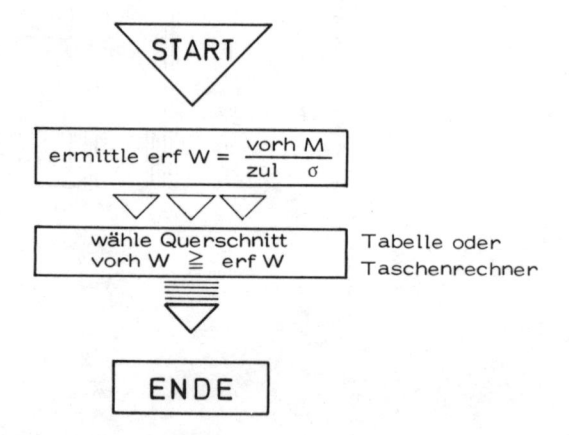

▽ START ▽

ermittle erf $W = \dfrac{\text{vorh } M}{\text{zul } \sigma}$

wähle Querschnitt
vorh $W \geqq$ erf W Tabelle oder Taschenrechner

ENDE

Für den Anfänger hat die erste Methode den Vorteil, daß er das Schätzen von Querschnitten übt.

8

(TABELLEN H1)

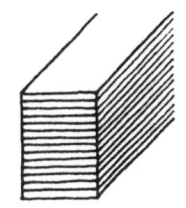

G Rechteckquerschnitte, die nach diesem Verfahren zu bemessen sind, kommen vorwiegend im Holzbau vor.

Für das im Holzbau weitaus meist gebrauchte Holz – Nadelholz der Güteklasse II – ist zul σ = 1,0 kN/cm². Für verleimte Träger (Brettschichtholz) sind etwas höhere Spannungen zugelassen, weil hier davon ausgegangen werden kann, daß ein Fehler in einem Brett durch das nächste Brett ausgeglichen wird.
Deshalb ist hier zul σ = 1,1 kN/cm².

Im Stahlbetonbau werden zwar auch häufig rechteckige Querschnitte verwendet, aber dort wirken 2 Materialien mit unterschiedlichen Eigenschaften zusammen – Stahl und Beton –, so daß ein anderes Bemessungsverfahren angewendet werden muß. (s. Kapitel 13).

Im Stahlbau kommen Rechteckquerschnitte so gut wie nicht zur Anwendung. Hier wird das Material an den wirkungsvollsten Stellen konzentriert, dies führt zu Querschnitten wie dem hier skizzierten "Doppel – T – Profil".

Die Formel $\sigma = \dfrac{M}{W}$ gilt für jeden Querschnitt, doch läßt sich das Widerstandsmoment W für die meisten Querschnittsformen nicht so einfach ermitteln wie für den Rechteckquerschnitt.

G 8.1.2 Allgemeine Ermittlung von Trägheitsmoment und Widerstandsmoment.

Das Ergebnis sei vorweggenommen, die Herleitung folgt unten.

Flächenmoment zweiten Grades oder Fläche - Trägheitsmoment

$$I = \int_{z_u}^{z_o} z^2 \, dA \quad [cm^4]$$

Widerstandsmoment

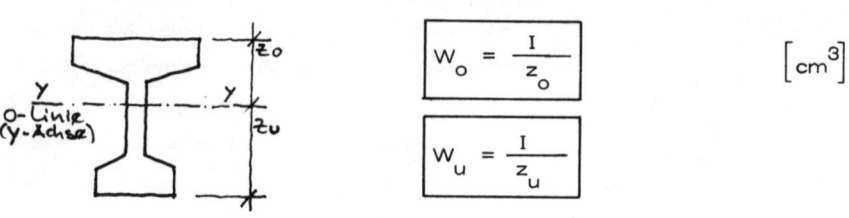

$$W_o = \frac{I}{z_o} \quad [cm^3]$$

$$W_u = \frac{I}{z_u}$$

Zum Begriff "Trägheitsmoment":

"Trägheitsmoment" wird in der Dynamik als Massen-Trägheitsmoment verstanden. (Daher der Ausdruck "Trägheit"). In der Statik genügt uns das Flächen-Trägheitsmoment.
Nach DIN 1080 soll in Zukunft für unsere Bereiche die Bezeichnung "Flächenmoment zweiten Grades" eingeführt werden. Die Verfasser bezweifeln allerdings, daß sich dieses Wortungetüm durchsetzen wird und verwenden deshalb weiterhin den im Bauwesen üblichen Begriff "Trägheitsmoment" im Sinne des hier interessierenden Flächenmoments.

8   G

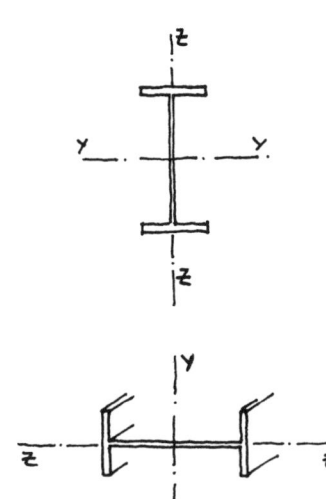

Dieses Trägheitsmoment wird gebildet durch die Summe aller Flächenteilchen eines Querschnitts mal dem Quadrat ihres Abstands von der 0- Linie. Es ist leicht zu erkennen, daß an dem hier gezeigten Querschnitt das Trägheitsmoment I_y um die y-Achse als 0-Linie weit größer ist als das Trägheitsmoment I_z um die z-Achse als 0-Linie, denn die meisten Flächenteilchen sind von der z-Achse weniger weit entfernt als von der y-Achse, und diese Entfernung wirkt sich im Qudrat aus. Das kleinere Trägheitsmoment I_z kommt zur Wirkung, wenn man einen so geformten Träger unter senkrechter Last flach legt oder wenn auf den Trägern mit aufrechtstehendem Querschnitt eine Last horizontal einwirkt - die z-Achse wird dann zur 0-Linie.

Wie im Zuge der Herleitung erläutert werden wird, sind die 0- Linien (= Achsen) identisch mit den Schwerlinien des Querschnitts.

Das Trägheitsmoment ist maßgebend für die Steifigkeit eines Querschnitts. Es wirkt der Durchbiegung und dem Knicken entgegen.

Ein Querschnitt hat um jede Achse 1 Trägheitsmoment und 2 Widerstandsmomente W_{yo} und W_{yu}. Diese beiden Widerstandsmomente können allerdings gleich groß sein, wie z.B. am Rechteckquerschnitt oder an anderen symmetrischen Querschnitten.

8 G

Dies wird anhand eines Spannungs-Diagramms klar :

hier ist $z_o = z_u$ und

$$\sigma_D = \sigma_z$$

Da $W_{yo} = \dfrac{M}{\sigma_o}$ und $W_{yu} = \dfrac{M}{\sigma_u}$

muß sein

$$W_{yo} = W_{yu}$$

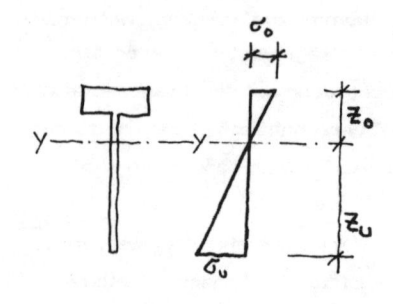

Bei diesem um die 0-Linie unsymmetrischen Querschnitt hingegen ist

$z_o \neq z_u$ und folglich

$$\sigma_o \neq \sigma_u$$

also muß sein

$$W_{yo} = \frac{M}{\sigma_o} \neq W_{yu} = \frac{M}{\sigma_u}$$

$$\boxed{W_{yo} = \frac{I}{z_o}} \qquad \boxed{W_{yu} = \frac{I}{z_u}}$$

(TABELLEN H 2 UND St 2)

Für die üblichen Querschnitte wie Balken im Holzbau oder Stahlprofile im Stahlbau können die Trägheits- und die Widerstandsmomente den Tabellen der einschlägigen Formelsammlungen entnommen werden.

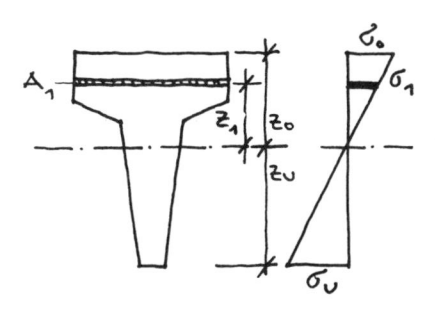

H Herleitung der Formeln vom Trägheitsmoment und Widerstandsmoment

Frage 1 : wo liegt die 0- Linie ?

$\Sigma H = 0 \Rightarrow D - Z = 0$

Wir nehmen an, auf den Querschnitt wirke ein positives Moment ein. Dann herrschen im oberen Teil Druck-, im unteren Teil Zugspannungen.
In jedem Flächenteilchen A_1 wirkt die Kraft
$N_1 = \sigma_1 \cdot A_1$

Danach folgt aus $D - Z = 0$

$$\sum_{0}^{z_o} N - \sum_{z_u}^{0} N = 0$$

$$\Rightarrow \sum_{z_u}^{z_o} N = 0$$

$$\Rightarrow \sum_{z_u}^{z_o} \sigma \cdot A = 0$$

wählen wir die Flächenteilchen A_1 unendlich klein, so folgt

$$\int_{z_u}^{z_o} \sigma \, dA = 0 \qquad (1)$$

Aus dem geradlinigen Verlauf des Spannungsdiagramms ergibt sich

$$\frac{\sigma_1}{z_1} = \frac{\sigma_o}{z_o}$$

$$\Rightarrow \sigma_1 = \frac{\sigma_o}{z_o} \cdot z_1$$

8

H Dieser Wert für σ in Gleichung (1) eingesetzt ergibt

$$\int_{z_u}^{z_o} \frac{\sigma_o}{z_o} \cdot z \cdot dA = 0 \quad \Bigg| \quad \frac{\sigma_o}{z_o} \text{ ist eine Konstante, kann also vor das Integral}$$

$$\frac{\sigma_o}{z_o} \cdot \int_{z_u}^{z_o} z \cdot dA = 0$$

Ein Produkt wird zu 0, wenn einer der Faktoren = 0 ist. Der konstante Faktor $\frac{\sigma_o}{z_o}$ kann nicht zu 0 werden, es muß also sein

$$\int_{z_u}^{z_o} z \, dA = 0$$

Das aber bedeutet: Die 0-Linie ist die Schwerlinie. (In unserem Fall wurde die y-Achse als Nullinie gewählt). Stellen wir uns die Fläche ausgeschnitten aus einer ebenen Platte vor, dann entspricht jedem Flächenteilchen dA ein Massenteilchen dm. $\int z \cdot dm = 0$ aber heißt, daß die Summe aller Massenteilchen mal ihrem Abstand von der y-Achse 0 ergibt. Würde diese ausgeschnittene Fläche um die y-Achse balanciert, so würden die Teilchen oberhalb der y-Achse mit denen unterhalb der y-Achse im Gleichgewicht sein, sie würden gleich stark um die y-Achse drehen.

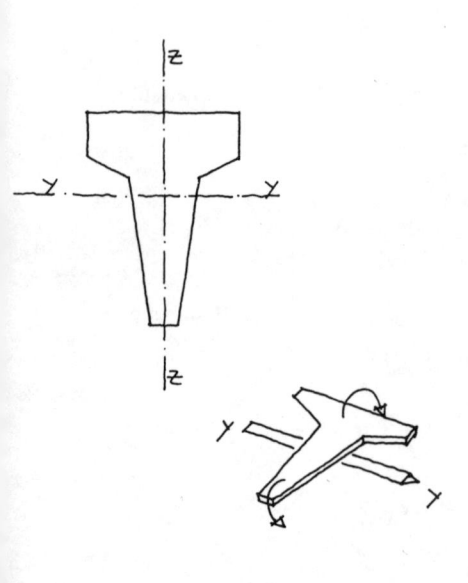

8

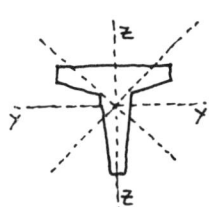

H Jeder Querschnitt hat ∞ viele Schwerlinien bzw. 0-Linien. Sie alle verlaufen durch den Schwerpunkt. Für die Betrachtung tragender Bauteile ist meist nur die y-Achse und bei Querbiegung die z-Achse von Bedeutung - um sie wirken die Trägheitsmomente I_y und I_z.

<u>Frage 2</u> : Wie groß ist das aufnehmbare Biegemoment ?

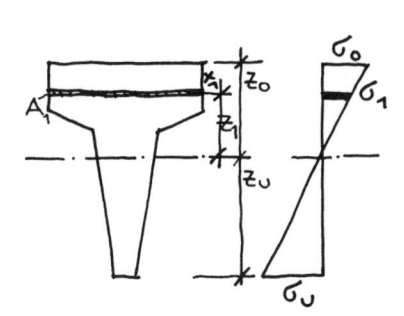

$N_1 = \sigma_1 \cdot A_1$

Um die y - Achse (= 0 - Linie) erzeugt diese Kraft das Moment

$M_1 = N_1 \cdot z_1$
$M_1 = \sigma_1 \cdot A_1 \cdot z_1$

Die Summe dieser Einzelmomente M_1 über den ganzen Querschnitt ergibt das innere Moment

$$M = \sum_{z_u}^{z_o} N_1 \cdot z_1$$

$$M = \sum_{z_u}^{z_o} \sigma \cdot A \cdot z$$

Wählt man die Flächenteilchen A unendlich klein, so wird daraus

$$M = \int_{z_u}^{z_o} \sigma \cdot z \, dA \qquad (2)$$

Wie oben erläutert, ist $\sigma_1 = \dfrac{\sigma_o}{z_o} \cdot z_1$

H Dieser Wert für σ in Gleichung (2) eingesetzt, ergibt

$$M = \int_{z_u}^{z_o} \frac{\sigma_o}{z_o} \cdot z \cdot z \cdot dA$$

$$M = \frac{\sigma_o}{z_o} \int_{z_u}^{z_o} z^2 \cdot dA$$

Der konstante Wert $\frac{\sigma_o}{z_o}$ kann vor das Integral gestellt werden

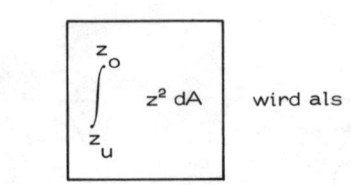

Der Wert $\boxed{\int_{z_u}^{z_o} z^2\, dA}$ wird als

<u>Trägheitsmoment</u> I_y

oder – nach DIN 1080 – als

<u>Flächenmoment zweiten Grades</u>

bezeichnet.

$$I_y = \int_{z_u}^{z_o} z^2\, dA$$

Damit ist $M = \dfrac{\sigma_o}{z_o} \cdot I_y$

Die Ausdrücke

$$\boxed{W_o = \frac{I_y}{z_o}}$$

$$\boxed{W_u = \frac{I_y}{z_u}}$$

heißen <u>Widerstandsmomente</u>.

8

H Damit ist:

$$M = \sigma_o \cdot W_o$$

$$\Rightarrow \sigma_o = \frac{M}{W_o}$$

$$M = \sigma_u \cdot W_u$$

$$\Rightarrow \sigma_u = \frac{M}{W_u}$$

Ganz exakt lautet die Bezeichnung für die Widerstandsmomente :

$$\boxed{W_{yo} \text{ und } W_{yu}}$$

Damit wird dargetan, daß es sich um die Widerstandsmomente um die y-Achse handelt. Entsprechend heißen die Widerstandsmomente um die z-Achse

W_{zo} und W_{zu}

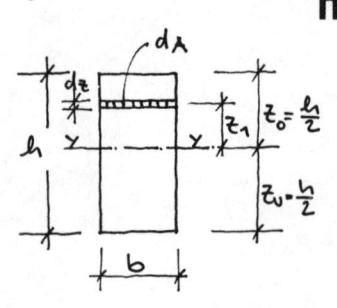

Beispiel 8.1.2.1 Rechteckquerschnitt
(das Widerstandsmoment des Rechteckquerschnittes wurde schon oben auf elementare Weise ermittelt, es sollen jetzt Trägheitsmoment und Widerstandsmoment über die allgemeinen Formeln gefunden werden).

Aus der Symmetrie des Querschnittes folgt, daß die 0-Linie in der Mitte liegt.

$$z_o = z_u = \frac{h}{2}$$

$$I_y = \int_{-\frac{h}{2}}^{+\frac{h}{2}} z^2 \cdot dA \qquad \bigg| \; dA = dz \cdot b$$

$$= \int z^2 \cdot dz \cdot b$$
$$= b \int z^2 \cdot dz \qquad \bigg| \; b \text{ ist konstant}$$

$$= b \left[\frac{z^3}{3} \right]_{-\frac{h}{2}}^{+\frac{h}{2}}$$

$$I_y = \left[b \cdot \frac{h^3}{8 \cdot 3} + b \cdot \frac{h^3}{8 \cdot 3} \right]$$

$$I_y = \frac{b \cdot h^3}{12}$$

8 G $$I_y = \frac{b \cdot h^3}{12}$$ Trägheitsmoment für Rechteckquerschnitt

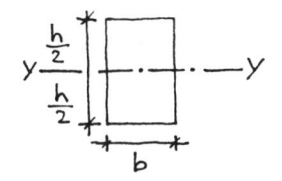

$$W_y = \frac{b \cdot h^3 \cdot 2}{12 \cdot h}$$

$W_o = \frac{I}{z_o}$

$W_u = \frac{I}{z_u}$

$z_o = z_u = \frac{h}{2}$

$$W_y = \frac{b \cdot h^2}{6}$$ Widerstandsmoment für Rechteckquerschnitt

Dieser Wert ist aus der einfachen, nur für den Rechteckquerschnitt gültigen Abteilung schon bekannt.

Aus diesen Formeln ist zu erkennen, daß das Trägheitsmoment mit der dritten Potenz, das Widerstandsmoment mit der zweiten Potenz der Höhe wächst. Wenn also bei gleichbleibender Breite die Höhe eines Balkens verdoppelt wird, so beträgt die Durchbiegung des höheren Balkens – sie hängt, wie noch näher besprochen werden wird, vom Trägheitsmoment ab – nur noch $\frac{1}{8}$, die größte Spannung hingegen $\frac{1}{4}$ der des niedrigeren Balkens. (Gleiches System und gleiche Last vorausgesetzt, die Zunahme des Eigengewichtes ist hier außer acht gelassen).

Für die Durchbiegung ist die Höhe also noch wichtiger als für die Spannung. Die schlanke Querschnittsform – große Höhe, geringe Breite – ist daher besonders günstig.

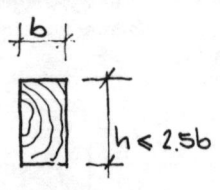

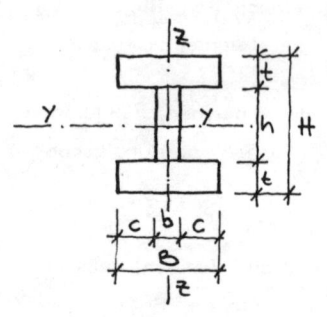

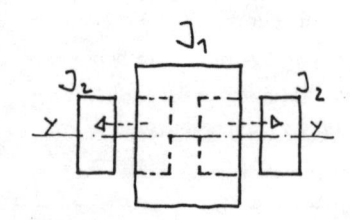

G Im Holzbau sind der Schlankheit der Querschnitte allerdings Grenzen gesetzt : Ein zu schlanker Querschnitt aus Vollholz (d.h. aus einem Stamm gesägt) könnte sich zu stark verdrehen oder in Querrichtung biegen. Deshalb soll nach DIN 1052 das Seitenverhältnis auf b : h = 1 : 2,5 beschränkt werden.
Verleimte Träger können auch in schlankeren Querschnitten verwendet werden (bis 1 : 12).

E <u>Symmetrisch zusammengesetzte Querschnitte</u>

Trägheitsmomente um dieselbe Achse lassen sich addieren bzw. subtrahieren. (Aus $I = \int z^2 \, dA$ läßt sich das leicht ablesen).

Wir können daher die Trägheitsmomente des hier skizzierten Querschnitts über solche Addition bzw. Subtraktion ermitteln.

$$I_y = I_{y1} - 2 \cdot I_{y2}$$

$$I_y = \frac{B \cdot H^3}{12} - 2 \frac{c \cdot h^3}{12}$$

Hieraus ergibt sich das Widerstandsmoment mit

$$W_y = \frac{I_y}{\frac{H}{2}} = \frac{2 I_y}{H}$$

Das Widerstandsmoment zusammengesetzter Querschnitte ist immer über das Trägheitsmoment zu ermitteln. Niemals Widerstandsmomente addieren !!!

(Da $W = \frac{I}{z}$, würden wir bei der Addition von Widerstandsmomenten mit ungleichem z Brüche mit ungleichem Nenner addieren).

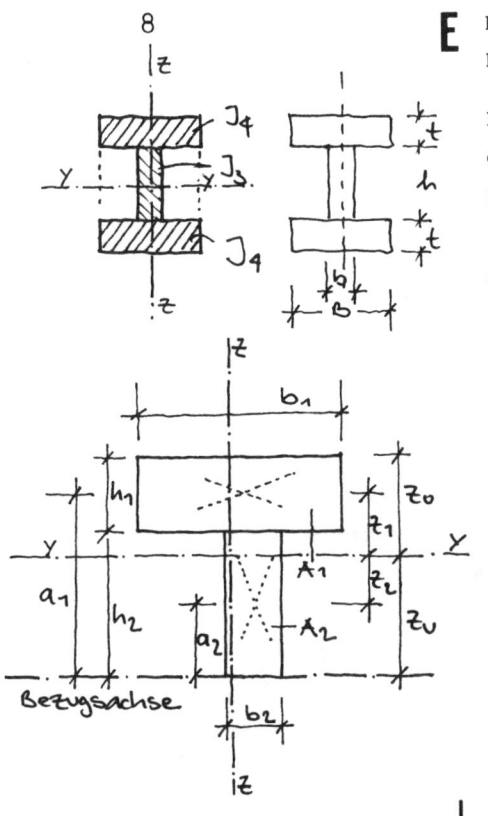

E I_z läßt sich zusammensetzen aus
$I_{z_3} + 2 \cdot I_{z_4}$

Immer solche Werte addieren bzw. subtrahieren, die um gleiche Achse wirken !

$I_z = \dfrac{h \cdot b^3}{12} + 2 \cdot \dfrac{t \cdot B^3}{12}$ | Wegen Symmetrie des Querschnittes ist

$W_z = \dfrac{I_z}{\frac{B}{2}} = \dfrac{2 I_z}{B}$ | $W_{zo} = W_{zu}$

Unsymmetrisch zusammengesetzte Querschnitte

Hier ist zunächst erforderlich, die Schwerachse(n) zu ermitteln. Um die y-Achse zu finden, wählen wir eine beliebige Bezugsachse – z.B. am unteren Rand.

Es muß gelten :

$A_1 \cdot a_1 + A_2 \cdot a_2 = \text{tot } A \cdot z_u$ | tot =

$z_u = \dfrac{A_1 \cdot a_1 + A_2 \cdot a_2}{\text{tot } A}$ | total (=gesamt)

Summe der Flächenteile mal ihrem jeweiligen Schwerpunktsabstand zur Bezugsachse ist gleich Gesamtfläche mal Abstand des Gesamtschwerpunktes von der Bezugsachse.

Damit kennen wir die Lage der y-Achse.
Um diese y-Achse erzeugt jedes Flächenteil ein Trägheitsmoment von $A_1 \cdot z_1^2$. Hinzu kommt noch das Eigen-Trägheitsmoment des Flächenteils um seine eigene Achse. Im Integral $I = \int z^2 \, dA$ treten diese Eigen-Trägheitsmomente der Flächenteilchen nicht auf, dA ist unendlich klein, $\dfrac{b \cdot dz^3}{12}$, das wäre also klein in höherer Ordnung. Hier aber, bei endlichen Abmessungen der Teile, müssen sie berücksichtigt werden.

8
STEINERSCHER SATZ

E Damit ist

$$I_y = A_1 \cdot z_1^2 + A_2 \cdot z_2^2 + I_{y1} + I_{y2}$$

$$I_y = b_1 \cdot h_1 \cdot z_1^2 + b_2 \cdot h_2 \cdot z_2^2$$

$$+ \frac{b_1 \cdot h_1^3}{12} + \frac{b_2 \cdot h_2^3}{12}$$

$$W_{yo} = \frac{I_y}{z_o}$$

$$W_{yu} = \frac{I_y}{z_u}$$

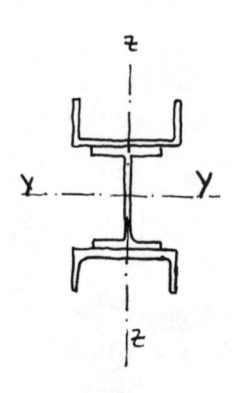

I_z und W_z können in der gleichen Weise ermittelt werden.

Entsprechend können auch die Flächenmomente zusammengesetzter Profile beliebiger Art ermittelt werden, wenn die Werte der Einzelprofile bekannt sind.

Wie bereits erwähnt, hat ein Querschnitt nicht nur die y-Achse und die z-Achse, sondern in jedem beliebigen Winkel eine Schwerachse, die durch den Schwerpunkt verläuft. Bei einem doppelt unsymmetrischen Querschnitt liegen die maßgebenden Achsen für das größte und das kleinste Trägheitsmoment schräg.

Diese schrägen Achsen und Trägheitsmomente zu ermitteln, würde aber über den Rahmen und Sinn dieses Buches hinausgehen.

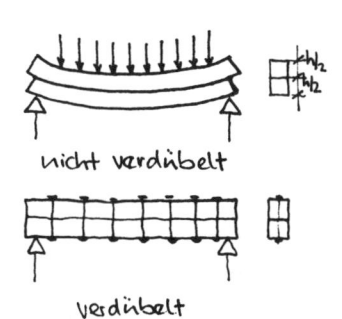

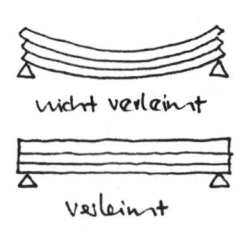

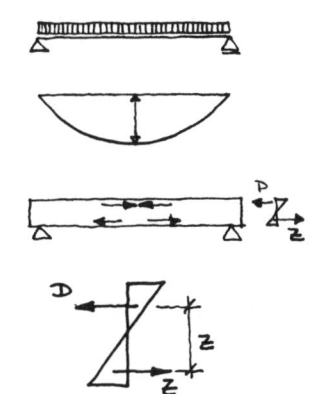

8.2 Schub

Anstelle eines Balkens legen wir 2 Balken von halber Höhe lose übereinander. Unter Belastung biegen sie sich stark durch und verschieben sich gegeneinander.

Wenn wir diese beiden Balken durch mehrere Dübel, die über die ganze Balkenlänge verteilt sind, fest miteinander verbinden, so wird die Durchbiegung wesentlich kleiner. Die Balken können sich jetzt nicht mehr gegeneinander verschieben.

Im geleimten Träger muß der Leim dieses Verschieben verhindern. Würden die Bretter lose aufeinander liegen, so wäre die Tragfähigkeit dieses Bretterstapels äußerst gering.

Die Kraft, die dieses Verschieben bewirkt – bzw. bewirken möchte – heißt Schubkraft oder Schub.

Woher kommt der Schub? Woher diese offensichtlich horizontal wirkenden Kräfte, obwohl am Träger doch nur vertikale Lasten angreifen?

An diesem Träger nimmt das Biegemoment gegen die Auflager hin ab. An den Auflagern selbst wird es zu 0. Dieses Biegemoment erzeugt im Träger Druck- und Zugkräfte.

Sie wirken mit dem Hebelarm z der inneren Kräfte gegeneinander.

$$D = \frac{M}{z} \qquad Z = \frac{M}{z}$$

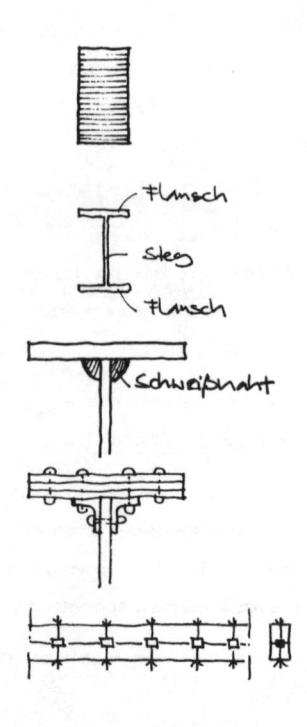

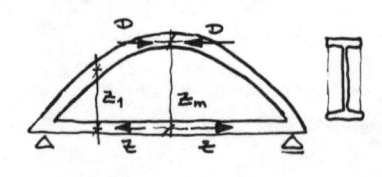

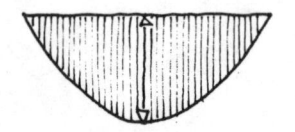

G Im Träger von gleichbleibender Höhe bleibt auch der innere Hebelarm gleich groß, z ist konstant. Also nehmen die inneren Kräfte D und Z mit dem Moment gegen die Auflager zu ab. Wo aber bleibt die Differenz, um die diese inneren Kräfte abnehmen? Sie schiebt! Diese Differenz, diese Abnahme der inneren Kräfte D und Z ist es, die die Schichten des Trägers gegeneinander verschieben möchte. Sie ist die S c h u b k r a f t.

Der Leim des verleimten Trägers hat also die Aufgabe, das Verschieben der Lamellen zu verhindern, d.h. die Schubkraft aufzunehmen. Der Steg des S t a h l w a l z p r o f i l s hat die Aufgabe, die Flansche schubfest miteinander zu verbinden. Und die Schweißnähte des g e s c h w e i ß t e n T r ä g e r s sind so zu bemessen, daß sie die Schubkraft zwischen Steg und Flansch aufnehmen können.

Bei älteren Stahlkonstruktionen wurde meist nicht geschweißt, sondern genietet. Die N i e t e hatten Schubkräfte aufzunehmen.

Und die Dübel des Zimmermanns - früher waren sie aus Holz, heute sind sie meist aus Stahl - nehmen die Schubkräfte zwischen den 2 oder 3 Teilen eines v e r d ü b e l t e n Balkens auf.

Im Steg dieses Trägers treten keine Schubkräfte auf, denn der innere Hebelarm z ist nicht konstant, sondern proportional dem Moment M. Daher ist bei gleichbleibenden D und Z an jeder Stelle D . z = M bzw. Z . z = M.

Am Trägerende allerdings müssen Druckgurt und Zuggurt schubfest miteinander verbunden sein, um so ihre überschüssigen Kräfte aneinander abgeben zu können.

8

G Die Schubspannungen werden
– im Gegensatz zu Druck- oder Zugspannungen σ –
mit τ bezeichnet.

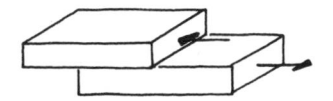

Wie groß sind diese Schubspannungen, die z.B. der Leim aufnehmen muß, um zu verhindern, daß sich die Bretter gegeneinander verschieben?

H Herleitung der Schubspannung

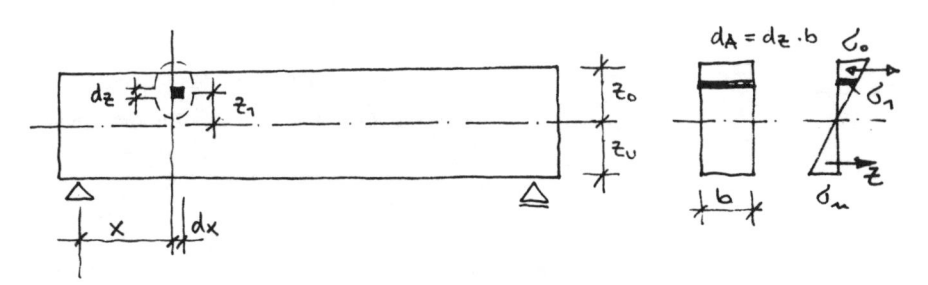

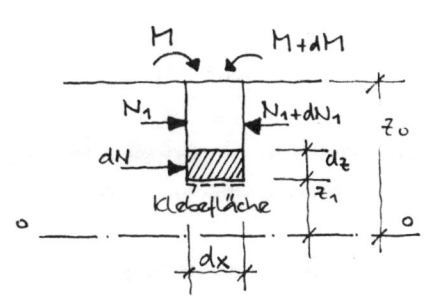

Im Querschnitt x eines Trägers wirkt das Moment M. Es erzeugt in der oberen Randfaser die Spannung

$$\sigma_o = \frac{M \cdot z_o}{I_y} \qquad \left|\; \sigma_o = \frac{M}{W_o} \right.$$

$$\left| \; W_o = \frac{I_y}{z_o} \right.$$

und im Abstand z_1 von der 0-Linie die Spannung

$$\sigma_1 = \sigma_o \cdot \frac{z_1}{z_o}$$

$$= \frac{M \cdot z_o}{I_y} \cdot \frac{z_1}{z_o}$$

$$\sigma_1 = \frac{M \cdot z_1}{I_y}$$

139

H Auf die Fläche dA in Höhe z_1 wirkt die Längskraft

$$dN = \sigma_1 \cdot dA$$

$$= \frac{M \cdot z_1}{I_y} \cdot dA$$

Die gesamte Längskraft von Höhe z_1 bis zum oberen Rand des Trägers ist

$$N_1 = \int_{z_1}^{z_o} dN = \int_{z_1}^{z_o} \frac{M \cdot z}{I_y} \cdot dA$$

$\frac{M}{I_y}$ ist über die ganze Höhe des Querschnitts konstant, kann also vor das Integral gesetzt werden.

$$N_1 = \frac{M}{I_y} \int_{z_1}^{z_o} z \, dA \qquad (1)$$

Der Wert $\int_{z_1}^{z_o} z \, dA = S \; [cm^3]$ heißt

statisches Moment oder Flächenmoment ersten Grades. Das statische Moment ist :

Fläche (hier : des Querschnitts oberhalb z_1) mal dem Abstand seines Schwerpunkts zur Null-Linie des ganzen Querschnitts.

Aus Gleichung (1) kann man also S anstelle des Integrals setzen :

$$N_1 = \frac{M}{I_y} \cdot S$$

H Im Nachbarquerschnitt $x + dx$ wirkt das Moment $M + dM$, es ist also um die Differenz dM größer als das Moment im Querschnitt x.

Die Längskraft beträgt im Nachbarquerschnitt $N_1 + dN_1$, sie hat sich also verändert um

$$dN_1 = \frac{dM}{I_y} \cdot S$$

Diese Veränderung der Längskraft beansprucht die Fuge in Höhe z_1 auf Schub. Stellt man sich vor, daß der Träger in dieser Höhe aus Schichten geklebt ist, so wird die "Klebefuge" auf Schub beansprucht. Die beanspruchte Fläche hat die Größe

$$dx \cdot b$$

Damit ergibt sich je Flächeneinheit die Schubspannung

$$\tau = \frac{dN_1}{dx \cdot b}$$

$$\tau = \frac{dM \cdot S}{I_y \cdot dx \cdot b}$$

$$\tau = \frac{Q \cdot S}{I \cdot b}$$

$$\left[\frac{kN \cdot cm^3}{cm^4 \cdot cm} = \frac{kN}{cm^2} \right]$$

Wir erinnern uns:

$$\frac{dM}{dx} = Q$$

E Die Schubspannung $\boxed{\tau = \dfrac{Q \cdot S}{I \cdot b}}$ ist also nicht proportional dem Moment, sondern proportional der **Querkraft** Q. Das leuchtet ein, denn der Schub kommt ja von der Zu- bzw. Abnahme des Moments, also von seinem Differentialquotienten – und das ist die Querkraft. Schubkraft und Schubspannung sind am größten im Bereich der Auflager, sie werden zu Null im Bereich der Maximalmomente.

Die Schubspannung ist auch proportional dem **Statischen Moment S** (lt. DIN 1080 heißt es "Flächenmoment ersten Grades", doch auch hier bezweifeln die Verfasser, daß sich diese etwas umständliche Bezeichnung durchsetzen wird und verwenden deshalb die allgemein gebräuchliche Bezeichnung "Statisches Moment").

Dieses statische Moment gibt an, was da über die Schubfläche (z.B. über die Leimfuge) angeschlossen wird. Es ist die Fläche des angeschlossenen Querschnitt-Teils mal dem Abstand seines Schwerpunkts zur 0-Linie des Gesamtquerschnitts.

Die Schubspannung ist umgekehrt proportional dem Trägheitsmoment I. Also je steifer der Gesamtquerschnitt, umso kleiner ist die Schubspannung.

Und sie ist schließlich umgekehrt proportional der Breite b des Querschnitts an der untersuchten Fuge. Selbstverständlich, denn je größer die Breite, um so größer ist die Fläche, auf die sich die Schubkraft verteilt, und um so kleiner also die Schubspannung, denn sie ist ja Kraft durch Fläche.

G Schubspannung am Rechteckquerschnitt

Die Schubspannung am Rechteckquerschnitt ist in der Null-Linie

$$\boxed{\tau_o = \frac{Q}{z \cdot b}} \qquad \boxed{z = \frac{2}{3} h}$$

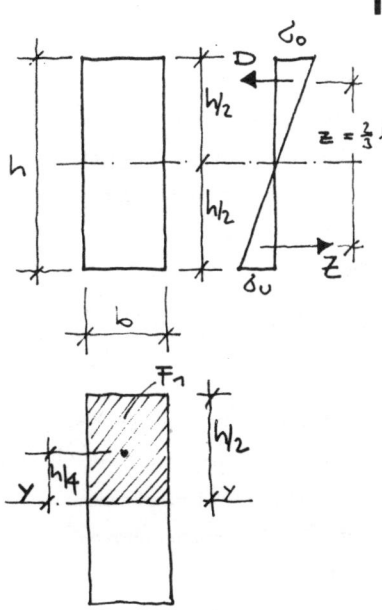

H Herleitung :

Die Schubspannung in der Null-linie ist

$$\tau_o = \frac{Q \cdot S_o}{I \cdot b}$$

Das statische Moment des Flächenteils, das in der 0-Linie angeschlossen ("angeleimt") wird, nennen wir S_o. Angeschlossen wird hier das halbe Rechteck, also $b \cdot \frac{h}{2}$, dessen Schwerpunktabstand zur 0-Linie ist $\frac{h}{4}$.

$$S_o = b \cdot \frac{h}{2} \cdot \frac{h}{4}$$

$$S_o = \frac{b \cdot h^2}{8}$$

Das Trägheitsmoment des Rechteckquerschnitts kennen wir mit

$$I_y = \frac{b \cdot h^3}{12}$$

Damit ist :

$$\tau_o = \frac{Q \cdot \frac{b \cdot h^2}{8}}{\frac{b \cdot h^3}{12} \cdot b}$$

$$\tau_o = \frac{Q}{\frac{2}{3} h \cdot b}$$

$$\tau_o = \frac{Q}{z \cdot b} \quad \left[\frac{kN}{cm^2}\right]$$

$\frac{2}{3} h = z$ ist der Hebelarm der inneren Kräfte

8

G Die Höhe und die Breite haben also den gleichen Einfluß auf die Schubspannung. Während sich für die Zug- und Druckspannungen die Höhe im Quadrat, für die Durchbiegung (abhängig von I) gar in der dritten Potenz auswirkt, kommt hier die Höhe ebenso wie die Breite nur in der ersten Potenz zum Ansatz.

Innerhalb eines bestimmten Querschnitts ist die Schubspannung an der Null-Linie am größten. So hat z.B. bei einem Brettschichtträger – einem aus Brettern verleimten Träger – die Leimfuge an der Null-Linie die größte Schubspannung aufzunehmen. Ober- und unterhalb der Null-Linie wird die Schubspannung kleiner, denn die angeschlossene Querschnittsfläche ist um so kleiner, je weiter die untersuchte Fuge von der Null-Linie entfernt ist.

Bei gleicher Breite führt das zu parabolischer Abnahme von τ. Am Rechteckquerschnitt ist daher die Schubspannung in der Null-Linie am größten, und es genügt, die Schubspannungen in dieser Null-Linie, also τ_o zu untersuchen. Am geschweißten Träger hingegen bilden die Schweißnähte gefährdete Schwachstellen. Sie sind nach den Schubspannungen zu bemessen.

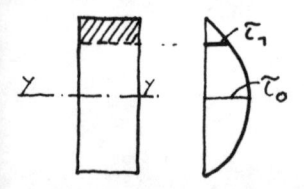

Schubspannungs-Kurve über die Höhe des Querschnitts

8.3 Gestalt von Biegeträgern

Am Kragträger treten die Extremwerte von Moment und Querkraft im selben Querschnitt auf: An der Einspannstelle. Es liegt nahe, den Kragträger dort am stärksten auszubilden und gegen sein anderes Ende zu schwächer werden zu lassen.

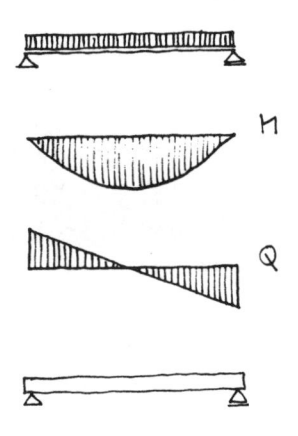

Dieser frei aufliegende Einfeldträger hingegen hat sein größtes Moment in der Mitte, seine größten Querkräfte an den Auflagern.
In den weitaus meisten Fällen wird ein Träger mit einem über die ganze Länge gleichbleibenden Querschnitt gewählt, z.B. ein Balken oder ein Walzprofil. Dieser Querschnitt ist im günstigsten Fall an 3 Punkten voll ausgenützt, an der Stelle von max M und an der Stelle von max Q.
An allen anderen Punkten ist er überdimensioniert. In den weitaus häufigsten Fällen ist er nur entweder durch max M oder durch max Q voll beansprucht, also nur an 1 oder 2 Punkten. Trotzdem ist diese Konstruktionsart oft die billigste. (Ob sie auch die wirtschaftlichste ist, kommt darauf an, wie man den Begriff Wirtschaftlichkeit definiert.)

8

G Das Anpassen der Trägerform an den Verlauf von Moment und Querkraft ist meist aufwendig und erfordert viel Arbeitsaufwamd.
Zudem ist die gleichbleibende Höhe häufig gefordert; Fußboden und Deckenuntersicht sollen eben sein.
Doch bei größeren Spannweiten – etwa über Hallen – sollte ein Ausformen des Trägers nach Moment und Querkraft erwogen werden, insbesondere, wenn bei einer großen Serie die so erreichte Einsparung an Material den Arbeitsaufwand auch in finanzieller Hinsicht rechtfertigt.

Der Steg dieses Stahlträgers mußte für Installationen durchbrochen werden. Diese Durchbrüche liegen in der Mitte, denn hier ist die Querkraft und folglich auch die Schubbeanspruchung klein – der Steg kann sie trotz großer Durchbrüche aufnehmen.

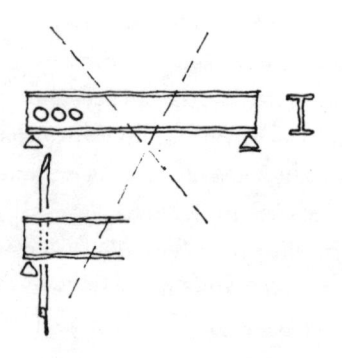

Problematisch sind Durchbrüche in Nähe der Auflager und damit im Bereich großer Querkräfte. Senkrechte Leitungen, die entlang der Stütze geführt werden und deshalb die Träger am Auflager durchbrechen sollen, veranlassen Ingenieure zu dem Stoßseufzer: "Wo die Kraft am größten ist, möchte der Architekt einen Durchbruch".
Der Architekt sollte also rechtzeitig gemeinsam mit den beratenden Ingenieuren für Tragwerke und für Installationen überlegen, wie die Leitungen sinnvoll gelegt werden können, um tragende Konstruktion und Installationen aufeinander abzustimmen.

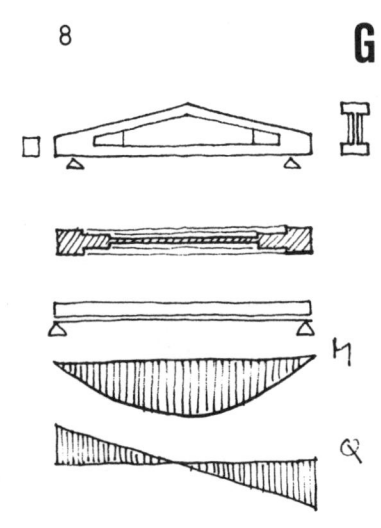

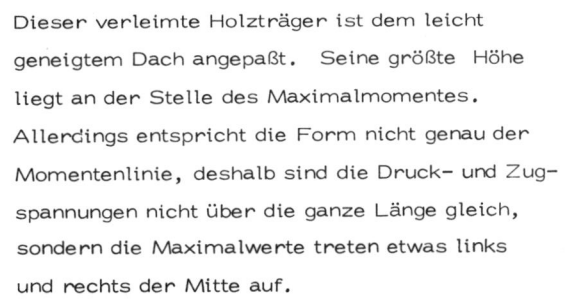

Dieser verleimte Holzträger ist dem leicht geneigtem Dach angepaßt. Seine größte Höhe liegt an der Stelle des Maximalmomentes. Allerdings entspricht die Form nicht genau der Momentenlinie, deshalb sind die Druck- und Zugspannungen nicht über die ganze Länge gleich, sondern die Maximalwerte treten etwas links und rechts der Mitte auf.

$D = Z = \frac{M}{z}$ ist dort größer als in der Mitte, weil die Trägerhöhe in diesem Bereich schneller abnimmt als das Moment.

Anders als am Stahlträger sind hier am Holzträger Verstärkungen des Steges an den Auflagern erforderlich. Die Schubfestigkeit von Holz parallel zu den Fasern ist viel kleiner als seine Zug- und Druckfestigkeit in Faserrichtung.
(Wer einmal Holz bearbeitet hat, weiß das aus Erfahrung)

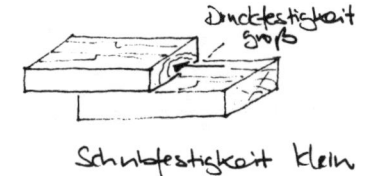

Hier steht zul σ = 1,0 kN/cm²

gegen zul $\tau \approx$ 0,1 kN/cm² - die Schubfestigkeit beträgt also nur etwa 1/10 der Druck- und Zugfestigkeit.

Der Holz-Steg muß deshalb im Bereich der großen Querkraft verstärkt werden - die Breite des Steges wächst im oben skizzierten Beispiel in 2 Stufen bis zur Breite der Flansche.

Hingegen kann Stahl fast ebenso hohe Schubspannungen aufnehmen wie Zug- und Druckspannungen.

z.B. der Baustahl St 37 :

zul σ = 14 kN/cm²

zul τ = 9 kN/cm²

8

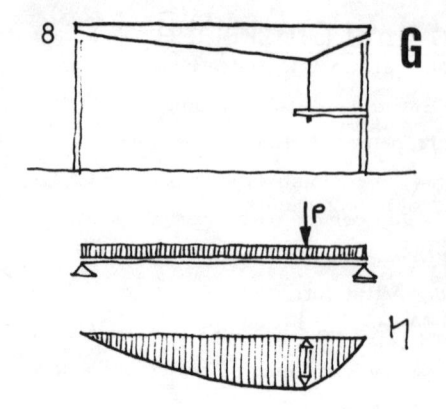

G Dieser Träger über dem großen Saal der Mensa der Universität Stuttgart (Arch: Tiedje, Ing: Siegel) ist von einer Einzellast aus einer angehängten Empore belastet.

Der Knick in der Momentenlinie entspricht der Ecke in der Form. Die Einzellast kommt deutlich zum Ausdruck, das Moment, das sie hervorruft, wurde zum Konstruktions- und Gestaltungsmotiv.

9 Zug- und Druckstäbe

G 9.1 Zugstäbe

Beispiele für Zugstäbe:

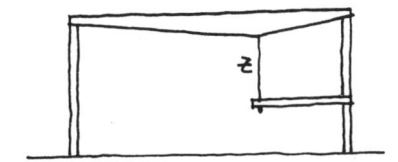

Aufgehängte Konstruktion

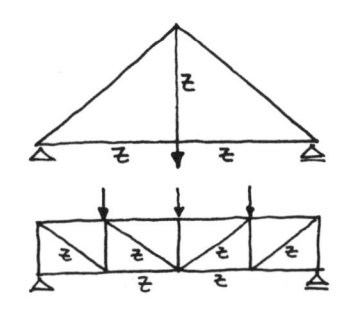

Sprengwerk

Fachwerk

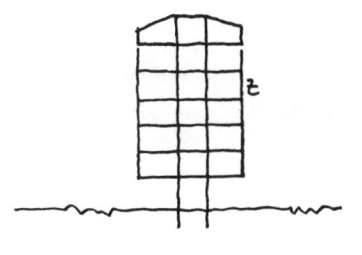

Hängehaus

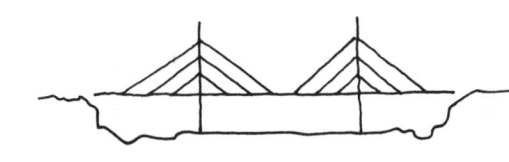

Seilverspannte Brücke

Seilnetz

9

G Ein Zugstab kann über seine ganze Querschnittsfläche mit der vollen zulässigen Spannung beansprucht werden. Die Spannung im Zugstab
beträgt

$$\sigma_z = \frac{N}{A}$$

Demnach ist die erforderliche Querschnittsfläche

$$\text{erf } A = \frac{N}{\text{zul } \sigma}$$

Die Tragfähigkeit ist also abhängig von
- Querschnittsfläche A
- Materialfestigkeit zul σ

ist unabhängig von
- Querschnittsform
- Stablänge (wenn man vom Eigengewicht des
  Stabes absieht)

Ein Zugstab muß nicht biegesteif sein.
Er kann also z.B. als Seil ausgebildet werden.

9.2 Druckstäbe

9.2.1 Druckstäbe ohne Knicken

Nur sehr kurze Bauteile nehmen Druck auf, ohne
durch Knicken gefährdet zu sein.
Dieses Fundament hat die Aufgabe, die Last aus
der Stütze auf eine so große Fläche zu verteilen,
daß der Baugrund mit seiner meist geringen
Festigkeit sie aufzunehmen vermag.
Das Fundament kann wegen seiner gedrungenen
Form nicht knicken.

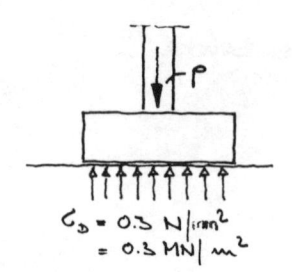

9

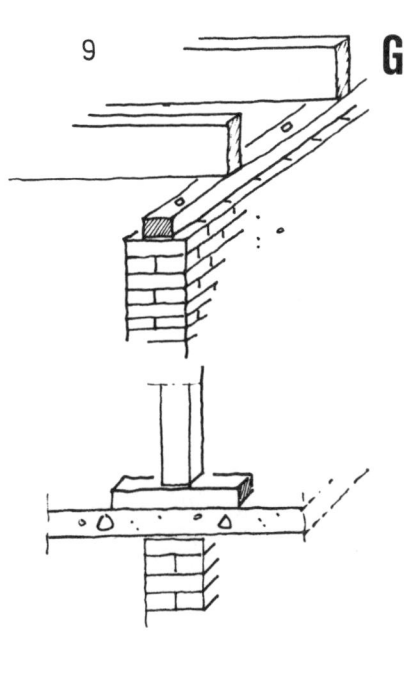

G Auch diese Mauerlatte – auch "Schwelle" genannt –, die Unebenheiten des Mauerwerks ausgleicht, dem Balken Auflagerflächen in gleicher Höhe schafft und eine bessere Befestigung der Balken ermöglicht, kann nicht unter der Druckbeanspruchung knicken.

Ähnliches gilt für dieses Schwellholz, das zwischen Holzstütze und Decke bzw. Betonträger angeordnet wird.

Für diese druckbeanspruchten Bauteile ohne Knickgefahr hängt die Tragfähigkeit ab von
- Querschnittsfläche A
- Materialfestigkeit zul σ

Voraussetzung ist:
- Höhe klein, d.h. keine Knickgefahr.

Die Tragfähigkeit ist unabhängig von der
- Querschnittsform. (Falls der Querschnitt nicht so extrem schmal ist, daß trotz geringer Höhe Knickgefahr besteht.)

9.2.2 Knicken

Zwei Stützen aus gleichem Material mit gleicher Querschnittsfläche und gleicher Querschnittsform, aber unterschiedlicher Länge.
Welche von beiden vermag mehr zu tragen?
Die Kürzere, denn sie ist weniger knickgefährdet.

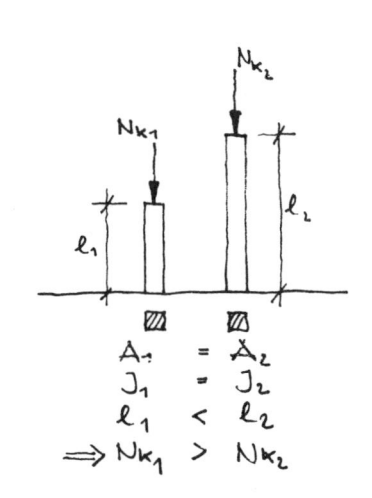

$A_1 = A_2$
$J_1 = J_2$
$\ell_1 < \ell_2$
$\Rightarrow N_{K_1} > N_{K_2}$

9

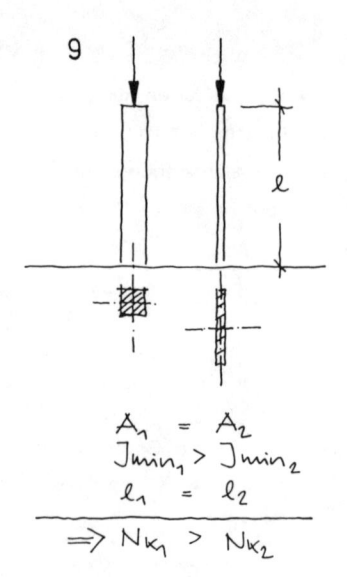

$A_1 = A_2$
$J_{min_1} > J_{min_2}$
$l_1 = l_2$

$\Rightarrow N_{K_1} > N_{K_2}$

G

Hier ist die Länge gleich und die Querschnittsfläche gleich, aber die Querschnittsform verschieden.
Welche Stütze vermag mehr zu tragen?
Die mit quadratischem Querschnitt, denn sie ist nicht so schmal wie die andere. Auch sie ist weniger knickgefährdet.

Die Tragfähigkeit einer Stütze hängt also ab von
- Querschnittsfläche A
- Querschnittsform, gekennzeichnet durch I
- Länge l
- Materialeigenschaften. (Von welchen, das wird noch zu besprechen sein)

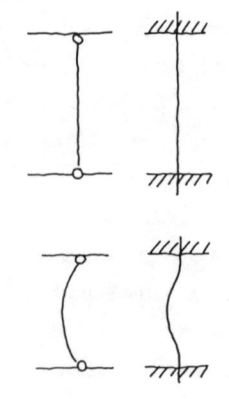

Doch darüberhinaus spielt es auch eine Rolle, wie die Stütze gelagert ist.
Die eine Stütze ist oben und unten gelenkig gelagert, die andere oben und unten eingespannt. Alles andere sei gleich.
Welche vermag mehr zu tragen?
Die eingespannte Stütze, denn ihr Knicken wird durch die Einspannung behindert.

9   **G** Diese Zusammenhänge untersuchte erstmals der Schweizer Mathematiker L e o n h a r d   E u l e r (1707 – 1783).

Nach ihm sind die 4 Eulerfälle benannt :

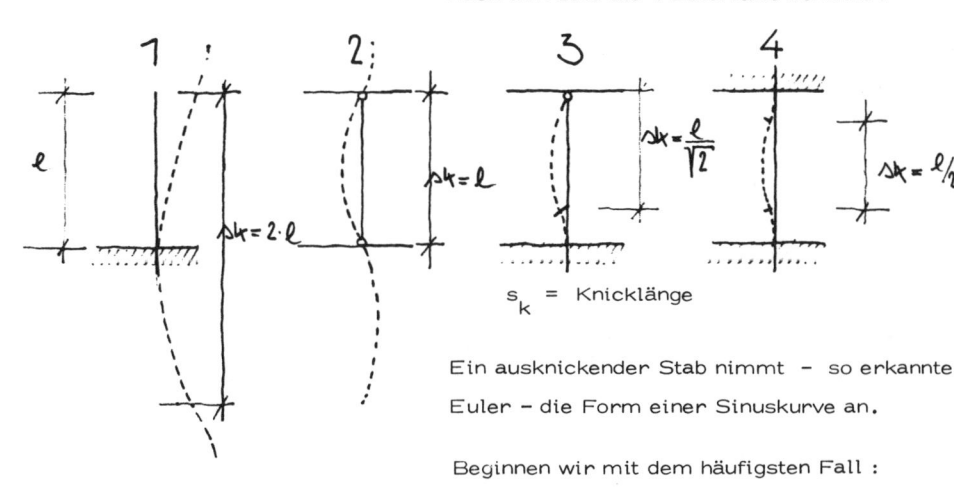

Abbildungen der 4 Eulerfälle:
- Fall 1: $s_k = 2 \cdot l$
- Fall 2: $s_k = l$
- Fall 3: $s_k = \dfrac{l}{\sqrt{2}}$
- Fall 4: $s_k = l/2$

s_k = Knicklänge

Ein ausknickender Stab nimmt – so erkannte Euler – die Form einer Sinuskurve an.

Beginnen wir mit dem häufigsten Fall :

Die oben und unten gelenkig gelagerte Stütze – E u l e r f a l l   2 – knickt in einer Sinuskurve, deren Wendepunkte in den Gelenken liegen. Den Abstand der Wendepunkte bezeichnen wir als K n i c k l ä n g e s_k. Bei Eulerfall 2 ist also die Knicklänge gleich der Stablänge l.

$$s_k = l$$

Der freistehende Mast – E u l e r f a l l   1 – knickt in einer Sinuskurve, deren Wendepunkt an der Mastspitze und deren Maximum an der Einspannstelle des Mastes liegt. Der untere Wendepunkt wäre also um eine volle Stablänge unterhalb der Einspannstelle. Das bedeutet : Der Abstand s_k der Wendepunkte ist doppelt so groß wie die Stablänge l

$$s_k = 2\,l$$

G Entsprechend ergibt sich für den oben gelenkig und unten eingespannt (oder umgekehrt) gelagerten Stab −Eulerfall 3−

$$s_k = \frac{l}{\sqrt{2}} \approx 0,71$$

und für den beidseitig eingespannten Stab
−Eulerfall 4−

$$s_k = \frac{l}{2}$$

Euler gibt die Tragfähigkeit einer Stütze an mit

$$N_K = \frac{\pi^2 \cdot E \cdot I}{s_k^2} \qquad \left[\frac{\frac{N}{cm^2} \quad cm^4}{cm^2} = N \right]$$

Eulersche Knicklast

(Hier ist N = Normalkraft)   (Hier ist N = Newton)

Er setzt dabei ideal elastisches Material und mittige Krafteinleitung voraus.

Die Knicklast N_k ist hierbei die Last, welche die Stütze unmittelbar vor dem Ausknicken (also ohne Sicherheitsfaktor) zu tragen vermag. Nach dieser Formel ist die Knicklast N_k abhängig von

− Elastizitätsmodul E   (Materialkonstante)
− Trägheitsmoment I   (Querschnittsform)
− Knicklänge s_k (Stablänge und Eulerfall).

9   **G**   Es fällt auf, daß in dieser Formel weder die zulässige Spannung zul σ noch die Fläche A erscheinen. Dies wird unten näher besprochen. Zunächst aber interessiert uns die Bedeutung der Knicklänge s_k.

Sie wirkt sich – wie aus der Formel für die Eulersche Knicklast zu erkennen – im Quadrat aus. Das bedeutet: wenn eine Stütze nach Eulerfall 2 mit $s_k = l$ die Last 1 (z.B. 1 kN) zu tragen vermag,

dann trägt eine sonst gleiche Stütze nach Eulerfall 1 mit

$s_k = 2 l$

nur $\frac{1}{2^2} = \frac{1}{4}$ dieser Last,

die nach Eulerfall 3 mit $s_k = \frac{l}{\sqrt{2}}$ trägt

$\sqrt{2}^2 = 2$ mal diese Last

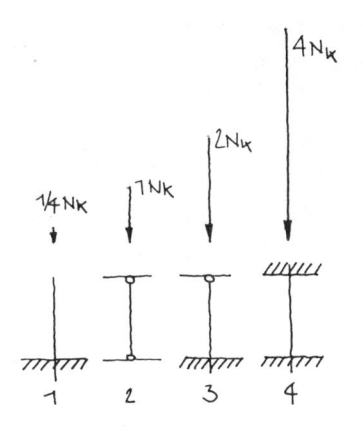

und die Stütze nach Eulerfall 4 mit $s_k = \frac{l}{2}$ trägt

$2^2 = 4$ mal diese Last.

Eulerfall	s_k	Knicklast
1	2 l	1/4
2	l	1
3	$l/\sqrt{2}$	2
4	l/2	4

Die Stütze nach Eulerfall 4 trägt also das 16-fache der Stütze nach Eulerfall 1.

9

G Es würde die Arbeit sehr vereinfachen, wenn wir ein Kriterium für die Schlankheit hätten, d.h. ein Maß für die Breite, möglichst mit der Dimension [cm], das in Beziehung zur Knicklänge s_k gesetzt werden kann. Mit der Breite allein ist es aber nicht getan, denn z.B.
die Breite b dieses Querschnitts führt doch offensichtlich zu einer anderen Knicksteifigkeit als
die Breite b dieses Querschnitts.

H Eine Aussage über die Steifigkeit gibt zwar I, aber dessen Dimension $[cm^4]$ ist schwer mit der Knicklänge s_k [cm] in Beziehung zu setzen.

Sehen wir diesen Kummer in Zusammenhang mit einem anderen, nämlich dem, daß die Spannung σ und die Querschnittsfläche A in der Eulerschen Knicklast-Formel nicht erscheinen. Von hier aus suchen wir eine Lösung : Es sei

$$\sigma_k = \frac{N_k}{A}$$

σ_k = Größte Spannung im gedrückten Stab unmittelbar vor dem Ausknicken.

$$N_K = \frac{\pi^2 \cdot E \cdot I}{s_k^2}$$

ergibt

$$\sigma_k = \frac{N_k}{A} = \frac{\pi^2 \cdot E \cdot I}{s_k^2 \cdot A}$$

Hier greifen wir $\frac{I}{A}$ heraus.

9

G Wir bezeichnen

$$\sqrt{\frac{I}{A}} = i \qquad \left[\sqrt{\frac{cm^4}{cm^2}} = cm\right]$$

als Trägheitsradius.
(Dieser Wert i hat mit $i = \sqrt{-1}$ nichts zu tun, es reicht nur mal wieder das Alphabet nicht.)
Mit dem Trägheitsradius i haben wir einen Wert in der Dimension $[cm]$. Er läßt sich unmittelbar mit der Knicklänge s_k in Beziehung setzen.
Diese Beziehung heißt **Schlankheit**, sie wird bezeichnet mit

$$\boxed{\lambda = \frac{s_k}{\min i}} \qquad \min i = \sqrt{\frac{\min I}{A}}$$

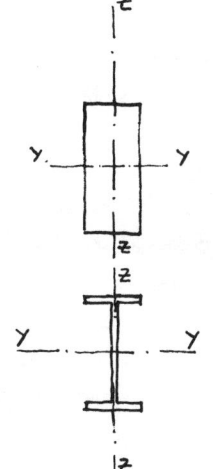

min i ist das kleinste i eines Querschnitts, denn in der Richtung der geringsten Steifigkeit besteht die größte Knickgefahr.

Wie wir I_y und I_z unterscheiden, so auch i_y und i_z $\qquad i_y = \sqrt{\frac{I_y}{A}}$

In den meisten Fällen ist $\min i = i_z \quad i_z = \sqrt{\frac{I_z}{A}}$

H Nach $\sigma_k = \dfrac{\pi^2 \cdot E \cdot I}{s_k^2 \cdot A}$ $\qquad i = \sqrt{\dfrac{I}{A}}$

Läßt sich somit schreiben $\qquad \lambda = \dfrac{s_k}{i}$

$$\sigma_k = \frac{\pi^2 \cdot E}{\lambda^2} \qquad \lambda = \frac{s_k}{\sqrt{\frac{I}{A}}}$$

9 **H** Dies als Diagramm aufgetragen ergibt die
Euler – Hyperbel

[Diagram: σ_k [N/mm²] vs λ, showing Euler-Hyperbel for Baustahl St 37. Values marked: $\beta = 240$, 200, 140, 100 on vertical axis; 50, 100, 150, 200, 250 on horizontal axis. Labels: Elastizitätsgrenze, Euler-Hyperbel, σ_k zul., σ_k, max λ zul.]

Euler-Hyperbel für Baustahl St 37

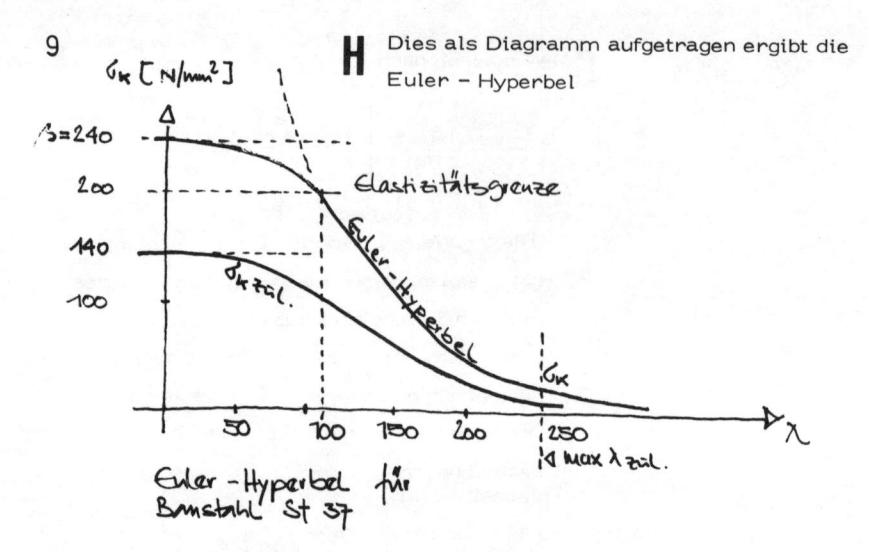

Diese Euler – Hyperbel – hier für den meist gebrauchten Baustahl St. 37 gezeigt – strebt für kleine Schlankheiten gegen ∞ . Selbstverständlich können unendlich große Spannungen nicht aufgenommen werden, die Spannungen können die Bruchspannung β nicht überschreiten. Diese Unstimmigkeit löst sich auf, wenn man die Euler-Hyperbel nur bis zur Elastizitätsgrenze führt. Für Spannungen über der Elastizitätsgrenze gelten nicht mehr das Hookesche Gesetz und der Elastizitätmodul E, folglich auch nicht mehr die Eulersche Knick-Formel. In diesem Bereich wird deshalb die Kurve für die Knicklast σ_k durch die Bruchspannung β bestimmt, sie geht bei der Elastizitätsgrenze verlaufend in die Euler-Hyperbel über.

Die zulässigen Spannungen zul σ_k ergeben sich, wenn man σ_k durch den Sicherheitsfaktor γ teilt. Er ist in die Tabellenwerte für zul σ bereits eingearbeitet.

9 G Bemessung nach ω - Verfahren

Die oben beschriebenen Erkenntnisse wurden zu einem sehr einfach zu handhabenden Bemessungsverfahren zusammengefaßt, dem sogenannten ω - Verfahren.
Bemessen wird nach der Formel:

$$\sigma = \omega \cdot \frac{N}{A} \leqq \text{zul } \sigma$$

bzw.: $\quad \text{zul } N = \dfrac{\text{zul } \sigma \cdot A}{\omega}$

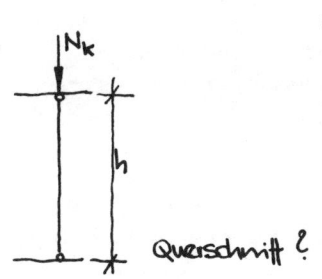

$\lambda \longrightarrow \omega$

hierbei kann ω in Abhängigkeit von Schlankheit und von dem gewählten Material den ω -Tabellen entnommen werden.

$$\lambda = \frac{s_k}{\min i} \longrightarrow \omega$$

Beispiel 9.1

gegeben: Druckkraft N $\quad$ [kN]
(einschließlich geschätztem Stützengewicht
$\quad$ Stützhöhe $\quad$ h
$\quad$ Eulerfall $\longrightarrow s_k$
$\quad$ Material $\longrightarrow$ zul σ

schätzen: Querschnitt

(erster Anhaltspunkt:

$A \geqq \dfrac{N}{\text{zul } \sigma}\quad$)

9

G ermitteln : A

$$\min i \longleftarrow \text{Querschnittstabelle}$$

Falls der Querschnitt nicht in der Tabelle enthalten :
$$\min i = \sqrt{\frac{\min I}{A}}$$

$$\lambda = \frac{s_k}{\min i}$$

ω - Tabelle für das gewählte Material

nachweisen : $\text{vorh } \sigma = \dfrac{N \cdot \omega}{\text{vorh } A}$

überprüfen : $\text{vorh } \sigma \leqq \text{zul } \sigma$

ist vorh $\sigma \geqq$ zul σ, so muß ein neuer Querschnitt geschätzt werden.
Ist vorh $\sigma \ll$ zul σ, also wesentlich kleiner, so wäre diese Bemessung zwar standsicher, aber verschwenderisch.

Dann ist eine neue Schätzung im Sinne der Wirtschaftlichkeit anzuraten, falls nicht andere Gründe – z.B. Gleichheit von Stützen über mehrere Geschosse – diese Überbemessung rechtfertigen. Meist wird erst nach mehreren Schätzungen der richtige Querschnitt gefunden, also nicht verzweifeln, wenns nicht gleich klappt !

9

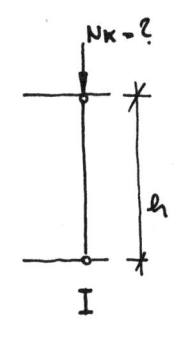

Beispiel 9.2

Hier sei die Abmessung der Stütze gegeben und gefragt, welche Last die Stütze zu tragen vermag.

gegeben: Querschnitt   A, min i
Stützhöhe h ⎫
Eulerfall   ⎬ s_k
Material   ⟶ zul σ

ermitteln: A
min i

$$\lambda = \frac{s_k}{\min i}$$

| ω – Tabelle
| für das gewählte
| Material

nachweisen: $\text{zul } N = \dfrac{\text{zul } \sigma \cdot \text{vorh } A}{\omega}$

9.2.3 Ausbildung von Druckstützen

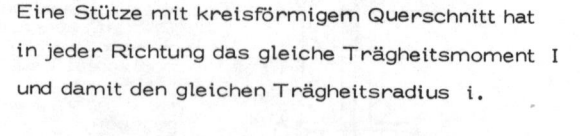

Eine Stütze mit kreisförmigem Querschnitt hat in jeder Richtung das gleiche Trägheitsmoment I und damit den gleichen Trägheitsradius i.

Das gilt auch für das Rohr. Hier aber kommt ein entscheidender Vorteil hinzu : Das Material ist weit außen angeordnet, Trägheitsmoment und Trägheitsradius sind daher größer als beim vollen kreisförmigen Querschnitt. Der Dünnheit der Wandung sind allerdings Grenzen gesetzt : Eine allzu dünne Wandung könnte ausbeulen.

Das Rohr ist der günstigste Querschnitt für eine tragende Stütze. Stahlstützen werden deshalb oft als Rohre ausgebildet. Weil es schwer ist, Wände, Fenster, etc. an Stützen mit rundem Querschnitt anzuschließen, werden für Anschlußmöglichkeiten andere Querschnitte bevorzugt - der Rohrquerschnitt ist deshalb vor allem für freistehende Stützen geeigneter.
Daß hohe Schornsteine mit kreis-förmigem Querschnitt gebaut werden, hat - neben günstigen Strömungseigenschaften für den aufsteigenden Rauch - seinen Grund in der optimalen Knick-Steifigkeit dieses Querschnitts.

Für Holz-Stützen, gemauerte Pfeiler und für Stahlbetonstützen sind quadratische Querschnitte günstig. Rechteckquerschnitte mit gleicher Fläche sind stärker knickgefährdet.

9

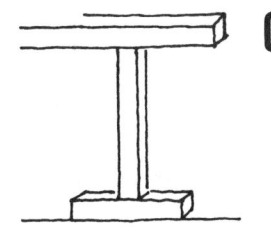

G Holzstützen stoßen oben im allgemeinen und unten gelegentlich gegen andere Holzbauteile – Balken, Pfetten, eventuell Schwellen – deren Fasern horizontal liegen. Holz weist in Richtung der Fasern weit höhere Festigkeit auf als quer zur Faser :

zul G

Nadelholz, Güteklasse 2, Druck :	
In Faserrichtung	0,85 kN/cm²
Quer·zur Faser	0,2 kN/cm²

Für die Flächen, in der die Stütze auf die horizontalen Hölzer stoßen, ist die kleinere zulässige Spannung quer zur Faser – maßgebend.
Nur wenn ω größer ist als $\frac{8,5}{2,0} = 4,25$
– also bei sehr schlanken Stützen – nur dann ist die Knickbemessung maßgebend.
Das trifft bei quadratischen Stützen nur zu, wenn :

$$\lambda = \frac{s_k}{i} \geqq 120$$

das entspricht :

$$\frac{s_k}{d} \geqq 34 \ .$$

In allen anderen Fällen genügt es, nach der Spannung quer zu Fasern zu rechnen – und hier spielt das Knicken selbstverständlich keine Rolle.

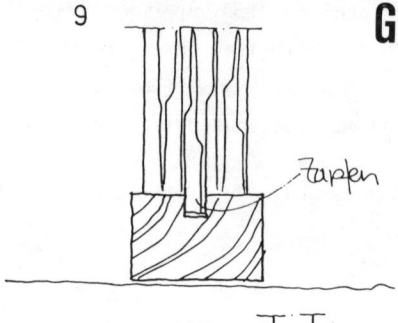

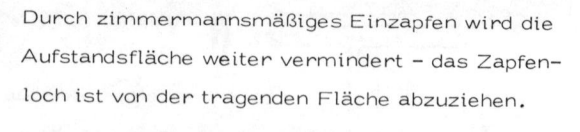

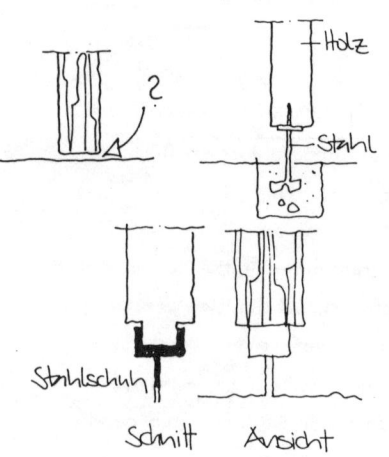

Durch zimmermannsmäßiges Einzapfen wird die Aufstandsfläche weiter vermindert – das Zapfenloch ist von der tragenden Fläche abzuziehen.

Solche Holzverbindungen sind als Gelenke zu werten, so daß Holzstützen – sofern sie nicht als Maste frei stehen – fast immer unter Eulerfall 2 fallen.

Holzstützen im Freien müssen an ihren Fußpunkten gegen aufsteigende Feuchtigkeit geschützt werden. Eine Stütze, die mit dem Hirnholz im Feuchten steht, würde durch Kapillarwirkung der Fasern Wasser aufziehen und bald zu faulen beginnen. Der Fußpunkt muß also so ausgebildet werden, daß das Hirnholz trocken bleibt oder zumindest nach Naßwerden schnell wieder trocknen kann.

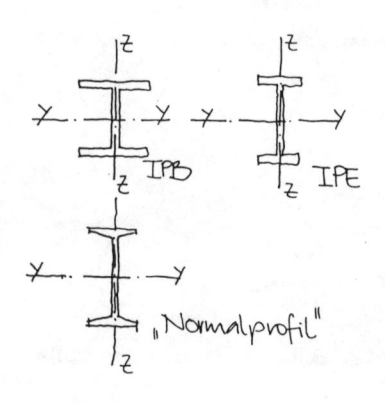

Für Stahlstützen aus Walzprofilen sind Breitflanschprofile der IP-Reihe geeignet. Der Unterschied zwischen I_y und I_z und folglich auch zwischen i_y und i_z ist hier nicht so groß wie bei den schlankeren Profilen der IPE-Reihe oder den alten sogenannten "Normalprofilen".

Wenn allerdings die Knicklänge in der einen Richtung wesentlich kleiner ist als in der anderen und eine schmale Ansichtsfläche der Stütze erstrebt wird, so kann die unterschiedliche Steifigkeit in den beiden Achsen des IPE-Profils sinnvoll genutzt werden.

9

G Von den Werten

$$\lambda_y = \frac{s_{ky}}{i_y} \quad \text{und}$$

$$\lambda_z = \frac{s_{kz}}{i_z} \quad \text{ist dann der größere}$$

maßgebend.

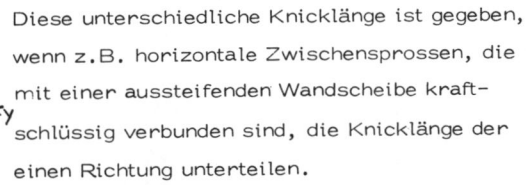

Diese unterschiedliche Knicklänge ist gegeben, wenn z.B. horizontale Zwischensprossen, die mit einer aussteifenden Wandscheibe kraftschlüssig verbunden sind, die Knicklänge der einen Richtung unterteilen.

Unwirksam hingegen wären solche Zwischensprossen, wenn sie nur die Stützen verbinden würden, ohne irgendwo festen Halt zu finden. Sie könnten dann nur für g e m e i n s a m e s Ausknicken in einer Richtung sorgen.

Wenn Stahlprofile oder Stahlrohre an ihren Fuß- oder Kopfpunkten ihre Kraft auf Betonteile übertragen, so müssen sie durch Fuß- oder Kopfplatten geschlossen werden. Deren Aufgabe ist es, die Kraft aus der Stütze auf eine genügend große Betonfläche zu verteilen, denn das zul σ des Betons ist wesentlich kleiner als das zul σ des Stahls. Außerdem bieten diese Platten Platz für Schrauben, die für die Verbindung von Stahl-Stütze und Beton sorgen.

Die Verbindung von Stahl-Stützen mit Fundamenten wird im Band 2 Abschnitt Gründungen näher besprochen.

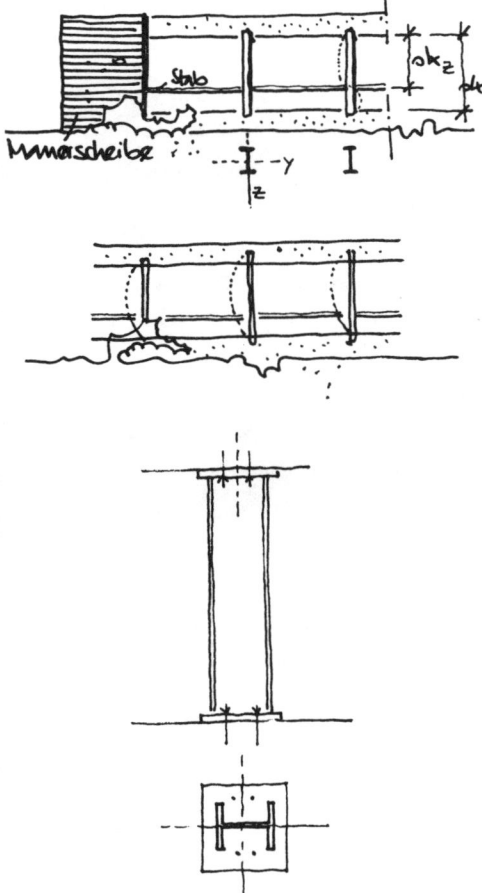

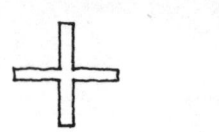

9

G Ein solcher kreuzförmiger Querschnitt ist gegen Knicken weit ungünstiger als breite I – Profile. Ein großer Anteil der Querschnittsfläche ist in der Nähe des Flächenschwerpunktes angeordnet und hat dort nur wenig Einfluß auf Trägheitsmoment und Trägheitsradius.

$$\left[\text{Wir erinnern uns}: \begin{array}{l} I_y = \int z^2 \, dA \\ I_z = \int y^2 \, dA \end{array} \right]$$

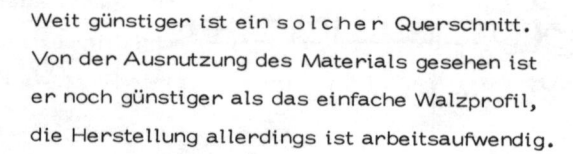

Weit günstiger ist ein solcher Querschnitt. Von der Ausnutzung des Materials gesehen ist er noch günstiger als das einfache Walzprofil, die Herstellung allerdings ist arbeitsaufwendig.

Wenn schon der hohe Arbeitsaufwand für eine kreuzförmige Stütze nicht gescheut wird, so wäre zu erwägen, ob man einen (wiederum arbeitsaufwendigen) Schritt weitergehen und der Stütze eine gegen Knicken besonderes geeignete Form geben möchte. Die Knickgefahr ist in der Mitte am größten, dort also muß ihr Querschnitt am breitesten sein. Kleine Kopf- und Fußplatten deuten die Gelenke an. Einer solchen Ausbildung liegt weniger eine statisch-konstruktive Notwendigkeit als mehr ein formales Bestreben zugrunde, mit der das Tragverhalten des Bauteils zum gestalterischen Motiv erhoben wird.

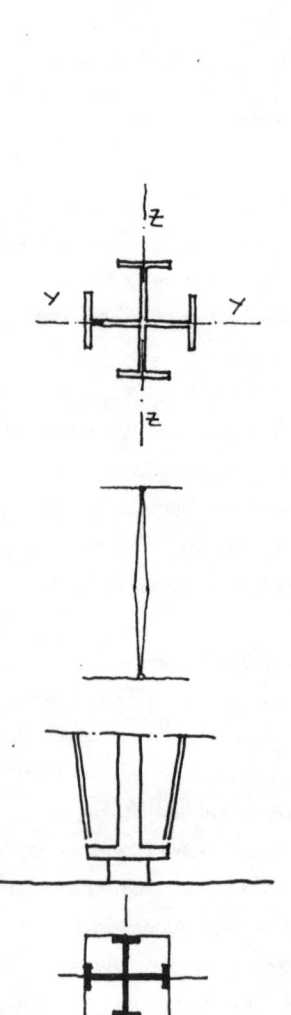

Z   ZAHLENBEISPIEL   zu den Kapiteln 1 – 9

Dieses Beispiel umfaßt den Stoff der Kapitel 1 – 9, d.h.

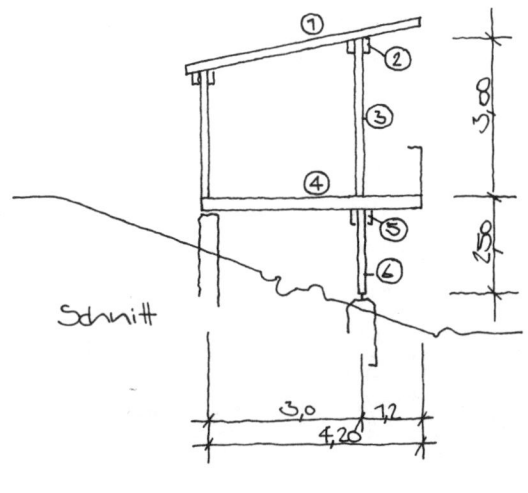

Lastaufstellung,

Ermittlung der Auflagerreaktionen,

Ermittlung der Schnittkräfte,

Bemessung der Biegeträger,

Bemessung der Stützen.

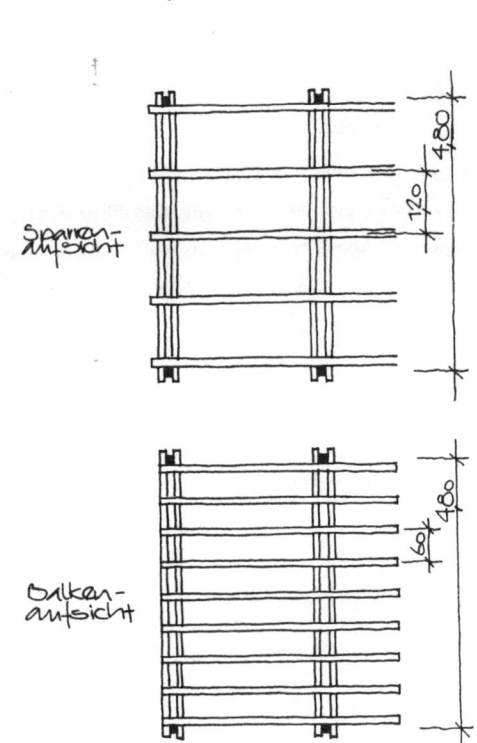

Z Pos. 1 Sparren

Abstand der Sparren:
e = 1,20 m

Lasten

		kN/m²	kN/m
Eindeckung, Unterdecke, Dämmung (vergl. Z Lastannahmen Pos.1)	$\bar{g}$ =	1,10	
Schnee (S.24)	$\bar{s}$ =	0,75	
	$\bar{q}$ =	1,85	

Last pro Sparren

g = 1,10 kN/m² . 1,20 m	=	1,32
s = 0,75 kN/m² . 1,20 m	=	0,80

Eigengewicht der Sparren
    (geschätzt: 8/16 cm)

0,08m . 0,16m . 6 kN/m³	=	~0,10
	q =	2,22

$q = 2.22\ kN/m$

A △——— 3,0 ———B △— 1.2 —|

Sparren

Auflager, Querkräfte, Momente

Anm.: Es kann davon ausgegangen werden, daß bei einem gut isolierten Dach der Schnee etwa gleichmäßig verteilt liegen bleibt. Deshalb wird nur der Lastfall Vollast untersucht – er ergibt hier die für die Bemessung maßgebenden Momente.

Lastfall Vollast

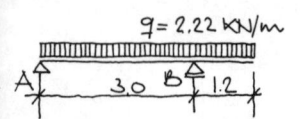

$q = 2.22\ kN/m$

A △——— 3,0 ———B △— 1.2 —|

Auflager :

$- B \cdot 3,0 + 2,22 \cdot \dfrac{4,2^2}{2} = 0$ | $\Sigma M = 0$ (+↻)

$\Rightarrow \underline{B = 6,5\ kN}$

$A + 6,5 - 2,22 \cdot (3,0 + 1,20) = 0$ | $\Sigma V = 0$

$\Rightarrow \underline{A = 2,8\ kN}$

Querkräfte:

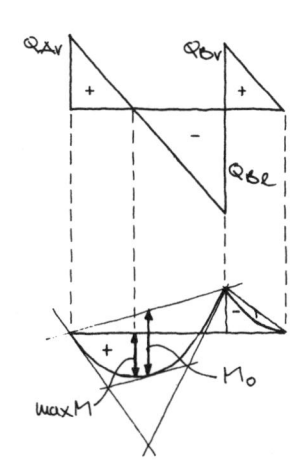

$Q_{Al} = 0$

$Q_{Ar} = A = 2,8$ kN

$Q_{Bl} = 2,8 - 2,22 \cdot 3,0 = -3,86$ kN

$Q_{Br} = -3,86 + 6,5 = 2,64$ kN

$Q_1 = 2,64 - 2,22 \cdot 1,2 = 0$ kN

Momente :

$x = 2,8/2,22 = 1,26$

$\max M = 2,8 \cdot 1,26 - \dfrac{2,22 \cdot 1,26^2}{2} = \underline{1,77 \text{ kN} \cdot \text{m}}$

$\min M_B = - \dfrac{2,22 \cdot 1,2^2}{2} = \underline{-1,60 \text{ kN} \cdot \text{m}}$

$M_{oF} = \dfrac{2,22 \cdot 3,0^2}{8} = 2,50 \text{ kN} \cdot \text{m}$

s. TAB. H 1   **Bemessung:** | Nadelholz, Gkl. II
                                       | zul $\sigma = 1,0$ kN/cm²

$\text{erf } W = \dfrac{1,77 \cdot 100}{1.0} = 177 \text{ cm}^3$ $\left|\ \dfrac{\text{kN} \cdot \text{m} \cdot 100}{\text{kN/cm}^2} = \text{cm}^3 \right.$

s. TAB. H 2.2 ► gew: $\boxed{6/14}$ vorh $W_y = \dfrac{6 \cdot 14^2}{6} = 196$ cm³

                                                            > erf. W

s. TAB. H 1 $\tau_o = \dfrac{3,86 \cdot 3}{6 \cdot 14 \cdot 2} = 0,07$ kN/cm² $z = \dfrac{2}{3} \cdot 14$

              < zul $\tau = 0,09$ kN/cm²

Pos. 2 Zange

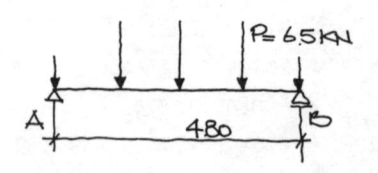

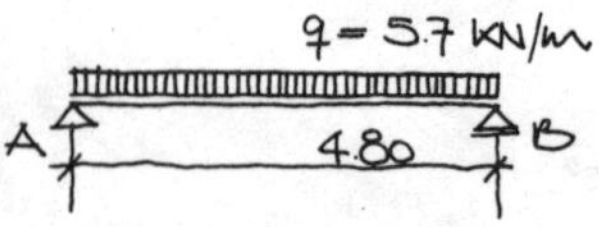

Lasten:

	kN/m	kN
Einzellasten aus Pos. 1, B = 6,5 kN		6,5
Eigengewicht, geschätzt 2 . 10/24	0,3	
Die Einzellasten werden im folgenden als gleichmäßig verteilt betrachtet		
6,5/1,2 =	5,4	
Eigengewicht	0,3	
q =	5,7	

Auflager, Querkräfte, Momente

$$A = B = 5,7 \cdot \frac{4,80}{2} = 13,7 \text{ kN}$$

$$Q_{Ar} = -Q_{Bl} = A = 13,7 \text{ kN}$$

$$\max M = \frac{5,7 \cdot 4,80^2}{8} = 16,4 \text{ kN} \cdot \text{m}$$

s. TAB. H 1   **Bemessung**   Nadelholz Gkl. II
zul σ = 1,0 kN/cm²

$$\text{erf W} = \frac{16,4 \cdot 100}{1,0} = 1640 \text{ cm}^3$$

s. TAB. H 2   gew: 2 . 10/24   vorh W_y = $2 \cdot \frac{10 \cdot 24^2}{6}$ = 1920 cm³

> erf W

s. TAB. H 1 $\tau_o = \frac{13,7 \cdot 3}{2 \cdot 10 \cdot 24 \cdot 2}$ = 0,04 kN/cm² < zul τ = 0,09 kN/cm²

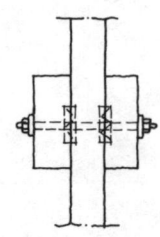

Anschluß Zange - Stütze
2 Dübel, Tragkraft je   6,85 kN   s. TAB. H 4

s. TAB. H 1

P = 13,9 kN

$s_k = 3,0$

Stütze

Pos. 3 Stütze

Lasten

aus Pos.2, A = 13,7

Eigengewicht, geschätzt 10/10

0,1 m . 0,1 m . 3 m . 6,0 kN/m³

Nadelholz Gkl. II
zul σ = 0,85 kN/cm²

	kN
	13,7
	0,2
G + S =	13,9

Eulerfall 2, s_k = 3,0 m

geschätzt 10/10 cm ⟶ i = 2,89 cm

λ = 300/2,89 = 104

⟶ ω = 3,24

$$\sigma = \frac{13,9 \cdot 3,24}{10 \cdot 10} = 0,45 \text{ kN/cm}^2 \quad < \text{zul } \sigma_{D\,II} = 0,85 \text{ kN/cm}^2$$

Vergl. Anmerkung zu Pos.6 !

Z **Pos. 4 Balken**   Abstand e = 0,60 m

Lasten

		kN/m²	kN/m	kN
1. Unter Wohnraum Belag, Dämmung, Schalung etc. (vergl. Z Lastannahmen Pos.4)	$\bar{g}$ =	0,50		
Verkehrslast Wohnraum	$\bar{p}$ =	2,00		
	$\bar{q}$ =	2,50		
Eigengewicht Balken gesch. 10/20			0,12	
aus $\bar{g}$: 0,50 kN/m² . 0,60 m			0,30	
	g =		0,42	
aus $\bar{p}$: 2,00 kN/m² . 0,60 m =	p_1 =		1,20	
	q_1 =		1,62	
2. Balkon: wie oben	$\bar{g}$ =	0,50		
Verkehrslast	$\bar{p}_2$ =	5,0		
	$\bar{q}_2$ =	5,50		
wie oben	g =		0,42	
aus $\bar{p}_2$: 5,00 kN/m² . 0,60 m =	p_2 =		3,00	
	q_2 =		3,42	
3. Geländerholm	H =		0,50	
je Balken : 0,50 kN/m . 0,60 m	=			0,30

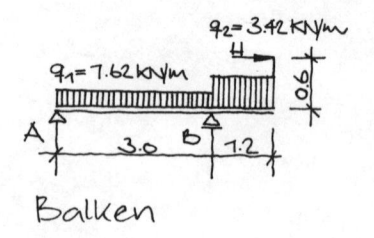

$q_1 = 7{,}62\,kN/m$ $\qquad q_2 = 3{,}42\,kN/m$

A ⟶ 3,0 ⟵ B ⟵ 1,2 ⟶   (0,6)

Balken

Z Auflager, Querkräfte, Momente

Anm.: Im folgenden werden die Schnittkräfte nach der in Kap. 6 unter E besprochenen schnelleren Methode ermittelt

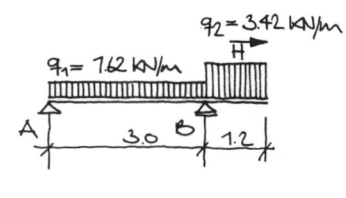

Lastfall 1, Vollast

$q_1 = 7{,}62$ kN/m
$q_2 = 3{,}42$ kN/m
H →
A ... 3,0 ... B ... 1,2

$$\min M_B = -\frac{3{,}42 \cdot 1{,}2^2}{2} - 0{,}3 \cdot 0{,}9 = -2{,}73 \text{ kN} \cdot \text{m}$$

$$A = \frac{1{,}62 \cdot 3{,}0}{2} - \frac{2{,}73}{3{,}0} = 1{,}52 \text{ kN}$$

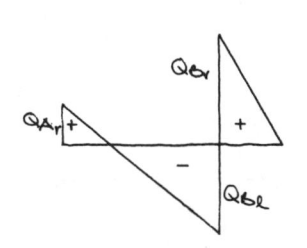

$$B = \frac{1{,}62 \cdot 3{,}0}{2} + 3{,}42 \cdot 1{,}2 + \frac{2{,}73}{3{,}0}$$

$$\max B = 7{,}44 \text{ kN}$$

Querkräfte:

$Q_{Ar} = A = 1{,}52$ kN
$Q_{Bl} = 1{,}52 - 1{,}62 \cdot 3{,}0 = -3{,}34$ kN
$Q_{Br} = -3{,}34 + 7{,}44 = 4{,}10$ kN

Lastfall 2

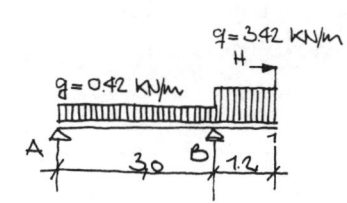

$q = 3{,}42$ kN/m
$q = 0{,}42$ kN/m
H →
A ... 3,0 ... B ... 1,2

$\min M_1 = -0{,}3 \cdot 0{,}9 = -0{,}27$ kN · m, (aus Geländer)

$\min M_B$ (s. Lastfall 1) $= -2{,}73$ kN · m

$$\min A = \frac{0{,}42 \cdot 3{,}0}{2} - \frac{2{,}73}{3{,}0} = -0{,}28 \text{ kN}$$

Hier wirkt also eine negative Auflagerkraft ! Last aus Dach und Wand und/oder Verankerung im Fundament erforderlich !

$$M_{oF} = \frac{0{,}42 \cdot 3{,}0^2}{8} = 0{,}47 \text{ kN} \cdot \text{m}$$

$$M_{oK} = \frac{3{,}42 \cdot 1{,}2^2}{8} = 0{,}62 \text{ kN} \cdot \text{m}$$

Lastfall 3

$M_B = -\dfrac{0{,}42 \cdot 1{,}2^2}{2} = -0{,}30 \text{ kN} \cdot \text{m}$

$\max A = \dfrac{1{,}62 \cdot 3{,}0}{2} - \dfrac{0{,}30}{3{,}0} = \underline{2{,}33 \text{ kN}}$

$\max M = \dfrac{2{,}33^2}{2 \cdot 1{,}62} = \underline{1{,}68 \text{ kN} \cdot \text{m}}$

$M_{OF} = \dfrac{1{,}62 \cdot 3{,}0^2}{8} = 1{,}82 \text{ kN} \cdot \text{m}$

$M_{OK} = \dfrac{0{,}42 \cdot 1{,}2^2}{8} = 0{,}08 \text{ kN} \cdot \text{m}$

s. TAB. H 1

Bemessung

$|\max M| = 2{,}73 \text{ kN} \cdot \text{m}$

Nadelholz, Gkl. II
zul $\sigma = 1{,}0$ kN/cm²

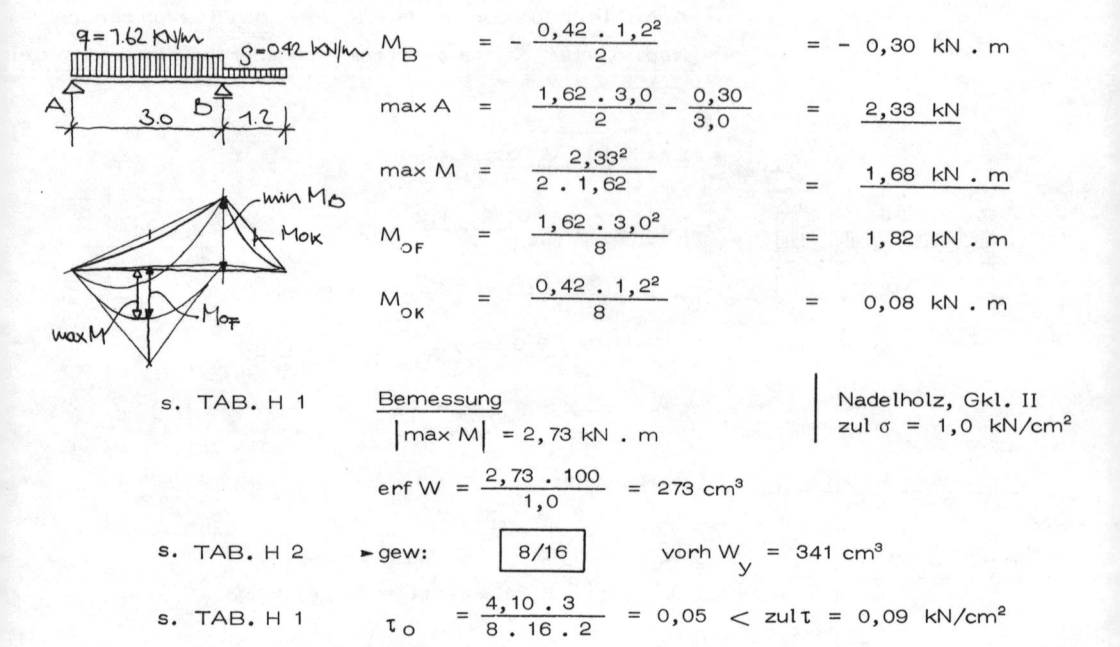

$\text{erf } W = \dfrac{2{,}73 \cdot 100}{1{,}0} = 273 \text{ cm}^3$

s. TAB. H 2 ► gew: $\boxed{8/16}$ vorh $W_y = 341 \text{ cm}^3$

s. TAB. H 1 $\tau_o = \dfrac{4{,}10 \cdot 3}{8 \cdot 16 \cdot 2} = 0{,}05 < \text{zul}\,\tau = 0{,}09 \text{ kN/cm}^2$

Neben der zul. Spannung ist bei den Balken, Zangen und Sparren auch die zul. Durchbiegung einzuhalten.

Z Pos. 5 Zange

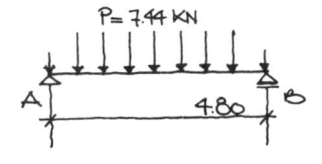

P = 7,44 kN

A ⟍ 4,80 ⟍ B

Lasten:

Einzellasten aus Pos. 4

max B =

Eigengewicht, geschätzt 2 . 10/30

Die Einzellasten werden wie in Pos. 2 als gleichmäßig verteilt betrachtet 7,44/0,6

Eigengewicht

	kN/m	kN
		7,44
	0,4	
	12,4	
	0,4	
q =	12,8	

q = 12,8 kN/m

A ⟍ 4,80 ⟍ B

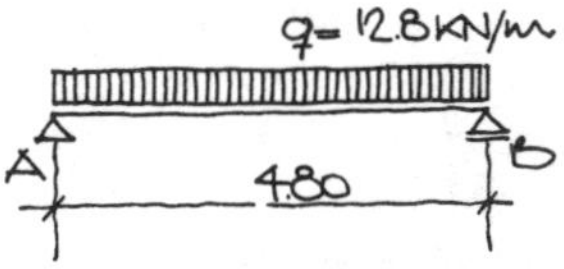

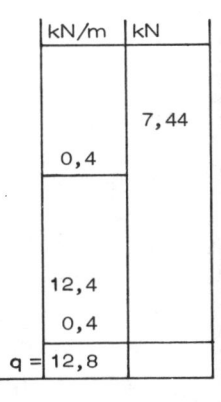

Auflager, Querkräfte, Momente

$$A = B = 12,8 \cdot \frac{4,8}{2} = \underline{30,72 \text{ kN}}$$

$$Q_{Ar} = -Q_{Bl} = A = 30,72 \text{ kN}$$

$$\max M = \frac{12,8 \cdot 4,8^2}{8} = \underline{36,86 \text{ kN.m}}$$

s. TAB. H 1

Bemessung

$$\text{erf } W = \frac{36,86 \cdot 100}{1,1} = 3351 \text{ cm}^3$$

Verleimter Träger (Brettschichtholz) Gkl. II
zul σ = 1,1 kN/cm²

s. TAB. H 2   ► gew: $\boxed{2 \cdot 12/30}$ vorh W_y = 3600 cm³ > erf W

s. TAB. H 1 $\tau_o = \dfrac{30,72 \cdot 3}{2 \cdot 12 \cdot 30 \cdot 2} = 0,06 <$ zul τ

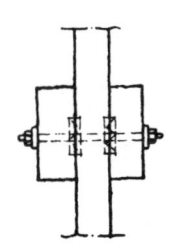

Anschluß Zange - Stütze:

2 Dübel, Tragkraft je = 15,4 kN   s. TAB. H 4

s. TAB. H 1 **Z** Pos.6 Stütze | Nadelholz Gkl II
zul σ = 0,85 kN/cm²

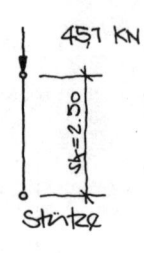

45,1 kN
$s_k = 2{,}50$
Stütze

Lasten

	kN
aus Pos. 3	13,9
aus Pos.5, A = 30,72	≈ 31,0
Eigengewicht, geschätzt	0,2
G + P + S =	45,1

Eulerfall 2, s_k = 2,5 m

geschätzt : 12/12 cm → i = 3,47 cm

λ = 250/3,47 = 72

→ ω = 1,94

$$\sigma = \frac{45{,}1 \cdot 1{,}94}{12 \cdot 12} = 0{,}61 \text{ kN/cm}^2 < \text{zul } \sigma_{DII} = 0{,}85 \text{ kN/cm}^2$$

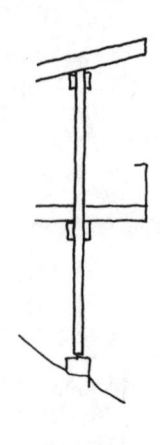

Anmerkung: Aus konstruktiven Gründen ist es sinnvoll, die Stützen Pos. 3 und 6 aus einem Stück auszubilden, d.h. eine durchgehende Stütze 12/12 anzuordnen.

G Wände und Pfeiler aus Mauerwerk

Wände begrenzen in der Regel Räume.
Sie haben die Aufgabe, vor Umwelteinflüssen
zu schützen. Wir unterscheiden:

- Tragende Wände und
- Nichttragende Wände.

"Tragend" heißt eine Wand dann, wenn sie
außer ihrem Eigengewicht auch Lasten aus
Decken, Dach, anderen Wänden o.ä. abträgt.

Mauerwerk für tragende Wände wird aus
genormten Steinen und Mörteln mit garantierten
Mindest-Festigkeiten hergestellt.
Aus den Güten beider Komponenten ergibt sich die
zul. Mauerwerksfestigkeit.
Nichttragende Wände werden meistens aus
leichten Steinen oder Platten aufgerichtet.

Tabelle aus: Hubert Reichert,
Konstruktiver Mauerwerksbau

Anforderung an die Mörteldruckfestigkeit			
	1	2	3
	Mörtelgruppe	Druckfestigkeit kN/cm² (N/mm²) nach 28 Tagen	
		Einzelwert	Mittelwert
1	I	–	–
2	II	0,20 (2)	0,25 (2,5)
3	IIa	0,40 (4)	0,50 (5)
4	III	0,80 (8)	1,00 (10)

G

ZEILE	STEINART Z.B.	BEZEICHNUNG UND FESTIGKEITSKLASSEN NEU		BEZEICHNUNG UND FESTIGKEITSKLASSEN ALT		DIN NORMEN	
1	Hohlblocksteine aus Leichtbeton	Hbl	2	Hbl	25	DIN	18151
	Vollsteine aus Leichtbeton	V	2	V	25	DIN	18152
	Kalksand-Hohlblocksteine	KSHbl	2	KSHbl	1,0/ 25	DIN	106
		KSHbl	2	KSHbl	1,2/ 25		
	Wandbausteine aus dampfgehärtetem Gasbeton und Schaumbeton	G	2	G	25	DIN	4165
2	Hüttensteine	HS	4	HS	50	DIN	398
	Hohlblocksteine aus Leichtbeton	Hbl	4	Hbl	50	DIN	18151
	Vollsteine aus Leichtbeton	V	4	V	50	DIN	18152
	Kalksand-Hohlblocksteine	KSHbl	4	KSHbl	1,0/ 50	DIN	106
		KSHbl	4	KSHbl	1,2/ 50		
	Kalksand-Lochsteine	KSL	4	KSL	1,2/ 50		
	Wandbausteine aus dampfgehärtetem Gasbeton und Schaumbeton	G	4	G	50	DIN	4165
	Langlochziegel	LLz	4	LLz	1,2/ 50	DIN	105
3	Hüttensteine	HS	6	HS	75	DIN	398
	Vollsteine aus Leichtbeton	V	6	V	75	DIN	18152
	Kalksand-Hohlblocksteine	KSHbl	6	KSHbl	1,0/ 75	DIN	106
		KSHbl	6	KSHbl	1,2/ 75		
	Kalksand-Lochsteine	KSL	6	KSL	1,2/ 75		
		KSL	6	KSL	1,4/ 75		
		KSL	6	KSL	1,6/ 75		
	Kalksand-Vollsteine	KSV	6	KSV	1,6/ 75		
		KSV	6	KSV	1,8/ 75		
		KSV	6	KSV	2,0/ 75		
	Langlochziegel	LLz	8	LLz	1,4/100	DIN	105
	Hochlochziegel A oder B	HLz	8	HLz	1,2/100		
		HLz	8	HLz	1,4/100		
	Vollziegel	Mz	8	Mz	100	DIN	105
4	Hüttensteine	HS	12	HS	150	DIN	398
	Vollsteine aus Leichtbeton	V	12	V	150	DIN	18152
	Kalksand-Lochsteine	KSL	12	KSL	1,2/150	DIN	106
		KSL	12	KSL	1,4/150		
		KSL	12	KSL	1,6/150		
	Kalksand-Vollsteine	KSV	12	KSV	1,6/150		
		KSV	12	KSV	1,8/150		
		KSV	12	KSV	2,0/150		
	Hochlochziegel A oder B	HLz	12	HLz	1,2/150	DIN	105
		HLz	12	HLz	1,4/150		
	Vollziegel	Mz	12	Mz	150	DIN	105
5	Hüttensteine	HS	20	HS	250	DIN	398
	Kalksand-Lochsteine	KSL	20	KSL	1,4/250	DIN	106
		KSL	20	KSL	1,6/250		
	Kalksand-Vollsteine	KSV	20	KSV	1,6/250		
		KSV	20	KSV	1,8/250		
		KSV	20	KSV	2,0/250		
	Hochlochziegel A oder B	HLz	20	HLz	1,2/250	DIN	105
		HLz	20	HLz	1,4/250		
	Vollziegel	Mz	20	Mz	250	DIN	105
6	Hochlochklinker	KHLz	28	KHLz	350	DIN	105
	Hochbauklinker	KMz	28	KMz	350	DIN	105

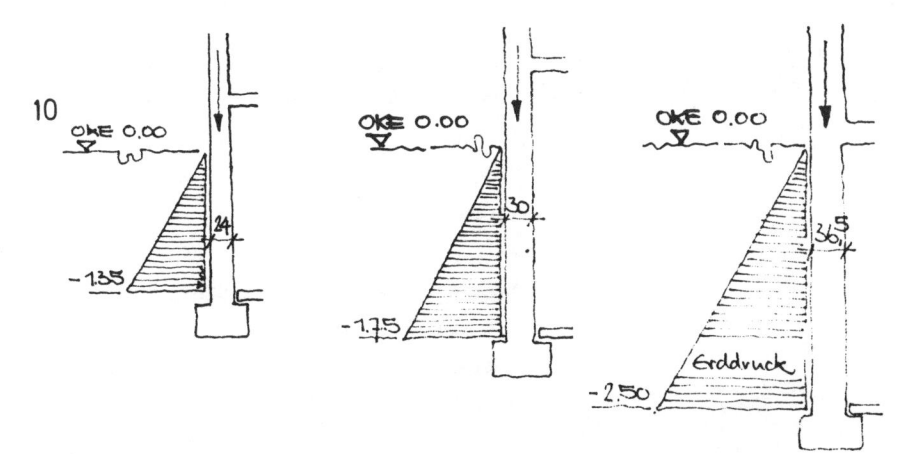

G Mauerwerk hat nur eine sehr geringe Zugfestigkeit; (s. Kap. 7) biegefest ist es deshalb nur in dem Maße, wie die entstandenen Zugspannungen aus Biegung durch gleichzeitigen Druck aus Last wieder aufgehoben werden (Biegung + Längsdruck).

Deswegen wird Mauerwerk vorwiegend zum Weiterleiten von vertikalen Druck- kräften aus Last der Dächer, Decken und oberen Wände eingesetzt.
Geringe Biegebeanspruchung, z.B. aus Winddruck bei Außenwänden oder Erddruck bei Kellerwänden (bis ca 1 Geschoßtiefe unter Erdniveau zulässig), kommt gelegentlich hinzu.

(Die dereinst häufige Verwendung von Mauerwerk als Decken und Stürze in der Form von gewölbten Kappen und Bögen, die oft sehr listenreiche konstruktive Maßnahmen zur Vermeidung der Zugspannungen erforderte, ist durch den Stahlbeton weitgehend verdrängt worden; im Kap. "Bögen"(Bd. 2) wird mehr dazu gesagt.)

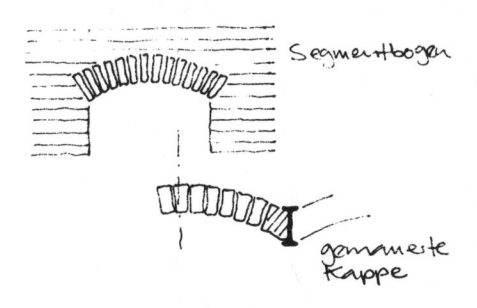

10

G Alle druckbeanspruchten Bauglieder (s. Kap 9) unterteilten wir in **gedrungene** ohne Knickgefahr und **schlanke** mit Knickgefahr.

Das gleiche gilt auch für Wände, allerdings sprechen wir hier von Beulen und nicht von Knicken.

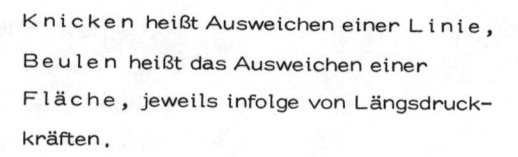

Knicken heißt Ausweichen einer **Linie**, **Beulen** heißt das Ausweichen einer **Fläche**, jeweils infolge von Längsdruckkräften.

Die Tragfähigkeit einer Stütze – gleiches gilt auch für den Mauerwerkspfeiler – hängt von mehreren Einflußgrößen ab. Sie wurden in Abschn. 9.2.2 besprochen.

Maßgebend für Wände und Stützen sind:

- die **Länge** der Stütze, dem entspricht hier die Höhe des Pfeilers oder der Wand
- die **Querschnittsfläche** des Pfeilers oder der Wand (Wanddicke x Länge)
- die **Querschnittsform**, (bei der Wand fast immer rechteckig)
- die **Lagerung** (Eulerfälle)
- seitliche Aussteifung
- Materialeigenschaften.

10   G   Zur seitlichen Aussteifung:

Bei einer Wand sind neben der oberen und unteren Lagerung auch die Art und der Abstand der seitlichen Austeifungen von Bedeutung. Neben der Höhe der Wand geht auch die Länge und die seitliche Lagerung in die Berechnung der Tragfähigkeit ein. (Seitenverhältnis der Wand.)

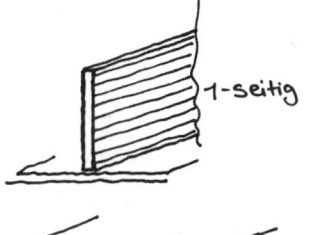

Wir unterscheiden daher:

1-seitig

← 1-seitig gelagerte Wände (nur unten aufstehend)
   (= Pfeiler)

2-seitig

← 2-seitig gehaltene Wände (oben + unten)
   (= Pfeiler)

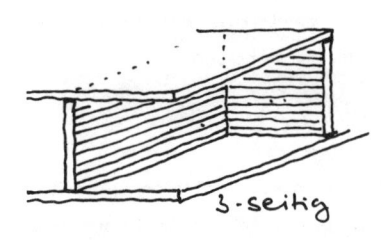

3-seitig

← 3-seitig gehaltene Wände (oben, unten + 1 Seite)
   (Schotten)

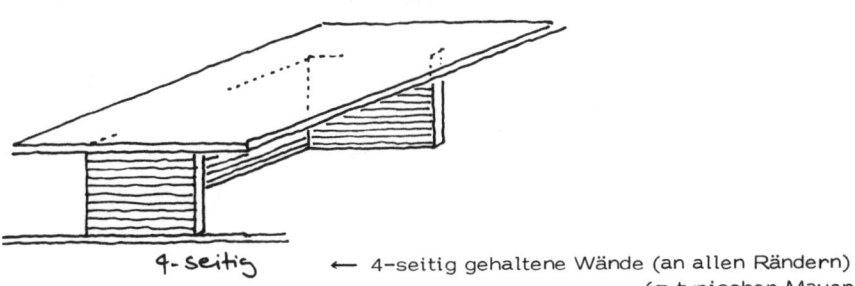

4-seitig

← 4-seitig gehaltene Wände (an allen Rändern)
   (= typischer Mauerwerksbau)

10

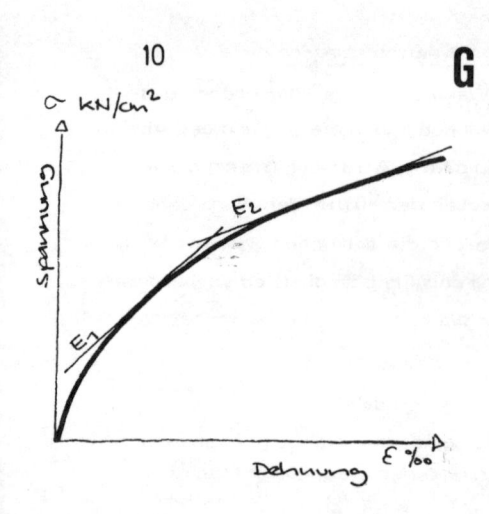

σ kN/cm² / Spannung

E₂

E₁

Dehnung ε ‰

G Zu den Materialeigenschaften:

Stahl und Holz verhalten sich näherungsweise elastisch, Spannung ist proportional zur Dehnung (= Hookesches Gesetz). Beim Mauerwerk hingegen, aber auch beim Beton, ist die Spannungs-Dehnungs-Linie gekrümmt; bei verschiedenen Spannungen haben wir verschiedene E-Moduln (= Tangenten an der Spannungs-Dehnungs-Linie). Außerdem hat Mauerwerk wegen der mangelnden Zugfestigkeit (Risse bei Biegung) ein anderes Verformungsverhalten als Stahl und Holz.

So kann man sich leicht vorstellen, daß eine Formel, die bei Mauerwerkswänden die Tragfähigkeit exakter angibt, noch weit komplizierter ist als die Eulersche Knickformel. Selbst eifrige Leser werden verstehen, daß wir auf deren Abdruck deshalb verzichten.

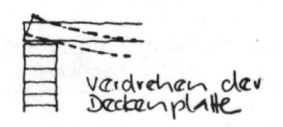

Verdrehen der Deckenplatte

Weil die exakte Beulberechnung einer Wand durch Einfluß der gekrümmten Spannungs-Dehnungs-Linie und anderer Imperfektionen wie Abweichen von der ebenen Form, krummes Mauern, Verdrehen der Deckenplatten auf dem Auflager infolge Durchbiegung der Decken usw. überaus schwierig ist, geht die Mauerwerksvorschrift – DIN 1053 – einen anderen Weg:

10

ausgesteifte Wand

nicht ausgesteifte Wand = *Pfeiler*

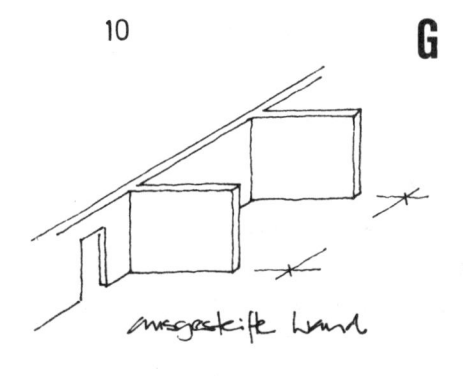

G Die DIN 1053 definiert durch die Festlegung verschiedener Grenzen den Bereich von ausgesteiften Wänden. Sie gelten als nicht oder nur gering beulgefährdet. Diese Grenzen sind sehr weit gesteckt, so daß die meisten Wände als ausgesteifte = nichtbeulgefährdete Wände gelten. Die in Wirklichkeit doch vorhandene Beulgefahr wird durch die große Sicherheit der zul. Spannung ausgeglichen.

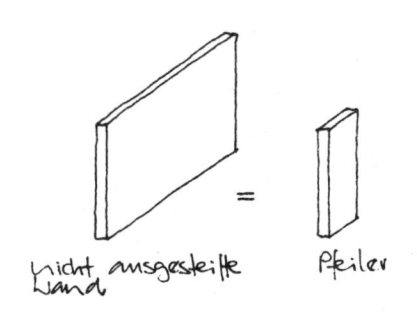

Wird aber eine der Bedingungen für die Aussteifung nicht eingehalten, z.B. die Abstände der Aussteifungen überschritten, so handelt es sich nach der DIN 1053 um eine nichtausgesteifte Wand. Sie wird wie ein Pfeiler behandelt.

10 G

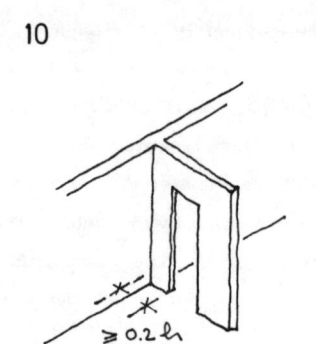

10.1 Ausgesteifte tragende Wände

Bei ihnen wird grundsätzlich Stützung oben und unten durch die Decken und seitlich durch mindestens 2 Querwände vorausgesetzt. Also nur 4-seitig gelagerte Wände können als ausgesteift gelten. Querwände können auch aus Wandstücken bis zu einer Türöffnung oder aus Mauervorlagen bestehen, sofern ihre Länge gleich oder größer als 1/5 der Geschoßhöhe ist.

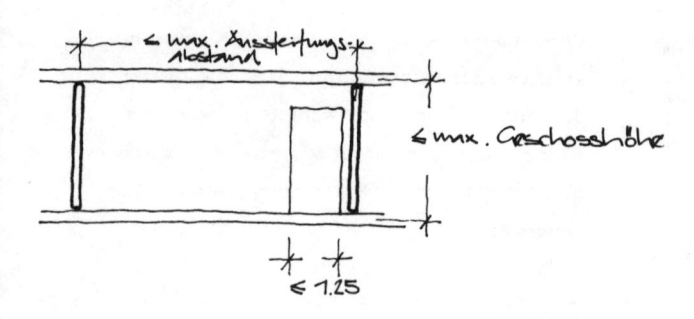

In jeder ausgesteiften Wand ist nur eine Öffnung mit einer Breite $\leq$ 1,25 cm zulässig. Obwohl diese Öffnung das Wandgefüge und damit das Tragvermögen (Beulsicherheit) erheblich stört, wird sie bei der Beurteilung, ob ausgesteifte oder nichtausgesteifte Wand, vernachlässigt.

Unabhängig von der Frage, ob die e i n z e l n e Wand als ausgesteift gelten kann, ist die Aussteifung des g e s a m t e n G e b ä u d e g e f ü g e s zu klären.

s. dazu Kap. Aussteifung von Gebäuden (Bd. 2).

G Grenzen der ausgesteiften Wände

11,5 cm Wand:

max Geschoßhöhe 3,25 m

max Aussteifungsabstand 4,50 m

nur zulässig als Zwischenauflager durchlaufender

Decken mit $p \leq 2{,}75$ kN/m²

und $l \leq 4{,}50$ m

max. zulässig 2 Geschosse mit 11,5 cm tragenden Wänden (unter besonderen Bedingungen auch
4 Geschossen – s. DIN 1053)

17,5 cm Wand:

max Geschoßhöhe 3,25 m

max Aussteifungsabstand 6,00 m

nur zulässig als Zwischenauflager durchlaufender

Decken mit $p \leq 2{,}75$ kN/m²

und $l \leq 4{,}50$ m

max. zulässige 4 Geschosse einschließlich etwaiger
Geschosse mit 11,5 cm Wänden
(unter besonderen Bedingungen auch 6 Geschosse.
s. DIN 1053)

24 cm Wand:

max Geschoßhöhe 3,50 m

max Aussteifungsabstand 8,00 m

30 cm Wand:

max Geschoßhöhe 5,00 m

max Aussteifungsabstand 8,00 m

aussteifende Querwand $\geq 11{,}5$ bei 1...4 Vollgeschossen von oben
$\geq 17{,}5$ beim 5. u.6. Vollgeschoss von oben

belast. auszusteifende Wand.

G Bei den genannten ausgesteiften Wänden wird der Nachweis der Spannungen wie beim gedrungenem Druckkörper, also ohne Knickbeiwert, geführt.

$$\sigma = \frac{N}{A} = \text{zul } \sigma \text{ (Grundwerte der zul. Druckspannungen)}$$

Die Spannungsberechnung wird in der Regel für 1 lfdm Wand durchgeführt.

Die zul. Spannungen wurden durch Versuche mit verschiedenen Stein-Festigkeiten und Mörtelfestigkeiten ermittelt:

zul σ-Grundwerte der zulässigen Druckspannungen von Mauerwerk aus künstlichen Steinen in kN/cm² (N/mm² = MN/m²)

	1		2	3	4	5
	Steinfestigkeitsklasse		MÖRTELGRUPPE			
	Alt kp/cm²	Neu (N/mm²)	Kalk-Mörtel I	Kalk-Zement-Mörtel o.ä. II	IIa	Zement-Mörtel III
1	25	2	0,03 (0,3)	0,05 (0,5)	0,06 (0,6)	0,06 (0,6)
2	50	4	0,04 (0,4)	0,07 (0,7)	0,08 (0,8)	0,10 (1,0)
3	75 und 100	6 und 8	0,06 (0,6)	0,09 (0,9)	0,10 (1,0)	0,12 (1,2)
4	150	12	0,08 (0,8)	0,12 (1,2)	0,14 (1,4)	0,16 (1,6)
5	250	20	0,10 (1,0)	0,16 (1,6)	0,19 (1,9)	0,22 (2,2)
6	350	28		0,22 (2,2)	0,25 (2,5)	0,30 (3,0)

10.2 Nichtausgesteifte tragende Wände

Unter nichtausgesteifte Wände nach DIN 1053 müssen wir rechnen :
- alle 1-seitig gehaltenen Wände (nur unten)
- alle 2-seitig gehaltenen Wände (oben und unten)
- alle 3-seitig gestützten Wände (oben und unten) und durch eine aussteifende Wand)
- und die 4-seitig gestützten Wände, die die vorhergenannten Grenzen in mindestens einer Hinsicht überschreiten.

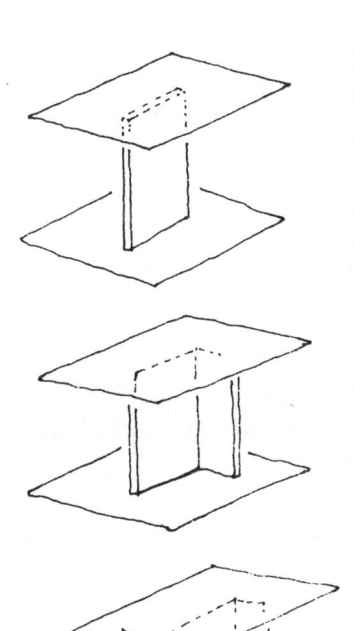

Diese 2-, 3- und 4-seitig gehaltenen Wände werden wie Pfeiler = Stützen nach Eulerfall 2 (oben und unten gelenkig gelagert) berechnet, die nur einseitig aufstehenden nach Eulerfall 1, d.h. mit doppelter Knicklänge (siehe Kap. 9). Wir verwenden hier wieder das ω -Verfahren. (Die DIN 1053 schreibt zwar ein anderes Verfahren vor, aber das im folgenden gezeigte ω -Verfahren scheint uns vorteilhaft, weil es der schon bekannten Methode folgt. Es ergibt etwa dieselben Werte wie das Verfahren nach DIN 1053).

10 G

Bemessen wird wieder nach der Formel:

$$\text{vorh } \sigma = \frac{\omega^* \cdot N}{A} \leq \text{zul } \sigma \quad \text{oder}$$

$$\text{zul } N = \frac{\text{zul } \sigma \cdot A}{\omega^*}$$

ω^* kann in Abhängigkeit von der Schlankheit der folgenden ω^*-Tabelle für Mauerwerk entnommen werden:

Knickzahlen ω^* für Mauerwerk aus künstlichen und natürlichen Steinen

λ^*	10	11	12	13	14	15	16	17	18	19	20
ω^*	1,0	1,20	1,50	1,80	2,15	2,60	3,15	3,70	4,30	5,50	7,0

$$\lambda^* = \frac{s_k}{\min d}$$

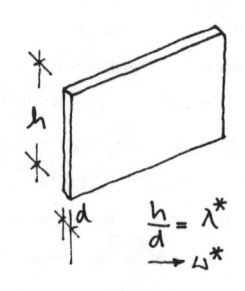

Als Schlankheit wird hier aus Gründen der Einfachheit

$$\lambda^* = \frac{\text{Stockwerkhöhe}}{\text{Wanddicke (kleinste Abmessung)}}$$

$$= \frac{s_k}{\min d} = \frac{h_s}{\min d} \leq 20$$

verwandt.

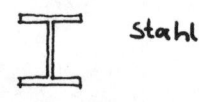

$\frac{h}{d} = \lambda^*$ → λ^*

Stahl

Holz

Mauer

Da hier fast nur die Wanddicke als kleinste Abmessung in Betracht kommt, ist es nicht erforderlich, i als Maß zu wählen, wie bei anderen Materialien, die verschiedene Profile bilden können. Bei Mauern genügt d als Maß.
Zur Unterscheidung von

$$\lambda = \frac{s_k}{i \min} \quad \text{erhält der}$$

Mauer-Schlankheitswert

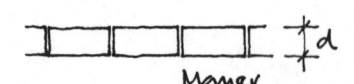

$$\lambda^* = \frac{s_k}{d} \quad \text{ein} *.$$

Entsprechend heißt der Knickbeiwert ω^*.
(Lies: "Omega Stern" bzw.: "Lambda Stern").

Z ZAHLENBEISPIELE zum Kapitel 10

Z 10.1 Mauerwerkswand 17,5 cm

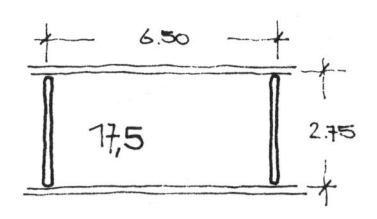

Gegeben :

Kalksandstein KSL 12   Mörtelgruppe IIa

nichtausgesteifte Wand,

da Aussteifungsabstand $> 6,0$ m

Gesucht ist die Tragfähigkeit :

Schlankheit $\lambda^* = \dfrac{275}{17,5} = 15,7 < 20$

$\omega^* \approx 3$

zul $\sigma = 1,4$ MN/m² $= 0,14$ kN/cm² (Grundwert)

zul $N = \dfrac{\text{zul}\,\sigma \cdot A}{\omega^*} = \dfrac{0,14 \cdot 100 \cdot 17,5}{3}$

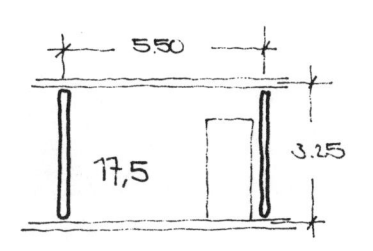

$= 82$ kN/m Wandlänge

Z 10.2 Wand 17,5 cm

Gegeben :

KSL 12   MG IIa

ausgesteifte Wand

Gesucht ist die Tragfähigkeit :

zul $\sigma = 0,14$ kN/cm²

zul $N = 0,14 \cdot 100 \cdot 17,5 = 245$ kN/m

(Vergleich der beiden vorigen Beispiele zeigt
die Bedenklichkeit des DIN-Vorgehens, denn die
Wand mit 6,50 m Länge ist in Wirklichkeit
besser ausgesteift und somit tragfähiger als
die von einer Tür unterbrochene mit nur
5,50 m Länge - die DIN 1053 sieht es aber
anders.)

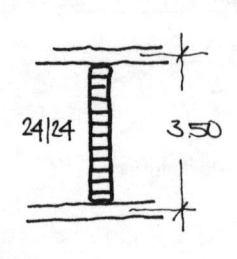

Z 10.3 Mauerpfeiler 24 x 24 cm

Gegeben:

MZ 20 MG II

Stockwerkshöhe h_s = 3,5 m

vorh N = 48 kN

Schlankheit $\lambda^* = \dfrac{350}{24} = 14,6$

$\omega^* = 2,4$

vorh $\sigma = \dfrac{2,4 \cdot 48}{24 \cdot 24} = 0,20$ kN/cm²

zul σ = 0,16 kN/cm² < vorh σ .

Das geht nicht !

➤ Daher gewählt Mz 20 /MG III (Zementmörtel)

zul σ = 0,22 kN/cm² > vorh σ .

11   Graphische Statik

G   11.1 Grundlagen

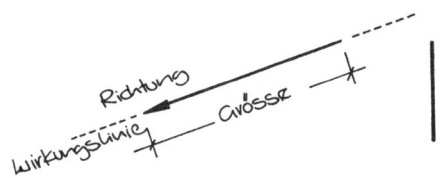

Eine Kraft wird bestimmt durch:

1. Größe [N, kN, MN]
2. Wirkungslinie
3. Richtungssinn.

Die Größe wird in der Zeichnung durch die Länge eines Pfeiles dargestellt, der Maßstab der Kräfte (M.d.K.) kann beliebig gewählt werden, z.B. 1 cm ≙ 1 kN.

Die Wirkungslinie ist durch einen Punkt und den Winkel bestimmt.

Die Richtung wird durch die Pfeil-Spitze angegeben.

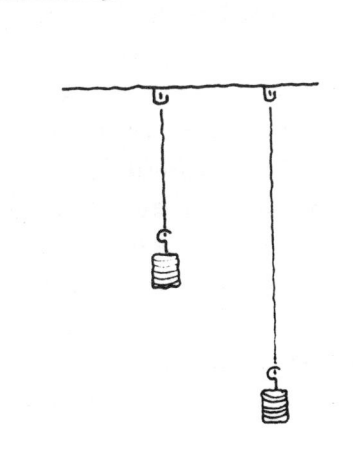

Eine Kraft kann auf ihrer Wirkungslinie beliebig verschoben werden; an ihrer Wirkung ändert sich dadurch nichts. Ob ein Gewicht mittels einer kurzen oder einer langen Schnur an einem Haken hängt – die Beanspruchung des Hakens bleibt gleich. (Vom größeren Gewicht der langen Schnur abgesehen.)

11 (die Kräfte in diesen Skizzen sind jeweils auf der gleichen Wirkungslinie zu denken)

G Kräfte in der gleichen Wirkungslinie lassen sich addieren bzw. subtrahieren.
Die Gesamtkraft heißt <u>Resultierende R</u>.

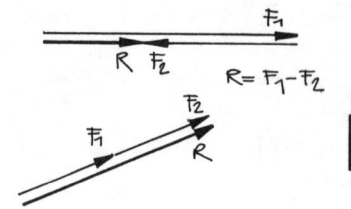

Die Resultierende ersetzt die Summe bzw. Differenz der Einzelkräfte.

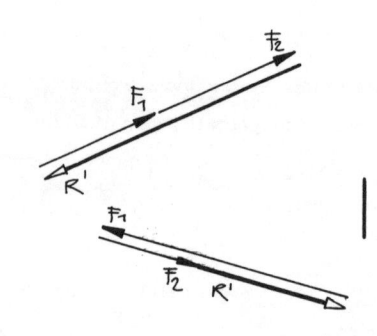

Die Reaktion R' hat die gleiche Größe und die gleiche Wirkungslinie wie die Resultierende, jedoch die entgegengesetzte Richtung.

Die Reaktion hebt die Summe bzw. Differenz der Einzelkräfte auf.

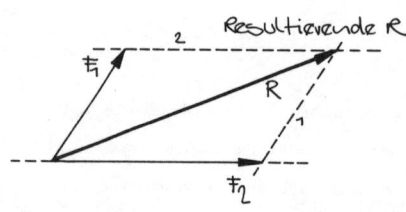

Zwei Kräfte, die auf verschiedenen, sich schneidenden Linien liegen, können durch das Parallelogramm der Kräfte zu ihrer Resultierenden bzw. zur ihrer Reaktion zusammengefaßt werden. Beginnen die beiden Kraftpfeile im Schnittpunkt der Wirkungslinien, so wird parallel zur Kraft F_1 die Hilfslinie 1, parallel zur Kraft F_2 die Hilfslinie 2, jeweils durch die Pfeilspitze der anderen Kraft gezogen. Die Diagonale des so gebildeten Parallelogramms ist die Resultierende, wenn sie vom Schnittpunkt der Wirkungslinien ausgeht und ihre Spitze am Schnittpunkt der Hilfslinien hat. Die Diagonale ist die Reaktion, wenn sie in die umgekehrte Richtung zeigt, also mit der Pfeilspitze zum Schnittpunkt der Wirkungslinien.

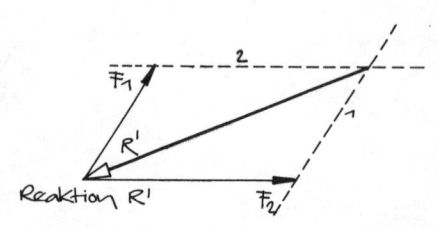

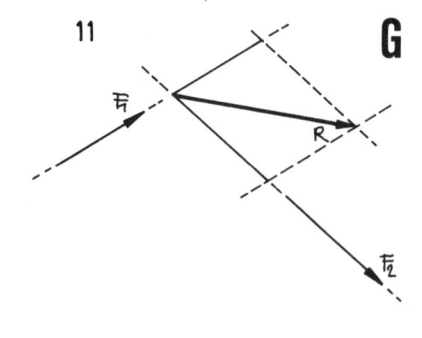

11   **G**   Kraftpfeile, deren Anfangspunkt nicht im Schnittpunkt der Wirkungslinien liegt, werden zunächst auf ihren Wirkungslinien so verschoben, daß sie im Schnittpunkt anfangen und nunmehr das Parallelogramm der Kräfte gezeichnet werden kann.

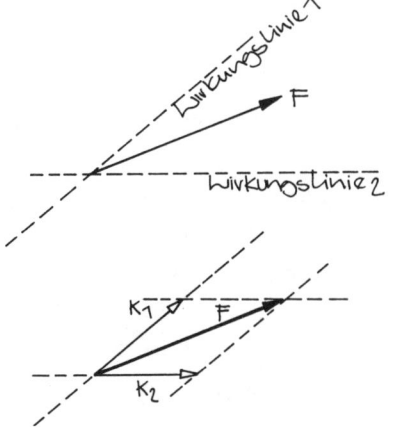

Wie man zwei Kräfte zu einer Resultierenden vereinigen kann, so kann man auch eine Kraft in zwei K o m p o n e n t e n zerlegen, wenn deren Wirkungslinien gegeben sind. Auch hier hilft uns das Parallelogramm der Kräfte.

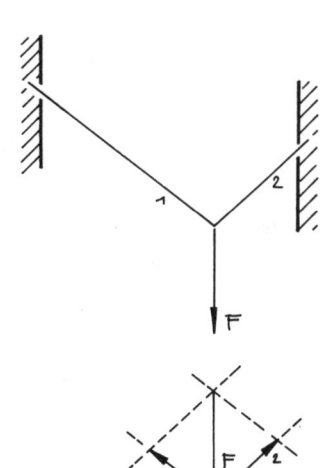

Hier ist zwischen 2 Hauswänden ein Seil gespannt, an dem eine Einzellast (z.B. eine Lampe) hängt. Wie groß sind die Kräfte in Seilen?

Wir können diese Aufgabe mit Hilfe des Kräfte-Parallelogramms lösen.

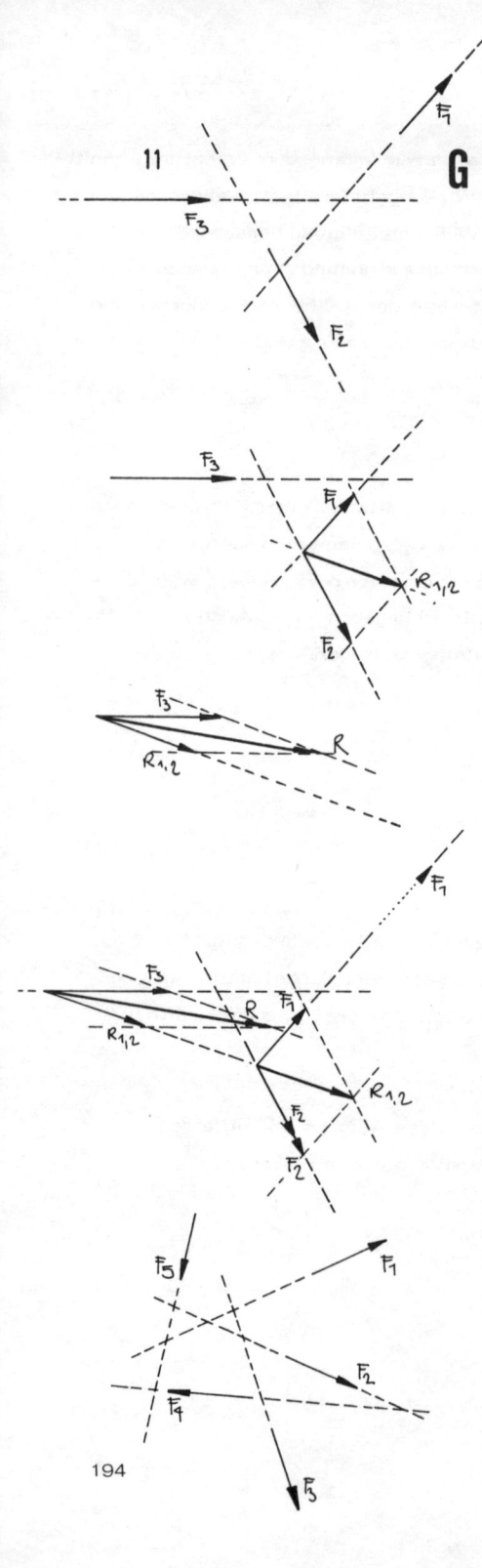

11.2 Zusammensetzen von mehreren Kräften

Hier sollen 3 Kräfte zu einer Resultierenden vereinigt werden. Dies ist möglich, indem man schrittweise jeweils 2 Kräfte miteinander vereinigt.

Vorgehensweise:

1. Wir verschieben die Pfeile der Kräfte F_1 und F_2, bis ihre Anfangspunkte am Schnittpunkt ihrer Wirkungslinien liegen, und bilden mit dem Parallelogramm der Kräfte die Teilresultierende $R_{1,2}$.

2. Wir verschieben den Pfeil der Teilresultierenden $R_{1,2}$ und den der Kraft F_3, bis deren Anfangspunkte in ihrem Schnittpunkt liegen, und bilden jetzt die Resultierende R. Sie ersetzt die Kräfte F_1, F_2 und F_3.

Diese Schritte können in einer Zeichnung durchgeführt werden. Dies ist genauer als das Arbeiten mit mehreren Zeichnungen, weil Ungenauigkeiten der Übertragung entfallen. Aber diese Zeichnung ist nicht mehr sehr übersichtlich! Vollends unübersichtlich würde die Sache, wenn noch mehr Kräfte in e i n e r Zeichnung zusammengefaßt werden sollten.

11   **G** Deshalb ist es angebracht, Kräfteplan und Lageplan zu trennen. Hierbei werden im Kräfteplan Größe, Winkel und Richtungssinn der Kräfte, im Lageplan die Wirkungslinien und Richtungen eingetragen und ermittelt. Die Größen der Kräfte werden im Lageplan nur z.T. (keine Zwischenergebnisse) eingetragen.

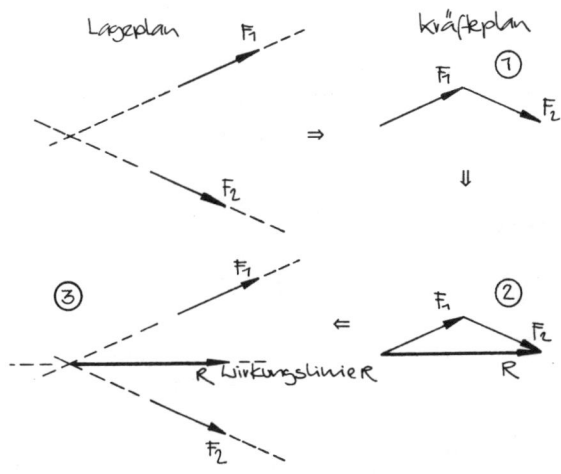

① Zunächst werden die Kräfte aus dem Lageplan in den Kräfteplan parallel verschoben, und zwar so, daß an dem Pfeil der Kraft F_1 der Pfeil der nächsten Kraft F_2 anschließt.

② Der Anfangspunkt des Pfeils von F_1 wird sodann mit der Spitze des Pfeils von F_2 verbunden, die Verbindungslinie ist der Pfeil der Resultierenden R, seine Spitze liegt bei der Spitze von F_2.

③ Parallel zu R im Kräfteplan wird jetzt im Lageplan die Wirkungslinie von R durch den Schnittpunkt der Wirkungslinie von F_1 und F_2 gezogen und zuletzt Richtung und Größe von R in den Lageplan übertragen.

11

G In der Praxis werden Lage- und Kräfteplan nur je einmal gezeichnet, also wie hier die jeweils letzte Skizze. In diesem Buch wurde nur zur besseren Erläuterung jeder Schritt in einer neuen Skizze gezeigt.

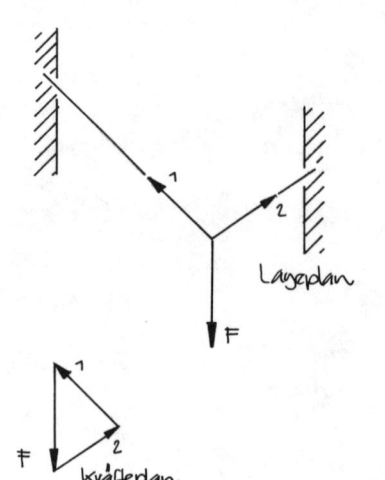

Die Aufgabe von S. 193 (Kraft am Seil zwischen 2 Häusern) läßt sich auch in getrenntem Lage- und Kräfteplan lösen.

11

G Im folgenden Beispiel wird sowohl der Lageplan als auch der Kräfteplan nur je einmal gezeichnet.

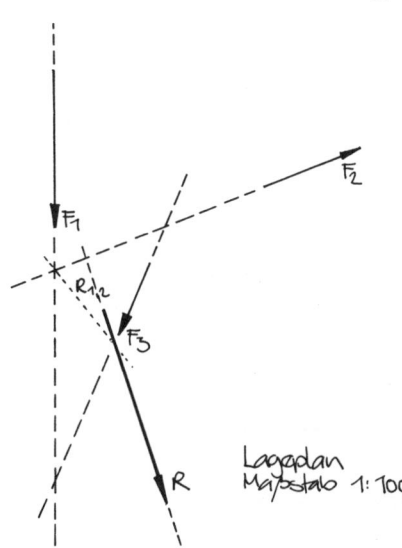

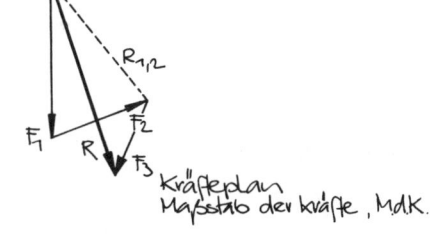

Kräfteplan
Maßstab der Kräfte, MdK.

Lageplan
Maßstab 1:100

Im Kräfteplan werden die Kräfte $F_1 \ldots F_3$ hintereinander aufgetragen. Die Verbindung vom Anfang des Kraftpfeils F_1 bis zur Spitze des Kraftpfeils F_3 ergibt Größe und Winkel der Resultierenden R. Um die Wirkungslinie zu finden, müssen wir in Schritten vorgehen: F_1 und F_2 ergeben im Kräfteplan die Teilresultierende $R_{1,2}$. Diese Teilresultierende wird parallel in den Lageplan verschoben, so daß sie durch den Schnittpunkt der Wirkungslinien von F_1 und F_2 verläuft.

Sie – die Teilresultierende $R_{1,2}$ – schneidet im Lageplan die Wirkungslinie von F_3. Durch diesen Schnittpunkt muß die Wirkungslinie der Endresultierenden R verlaufen, deren Winkel und Größe wir im Kräfteplan durch Verbindung der Kräfte F_1 . F_2 und F_3 finden und die wir parallel in den Lageplan verschieben.

11

Resultierende

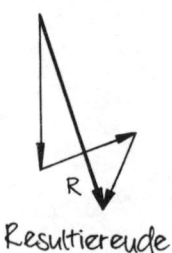

R

R'

Reaktion

G Die Richtungen und Größen der Kräfte werden also immer im Kräfteplan, ihre Wirkungslinien im Lageplan ermittelt.

Wichtig ist, daß jede Kraft im Lageplan parallel zu ihrer Abbildung im Kräfteplan verläuft.

Der Kräfteplan wird auch als K r a f t e c k bezeichnet. Der Pfeil der Resultierenden weist vom Anfang des ersten Kraftpfeils zur Spitze des letzten Kraftpfeils. Drehen wir seine Richtung um, so daß seine Spitze zum Anfang des ersten Kraftpfeils weist, daß wir also das Krafteck in den Pfeilrichtungen umfahren und zum Ausgangspunkt zurückkehren können, so ist das Ergebnis die Reaktionskraft oder Reaktion R'.

| Das Krafteck aus Einzelkräften und Reaktion schließt sich (G e s c h l o s s e n e s K r a f t e c k). Die R e s u l t i e r e n d e R ersetzt die Einzelkräfte, die R e a k t i o n R' hebt sie auf, bewirkt also Gleichgewicht der Kräfte.

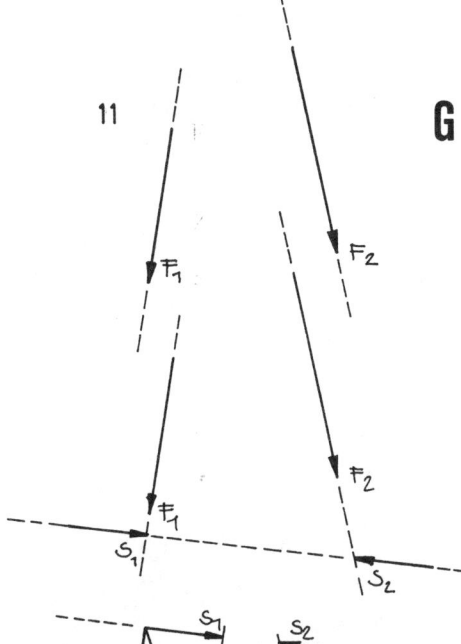

G 11.3 Poleck und Seileck

Diese beiden Kräfte schneiden sich nicht auf dem Zeichenblatt. Wie lassen sie sich trotzdem zu einer Resultierenden vereinigen?

Ein kleiner Trick hilft uns weiter:

Wir führen zwei freigewählte zusätzliche Kräfte S_1 und S_2 ein. Sie liegen auf derselben Wirkungslinie, sind gleich groß, aber entgegengesetzt gerichtet. Sie heben sich also gegenseitig auf, ändern somit am Endergebnis nichts.

Sie schaffen uns aber die Möglichkeit, zwei Teilresultierende zu bilden, die sich auf dem Zeichenblatt schneiden und so die gesuchte Endresultierende ergeben.

11　**G**　Übersichtlicher wird das Verfahren auch in diesem Fall, wenn wir Lageplan und Kräfteplan trennen.

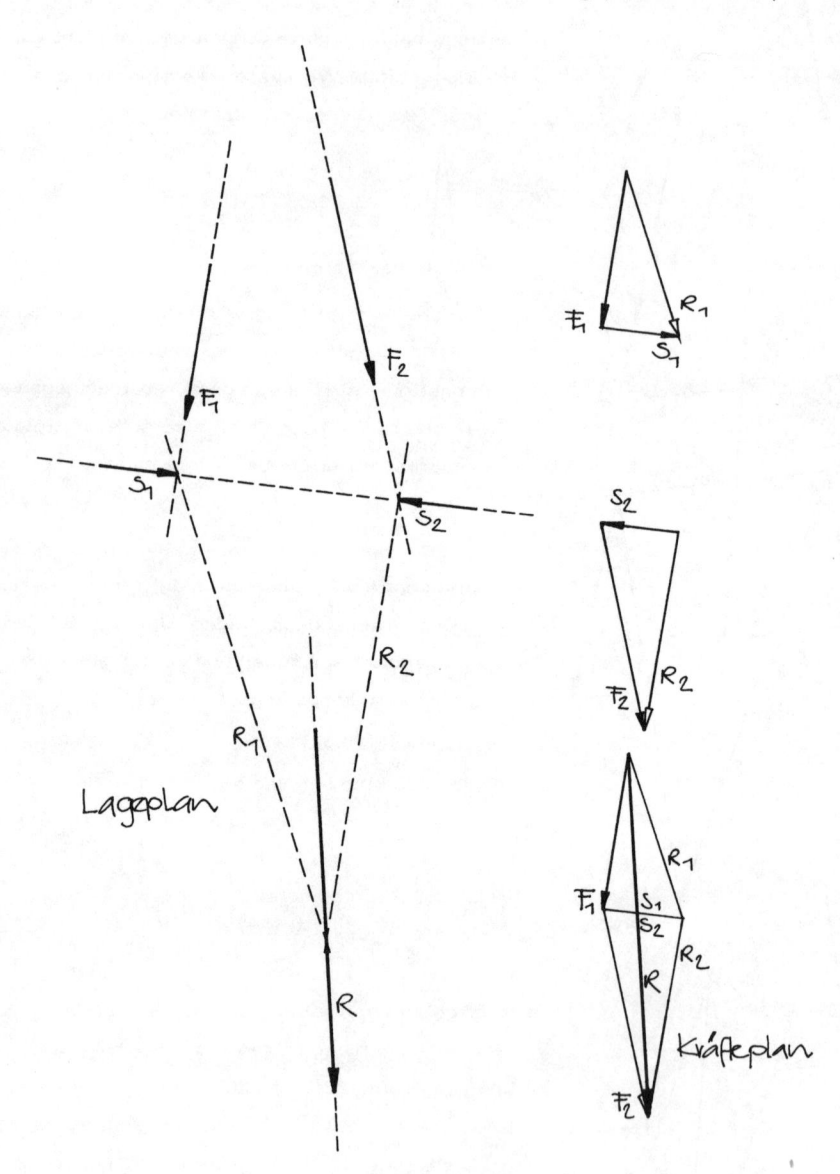

Lageplan

Kräfteplan

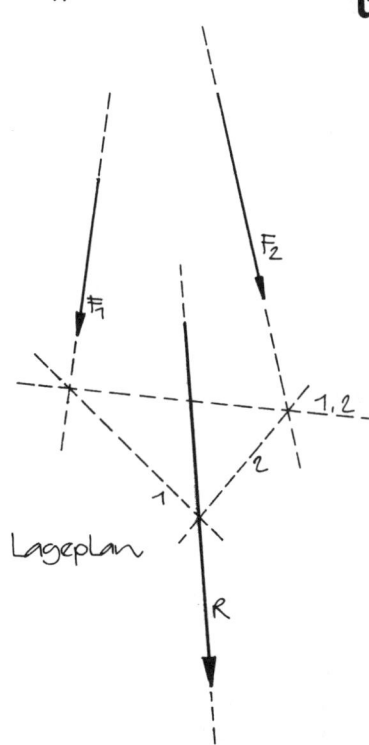

11 **G** Nachdem wir dieses Verfahren kennen, können wir es in einer vereinfachten Form anwenden: Wir zeichnen im Kräfteplan die Kräfte F_1 und F_2 hintereinander. Die Verbindung vom Anfang

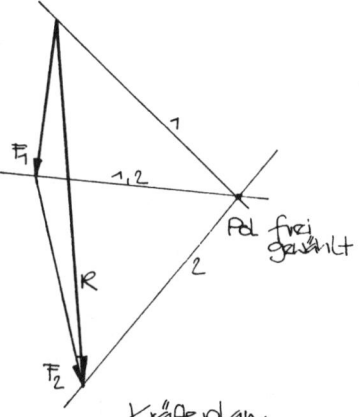

Lageplan

Kräfteplan

Pol frei gewählt

des ersten Pfeils zur Spitze des zweiten (oder bei mehreren: des letzten) ergibt die Resultierende R. Sodann wählen wir einen Pol, d.h. einen Punkt seitlich vom Krafteck, und verbinden ihn mit Anfang und Spitze jeder Kraft. Diese Verbindungslinien heißen Pol-strahlen. Wir erkennen, daß es sich hier versteckt um die Einführung der Zusatzkräfte S_1 und S_2 und um die Teilresultierenden handelt: Polstrahl 1 entspricht R_1, Polstrahl 2 entspricht R_2, Polstrahl 1,2 entspricht S_1 und S_2.

Wie auf S. 200 die Kräfte F_1, R_1 und S_1 im Kräfteplan ein Krafteck bilden und sich im Lageplan schneiden, so bilden auch hier F_1, Polstrahl 1 und Polstrahl 1,2 im Kräfteplan ein Dreieck, im Lageplan schneiden sie sich. Der Polstrahl 1,2 gehört zugleich auch dem nächsten Dreieck, das er mit F_2 und Polstrahl 2 bildet. Parallel verschoben in den Lageplan schneiden sich dort auch diese Linien in einem Punkt.

11

G Schließlich bilden der Anfangs-Polstrahl 1 und der End-Polstrahl, hier 2, mit der Resultierenden R im Kräfteplan ein Dreieck, im Lageplan einen gemeinsamen Schnittpunkt. Wir finden also die Wirkungslinie der Resultierenden (bzw. ihrer Umkehrung, der Reaktion), indem wir ihre Wirkungslinie aus dem Kräfteplan in den Lageplan parallel verschieben, und zwar durch den Schnittpunkt des ersten und des letzten Polstrahls.

Mit diesem Verfahren können wir beliebig viele Kräfte zusammensetzen.

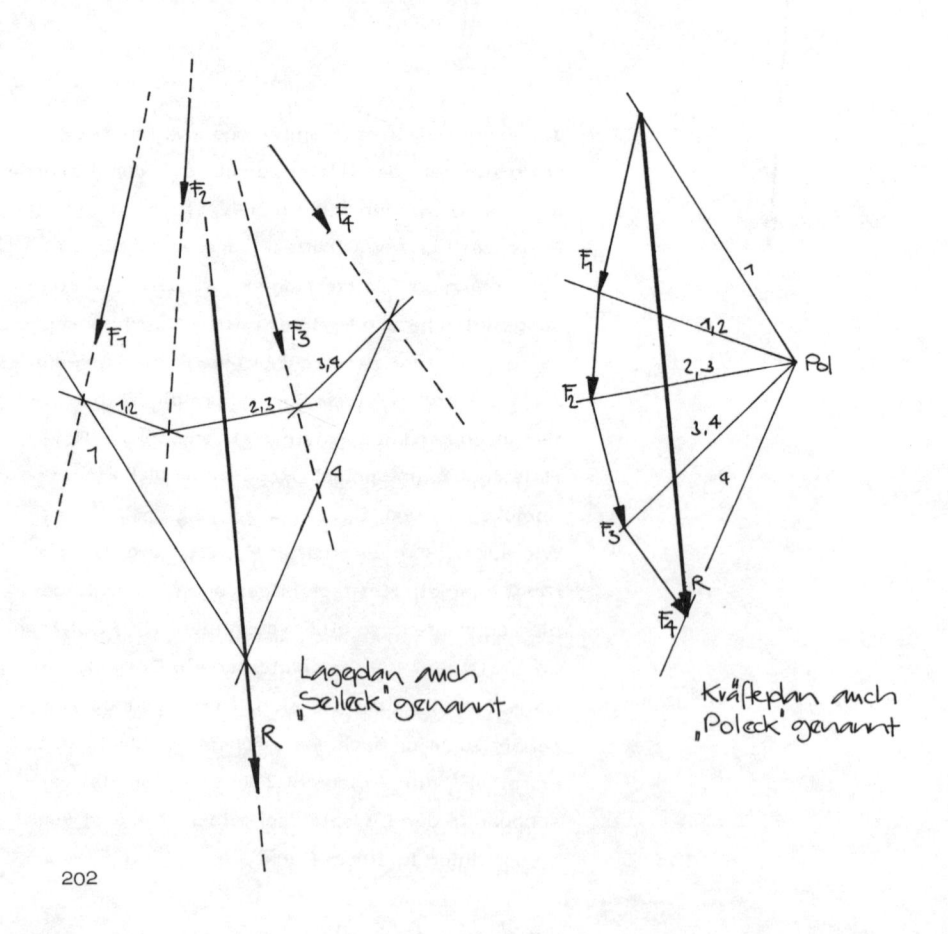

Lageplan auch "Seileck" genannt

Kräfteplan auch "Poleck" genannt

G <u>Merksätze:</u>

- Kräfte (bzw. Polstrahlen), die im Kräfteplan ein Dreieck bilden, schneiden sich im Lageplan in einem Punkt. (z.B. Polstrahl 1, Kraft F_1 und Polstrahl 1,2).

- Polstrahlen, die im Kräfteplan 2 Dreiecken angehören, verbinden im Lageplan die 2 entsprechenden Schnittpunkte. (Das führt dazu, daß z.B. Polstrahl 1,2 - im Kräfteplan zwischen Kraft F_1 und Kraft F_2 - im Lageplan die Wirkungslinien von F_1 und F_2 verbindet. Entsprechend Polstrahl 2,3 zwischen F_2 und F_3 etc.).

- Kräfte (bzw. Polstrahlen) die im Lageplan ein Dreieck bilden (auch wenn dessen eine Ecke nicht auf dem Papier liegt) schneiden sich im Kräfteplan in einem Punkt. (z.B. F_1, F_2 und Polstrahl 1,2).

Die Figur im Kräfteplan heißt auch P o l e c k, die im Lageplan auch S e i l e c k, weil ein Seil unter Belastung durch Einzelkräfte die Form dieser aus den Polstrahlen gebildeten Linie annehmen würde. Denn wie im Beispiel auf S. 193 und 196 (Lampe am Seil zwischen 2 Hauswänden) die Kraft F in die beiden Seilkräfte 1 und 2 zerlegt wird, also die Kräfte F, 1 und 2 im Gleichgewicht stehen, so stehen auch hier an jedem Schnittpunkt eine Kraft F und 2 Polstrahlen (= Seilkräfte) im Gleichgewicht: F_1 mit den Polstrahlen 1 und 1,2, F_2 mit den Polstrahlen 1,2 und 2,3 u.s.w. Dabei ist die Größe der Polstrahlen (Seilkräfte) nicht im Lageplan (Seileck), sondern nur im Kräfteplan (Poleck) ablesbar.

G 11.4 Zerlegen von Kräften:

Wie sich mehrere Kräfte zu einer Resultierenden vereinen lassen, so kann auch eine Resultierende in zwei Kräfte zerlegt werden, wenn von der einen die Wirkungslinie bekannt ist und von der anderen ein Punkt, durch den sie verläuft.

Diese Aufgabe ist hier für ein typisches Beispiel.

Die Kraft F ist zu zerlegen in die Auflagerreaktionen A und B.

Durch das horizontal verschiebliche Auflager B kann nur eine senkrechte Wirkungslinie verlaufen – eine Horizontalkomponente vermag ja dieses Auflager nicht aufzunehmen; die Auflagerreaktion B muß senkrecht sein. Durch den Schnittpunkt dieser senkrechten Wirkungslinie mit der Wirkungslinie der Kraft F muß auch die Wirkungslinie der Auflagerkraft A verlaufen, denn nur wenn sich alle 3 beteiligten Kräfte in einem Punkt schneiden, ist für das Gesamtsystem $\sum M = 0$.

Damit sind die Richtungen beider Auflagerreaktionen bekannt; in einem Krafteck lassen sich ihre Größen leicht feststellen.

Die Auflagerreaktionen können wir also nicht nur rechnerisch, sondern auch graphisch ermitteln.

(Anmerkung: In Sonderfällen kann ein Auflager auch in schräger Richtung verschieblich ausgebildet sein – entsprechend ist dann die vorgegebene Wirkungslinie schräg, dh. sie steht im rechten Winkel zur Verschiebungs-Richtung).

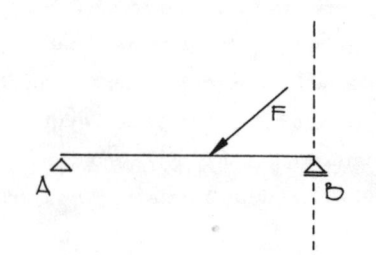

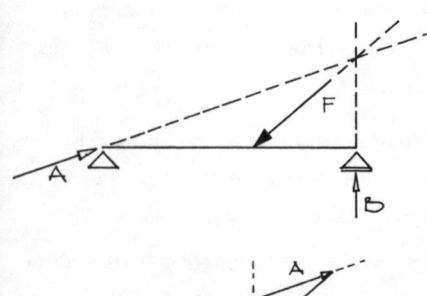

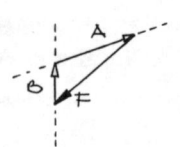

11

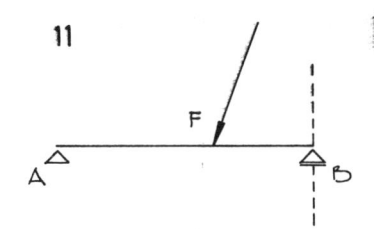

G Was aber tun, wenn sich die Wirkungslinien des verschieblichen Auflagers und der Kraft F auf dem Zeichenblatt nicht schneiden?

Auch hier führt das Poleck zur Lösung, nur sind gegebene und gesuchte Kräfte gegenüber den früheren Aufgaben vertauscht.

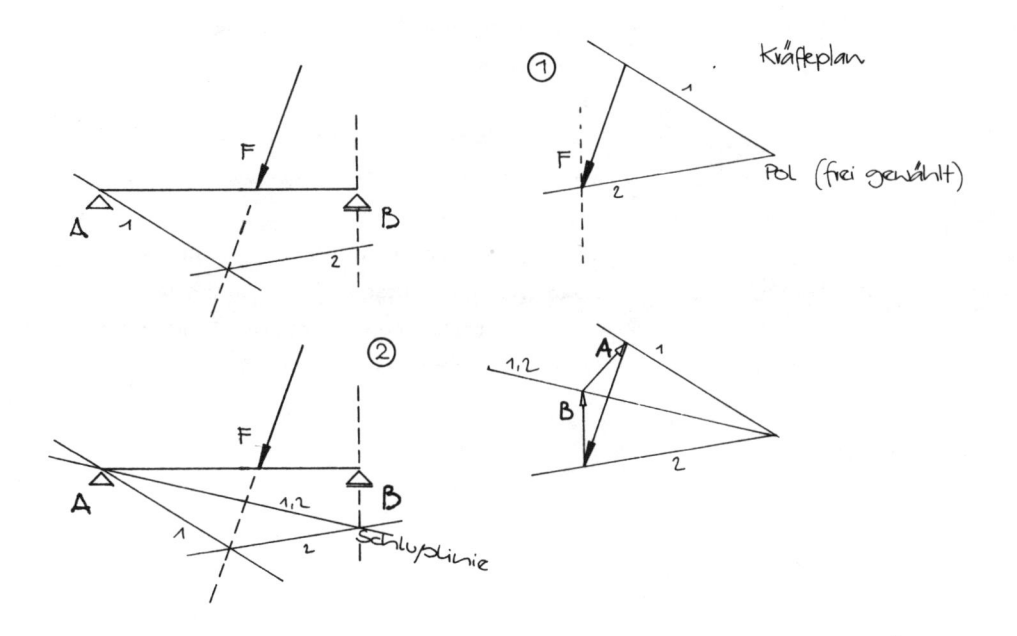

11

G

① Wir zeichnen im Kräfteplan die Kraft F und die Richtung von B (hier senkrecht), wählen einen Pol und zeichnen die Polstrahlen 1 und 2. Diese Polstrahlen übertragen wir durch Parallelverschiebung in den Lageplan, und zwar den Polstrahl 1 durch den Auflagerpunkt A (denn das ist ja der einzige Punkt, von dem wir schon wissen, daß die Auflagerreaktion A – in Größe und Richtung bisher unbekannt – durch ihn hindurchgehen muß). Der Polstrahl 2 verläuft dann durch den Schnittpunkt des Polstrahls 1 mit der Wirkungslinie von F.

② Jetzt finden wir im Lageplan die Richtung des Polstrahls 1,2 durch Verbinden des Auflagerpunktes A (also des Schnittpunktes von Polstrahl 1 mit der noch unbekannten Wirkungslinie A) und des Schnittpunktes von Polstrahl 2 mit der Wirkungslinie B.

Dieser Polstrahl 1,2 – er heißt S c h l u ß l i n i e – wird parallel in den Kräfteplan verschoben, so daß er durch den Pol verläuft. Er markiert den Schnittpunkt der Kräfte A und B, so daß wir diese jetzt im Kräfteplan zeichnen und in den Lageplan übertragen können. Die Begründung dafür ergibt sich aus den Merksätzen auf Seite 203.

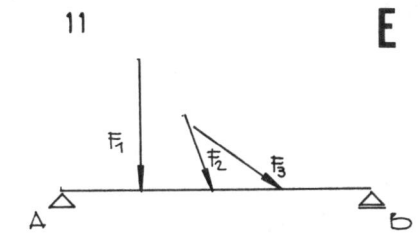

11.5 Zusammensetzen und Zerlegen

In diesem Falle werden zunächst die Einzelkräfte zu einer Resultierenden vereinigt und diese dann in die Auflagerreaktionen zerlegt.

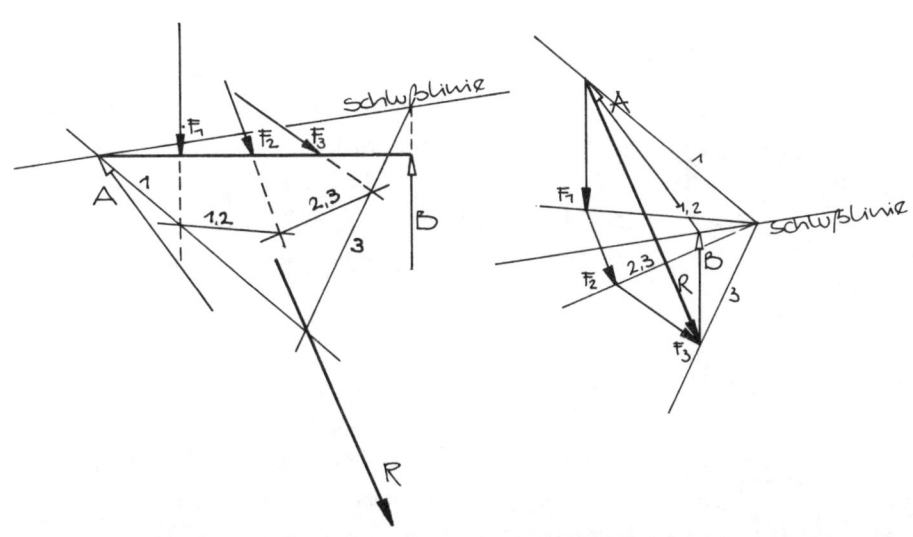

Um die Vereinigung und spätere Zerlegung in einem Lageplan und einem Kräfteplan ausführen zu können, ist es notwendig, bereits bei der Vereinigung der Kräfte den ersten (bzw. den letzten) Polstrahl durch das Auflager zu legen, dessen Kraftrichtung unbekannt ist, also durch das unverschiebliche Auflager, in unserem Beispiel Polstrahl 1 durch Auflagerpunkt A. Alles andere wird dann ausgeführt, wie schon bekannt.

12 Fachwerke

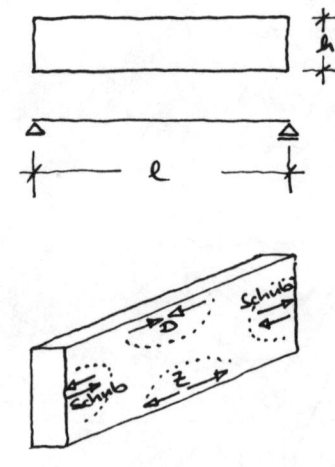

G Ein Träger über einer großen Spannweite benötigt eine große Höhe. Das Material wird aber nur in der obersten und in der untersten Randfaser voll auf Druck bzw. auf Zug ausgenutzt und auch das nur in einem kleinen Bereich. Die größte Ausnutzung der Schubkräfte liegt im Bereich der Auflager und dort nur in Höhe der Nullinie des Trägers. Nur im günstigsten Fall wird ein solcher Träger sowohl auf Druck und Zug als auch auf Schub voll ausgenutzt und auch dann jeweils nur in sehr kleinen Bereichen.

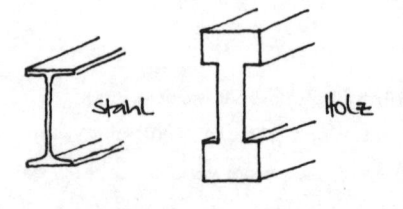

Weit günstiger als der Rechteckquerschnitt ist das I-Profil, denn es konzentriert das Material im Bereich der Randfasern, also im Bereich der stärksten Druck- und Zugbeanspruchung und vermindert den Steg auf die für den Schub notwendige Breite.

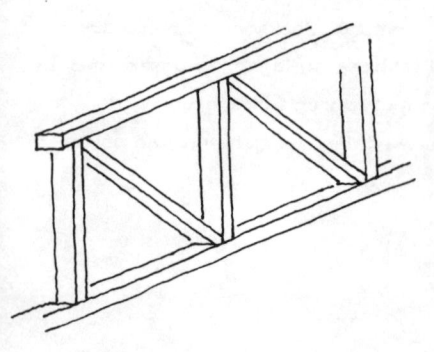

Die günstige Ausnutzung wird weiter gesteigert im Fachwerk. Hier kann das Material entsprechend den Kräften angeordnet, d.h. optimal genutzt werden. Anstelle des vollen Querschnitts über die ganze Höhe und Breite treten einzelne Stäbe. Sie können entsprechend den tatsächlich auftretenden Kräften bemessen werden.

12 G BEISPIELE VON FACHWERKEN

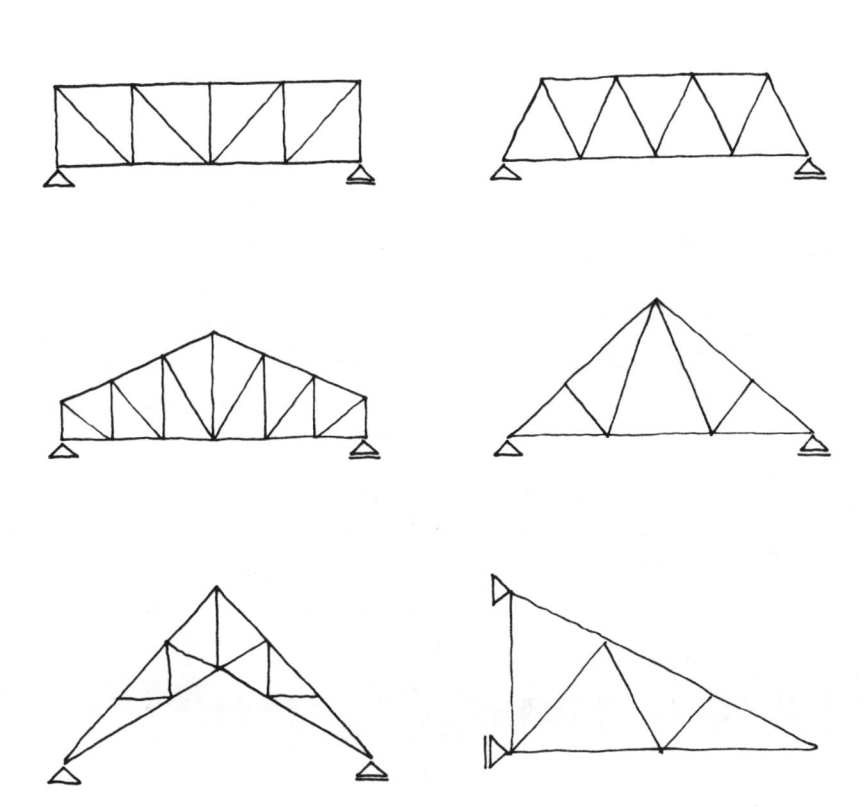

12

G Beim Betrachten von Fachwerken fallen uns zwei wesentliche Eigenschaften auf:

1. Ein Fachwerk enthält nicht nur Stäbe im Bereich der Randfasern (die Obergurt- und Untergurtstäbe), sondern auch Schrägstäbe (die Diagonalstäbe) und meist auch Vertikalstäbe.
2. Die Stäbe bilden Dreiecke.

Daß Stäbe nur im Bereich der größten Zug- und Druckspannungen eines gedachten Balkens, also nur Ober- und Untergurtstäbe allein, noch kein brauchbares Tragwerk bilden, leuchtet unmittelbar ein: Jeder dieser Stäbe würde für sich allein als viel zu dünner Balken wirken und sich entsprechend durchbiegen.

Würden zwischen Ober- und Untergurt nur vertikale Verbindungsstäbe und keine Schrägstäbe angeordnet, so könnten diese nichts anderes bewirken als nur die gleichstarke Durchbiegung von Ober- und Untergurt.

Erst wenn auch schräge Stäbe, die Diagonalstäbe, mit den Ober- und Untergurtstäben und evtl. auch den Vertikalstäben ein System von Dreiecken bilden, entsteht ein wirksames Fachwerk.

Das einfachste Fachwerk besteht aus nur einem Dreieck. In dem hier skizzierten Fachwerk wird die Kraft F von beiden schrägen Druckstäben aufgenommen. Diese schräge Druckkraft wird dann an den beiden Auflagern jeweils zerlegt in eine vertikale Auflagerkomponente und den horizontalen Zugstab.

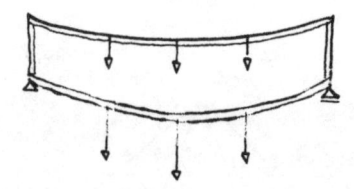

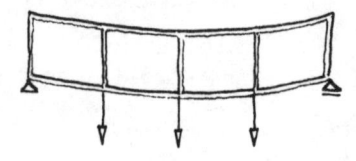

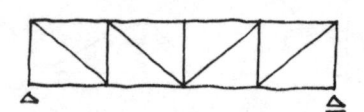

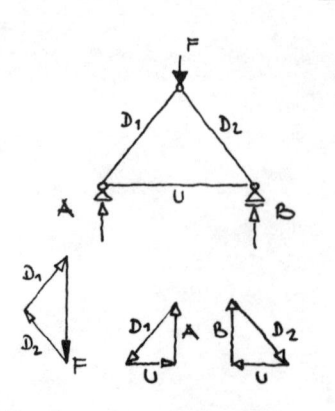

12

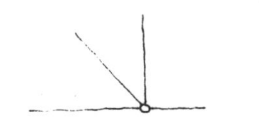

G Wir gehen bei der Untersuchung von Fachwerken von einer vereinfachenden Annahme aus: Wir betrachten Knoten – also die Verbindungspunkte von Stäben – als Gelenke. Wir nehmen also an, daß dort keine Momente, sondern nur Normalkräfte von Stab zu Stab übertragen werden.

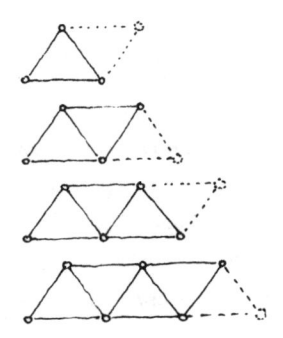

vereinfachende Annahme: Knoten als Gelenk

E Das einfache Fachwerk, das wir eben betrachtet haben, hat drei Stäbe und drei Knoten.
Soll ein zweites Dreieck hinzugefügt werden, so brauchen wir dazu zwei weitere Stäbe und einen weiteren Knoten. Auch das nächste Dreieck benötigt zwei weitere Stäbe und einen weiteren Knoten. Dies setzt sich bei jedem zusätzlichen Dreieck fort. Daraus ergibt sich die Formel:

$$s = 2k - 3$$

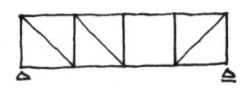

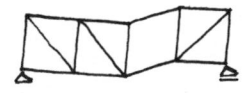

Diese Formel zeigt das Zahlenverhältnis von Stäben s und Knoten k in einem Fachwerk auf. Dieses Verhältnis gilt für Fachwerke jeder Form. Ist die Zahl der Stäbe kleiner, so ist an einer Stelle kein Dreieck vorhanden: das Fachwerk ist nicht stabil.

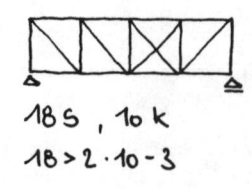

12

18 S , 10 k
18 > 2·10 - 3
18 - $\underline{\underline{1}}$ = 2·10 - 3

19 S , 10 k
19 - $\underline{\underline{2}}$ = 2·10 - 3

E Ist die Zahl der Stäbe größer, so liegt eine innere statische Unbestimmtheit des Fachwerks vor. Es gibt also nicht nur die äußere statische Unbestimmtheit, wie wir sie vom Auflager kennen, sondern auch die innere. Der Fachwerkträger dieses Beispiels ist in seiner Gesamtheit, also als Träger gesehen, statisch bestimmt gelagert. Er ist äußerlich statisch bestimmt. Er ist jedoch innerlich einfach statisch unbestimmt durch einen überzähligen Stab. Man könnte einen der Stäbe aus dem dritten Feld weglassen, das Fachwerk wäre dann immer noch stabil, aber innerlich bestimmt.

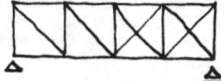

Hingegen würde durch Hinzufügung weiterer überflüssiger Stäbe der Grad der inneren statischen Unbestimmtheit erhöht werden. Das hier gezeigte Fachwerk ist 2-fach statisch unbestimmt.
In der weit überwiegenden Mehrzahl werden Fachwerke innerlich statisch bestimmt gebaut. Wir sollten beim Entwurf auf diese statische Bestimmtheit achten. Die im folgenden erläuterten Verfahren zur Ermittlung der Stabkräfte gelten nur für solche innerlich statisch bestimmten Fachwerke.

G Bei der Ermittlung der Stabkräfte werden wir von folgenden Vereinfachungen ausgehen:
1. Die Knoten sind gelenkig.
2. Kräfte greifen nur in den Knoten an.
   Die Eigengewichte der Stäbe werden so betrachtet, als seien sie in den Knoten zusammengefaßt und in den dort angreifenden Kräften inbegriffen.

Aus diesen Vereinfachungen ergibt sich, daß alle Kräfte in den Stäben nur in Stabrichtung – also als Längskräfte – wirken. Die Stabachsen sind also die Wirkungslinien der Kräfte.

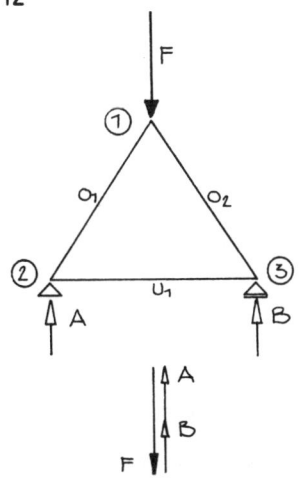

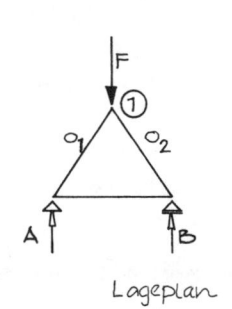

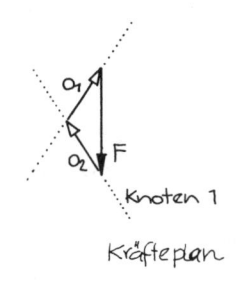

12.1 Zeichnerische Methode zur Ermittlung der Stabkräfte - Cremonaplan -

Beispiel 12.1.1

Zunächst müssen wir alle äußeren Kräfte kennen – also nicht nur die gegebene Kraft P, sondern auch die Auflagerreaktionen A und B. Wir können sie nach den bereits besprochenen Methoden zeichnerisch oder rechnerisch ermitteln. In unserem Fall ist wegen Symmetrie:

$$A = B = \frac{F}{2}$$

Die äußeren Kräfte sind damit im Gleichgewicht.

Wir zeichnen diese Kräfte in der Reihenfolge F - B - A, "umfahren" das ganze Gebilde also rechtsdrehend. In derselben Richtung werden wir im folgenden auch jeden einzelnen Knoten umfahren, wobei wir immer von einer schon bekannten Kraft ausgehen.

Betrachten wir den Knoten ①. Wir gehen aus von der bekannten Kraft F, dann - im Lageplan - rechtsdrehend zu Stab O_2, in dem die noch unbekannte Kraft O_2 wirkt und weiter zu Stab O_1 mit der Kraft O_1.

In derselben Reihenfolge tragen wir die Kräfte auch im Kräfteplan ein, ermitteln so ihre Größe und Richtung und tragen schließlich in dieser Richtung die Pfeilspitzen an die Kräfte an. Sie zeigen uns die Richtung der Kräfte, die aus den Stäben auf die Knoten wirken, damit an diesen Knoten Gleichgewicht herrscht.

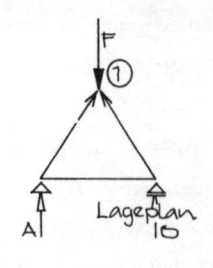

G Wenn wir jetzt diese Pfeile in den Lageplan übertragen und an die jeweiligen Stäbe nahe dem betrachteten Knoten ① antragen, so wird deutlich: Die Stabkräfte wirken zum Knoten hin, sie drücken auf den Knoten, d.h. in den Stäben wirken Druckkräfte. Die Stäbe O_1 und O_2 sind Druckstäbe.

Es wäre genauso gut möglich gewesen, äußere Kräfte und Knoten linksdrehend zu umfahren, also am Knoten erst P, dann O_1, dann O_2. Das Ergebnis wäre das gleiche gewesen, das Krafteck jedoch wäre spiegelbildlich zu dem anderen geworden.

Da wir aber beim ersten untersuchten Knoten die Rechtsumfahrung wählten, müssen wir diese Rechtsumfahrung bei diesem Fachwerk für alle Knoten beibehalten – ein Wechsel der Umfahrungsrichtung innerhalb eines Fachwerks würde zu Schwierigkeiten führen.

Mit der Reihenfolge der Knoten hat dieser Umfahrungssinn nichts zu tun!

Betrachten wir jetzt den Knoten ② am Auflager A. Die Kraft im Stab O_1 ist uns schon bekannt. So wie diese Druckkraft gegen den Knoten ① drückt, so drückt sie hier gegen den Knoten ②, muß also bei dessen Untersuchung mit dem Pfeil auf dem Knoten ② hinzeigen. Der Pfeil hat jetzt also die umgekehrte Richtung wie vorhin, als wir Knoten ① untersuchten.

Von der schon bekannten Auflagerkraft A ausgehend umfahren wir den Knoten wieder rechtsdrehend, kommen so zunächst zum Stab O_1 und schließlich zu dem Stab U_1. Die Kraft U_1 wirkt vom Knoten weg, ist also eine Zugkraft, und wird als solche in den Lageplan eingetragen.

12   **G** Wir durchfuhren also zunächst die schon bekannten Kräfte und schlossen mit der unbekannten Kraft.

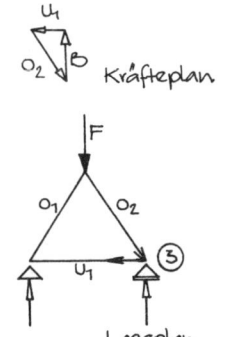

Zuletzt betrachten wir den Knoten ③ nur noch zur Probe, denn die Stabkräfte sind ja schon bekannt. Die Druckkraft O_2 ist zum Knoten hin gerichtet, die Zugkraft U_1 vom Knoten weg, wie sich aus der Übertragung der Kraftrichtungen in den Lageplan leicht erkennen läßt.

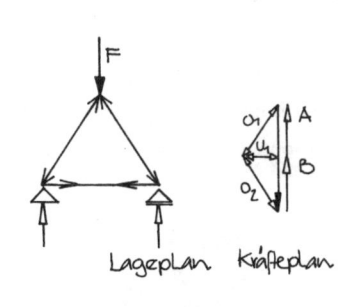

Nachdem uns die Vorgehensweise klar geworden ist, können wir die drei Kraftecke der Knoten sowie das Krafteck der äußeren Kräfte in einem einzigen Kräfteplan zusammenzeichnen. Jede Kraft wird dabei nur einmal gezeichnet, jede Stabkraft aber zweimal durchfahren, und zwar in entgegengesetzten Richtungen – einmal für jeden ihrer beiden Knoten.

Bei jedem Durchfahren zeichnen wir eine Pfeilspitze, also an jede Kraft zwei entgegengesetzte. Sobald im Kräfteplan eine Pfeilspitze gezeichnet ist, übertragen wir sie sofort in den Lageplan, um so Zug und Druckkräfte zu unterscheiden.

Dieser Kräfteplan heißt "Cremonaplan", nach dem Italienischen Mathematiker Luigi Cremona (1830 – 1903).

215

12

F=	2.00
A=	1.00
B=	1.00
O_1	-1.25
O_2	-1.25
U_1	+0.81

G Zuletzt werden die Größen der Kräfte – nach dem gewählten Kräftemaßstab ablesbar – in einer Tabelle niedergelegt, hierbei Druckkräfte mit (–) und Zugkräfte mit (+) gekennzeichnet.

Wenn wir das Verfahren beherrschen, so werden wir uns nicht mehr damit aufhalten, für jeden Knoten ein einzelnes Krafteck zu zeichnen, sondern werden sofort alle Kräfte im Cremonaplan zeichnen und ermitteln – dies ist nicht nur zeitsparend, sondern auch genauer, weil damit das Übertragen von einem Krafteck ins andere – jeweils eine Quelle der Ungenauigkeit – entfällt. Zum besseren Verstehen aber wird hier noch einmal ein Fachwerk erst in einzelnen Kraftecken untersucht und diese erst zuletzt im Cremonaplan zusammengefaßt.

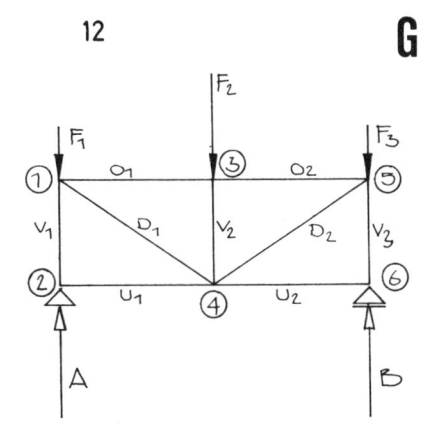

Beispiel 12.1.2

Wir müssen nach Klärung der äußeren Kräfte an einem Knoten beginnen, an dem nur zwei Kräfte unbekannt sind.

Der Knoten 1 wäre dazu ungeeignet – an ihm schließen drei unbekannte Stabkräfte an. Wir beginnen deshalb bei Knoten 2. Dabei erkennen wir, daß im Stab U_1 keine Kraft wirkt – er ist ein "Null-Stab". Als Umfahrungsrichtung wählen wir wieder rechtsdrehend.

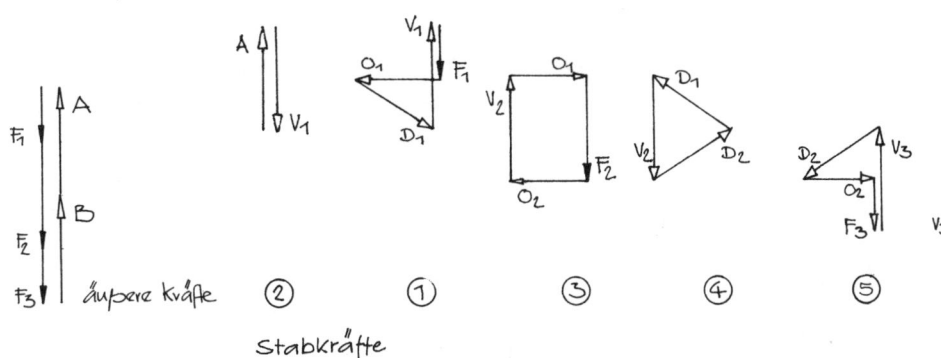

Diese einzelnen Kraftecke werden wieder im _Cremonaplan_ zusammengefaßt und die Ergebnisse in einer _Tabelle_ niedergelegt.

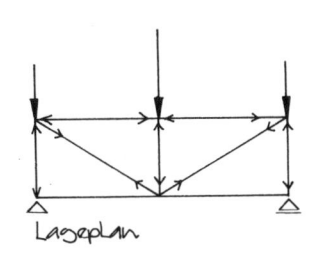

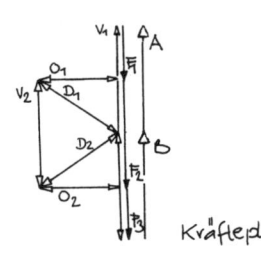

O_1	
O_2	
U_1	±0
U_2	±0
V_1	
V_2	
V_3	
D_1	
D_2	

12

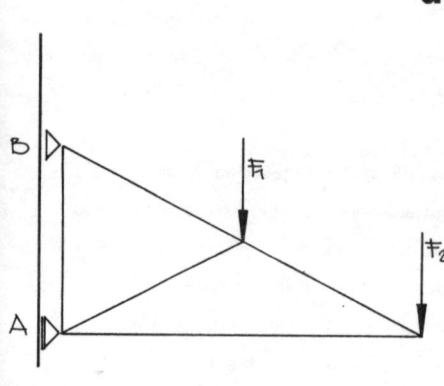

Lageplan

G Beispiel 12.1.3

An einem auskragenden Fachwerkträger werden im folgenden zunächst die Auflagerreaktionen und anschließend die Stabkräfte graphisch ermittelt. Auf die Zerlegung in einzelne Kraftecke können wir jetzt schon verzichten und gehen gleich daran, den Cremonaplan zu zeichnen. Zum besseren Verständnis wird hier das Entstehen des Cremonaplans in einzelnen Stufen dargestellt. Die Richtung von A ist bekannt, die Richtung von B finden wir im Lageplan. Zunächst ermitteln wir im Poleck die Resultierende aus F_1 und F_2. Durch den Schnittpunkt dieser Resultierenden mit der Wirkungslinie von A im Lageplan muß auch die Wirkungslinie von B gehen. Nur wenn A, B und R sich in einem Punkt schneiden, ist $\sum M = 0$; nichts dreht um diesen Schnittpunkt. Ist die Richtung von B bekannt, so finden wir die Größe von A und B im Kräfteplan der äußeren Kraft.

G Beispiel 12.1.3   Kräftepläne

Äußere Kräfte

Poleck
zum Finden der
Resultierenden aus F_1 u. F_2

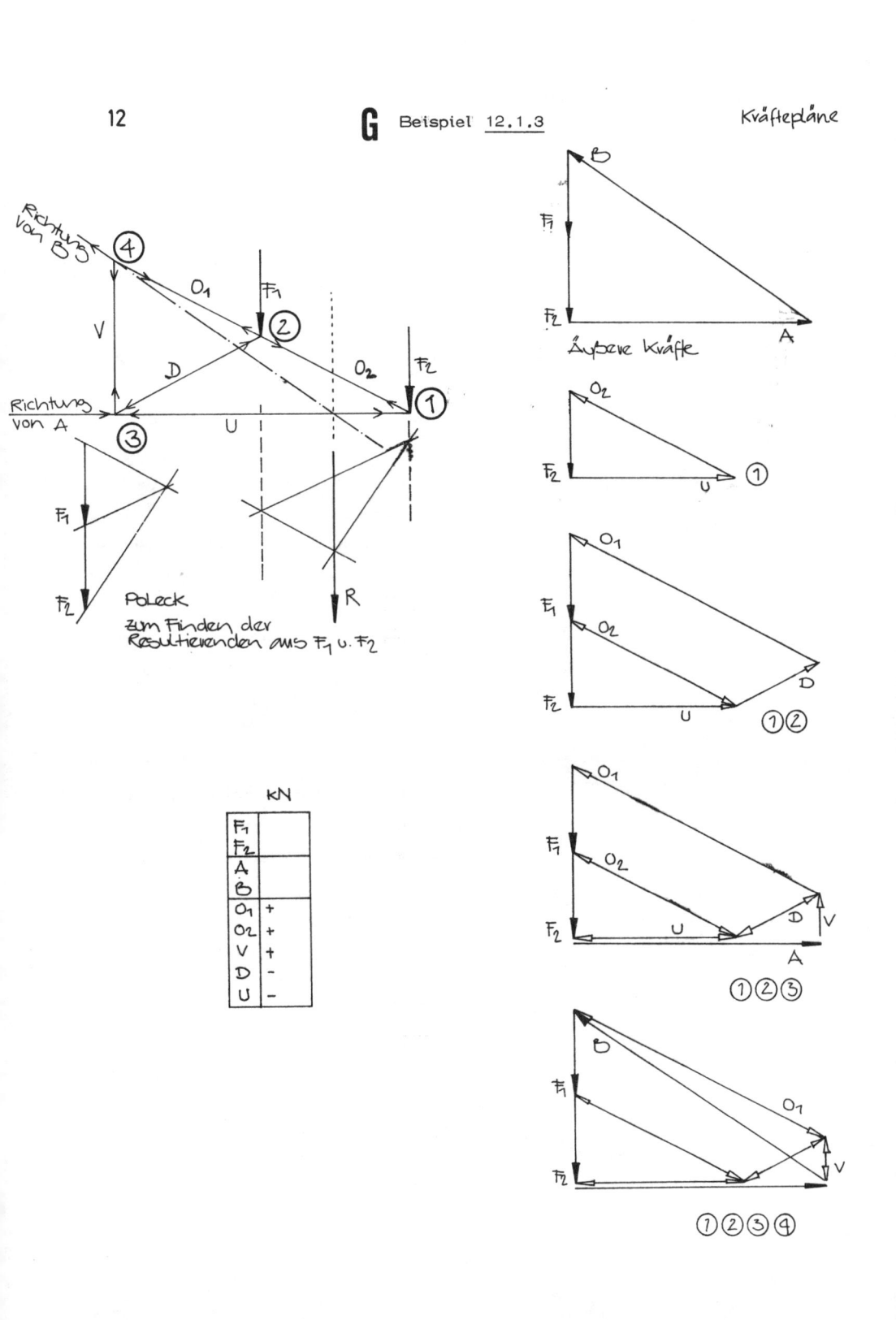

	kN
F_1	
F_2	
A	
B	
O_1	+
O_2	+
V	+
D	−
U	−

12

G Wir merken uns als Arbeitsfolge für die Ermittlung der Kräfte im Cremonaplan:

1. Belastende Kräfte F_1, F_2... feststellen.

2. Stützende Kräfte (Auflagerreaktionen) A und B ermitteln.

3. Stäbe benennen ($O_1, O_2, U_1 \ldots$).

4. Einen Umfahrungssinn festlegen und alle äußeren Kräfte in der Reihenfolge des Umfahrungssinnes aneinanderreihen.

5. Die Ermittlung der inneren Stabkräfte an einem Knoten beginnen, an dem nur zwei unbekannte Kräfte angreifen.

6. In der Reihenfolge des gewählten Umfahrungssinnes bekannte Kräfte dieses Knotens aneinanderreihen.

7. Richtung der beiden unbekannten Kräfte antragen, so daß sich das Krafteck schließt, und so deren Größe und Richtung ermitteln.

8. Übertragen der Pfeilspitzen und somit der Kraftrichtungen in den Lageplan, feststellen ob Zug- oder Druckkraft.

9. Wiederholen der Schritte 6. – 8. am nächsten Knoten, hierbei Pfeilrichtungen jeweils umdrehen, so daß jede Stabkraft zweimal in entgegengesetzten Richtungen durchfahren wird.

12 G 12.2 Rechnerische Methode zur Ermittlung der Stabkräfte.

– Rittersches Schnittverfahren –

Das Verfahren von Ritter ermöglicht es, einzelne Kräfte zu ermitteln, während ein Cremonaplan für das ganze Fachwerk aufgestellt wird.
(Das Verfahren ist benannt nach August Ritter.)

Beispiel 12.2.1

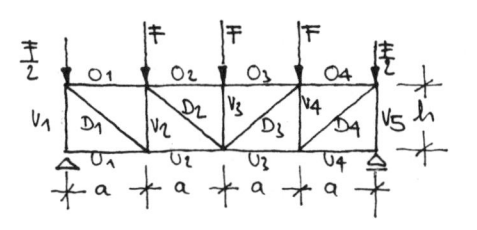

gesucht: $O_2 = ?$
$U_2 = ?$
$V_1 = ?$
$D_1 = ?$

$A = B = \frac{4 \cdot F}{2} = 2F$

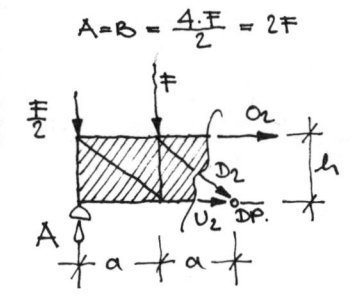

Zur Berechnung einer unbekannten Stabkraft legen wir einen (gedachten) Schnitt durch das Fachwerk, und zwar so, daß höchstens 3 unbekannte Stabkräfte geschnitten werden. Diese gesuchten Kräfte müssen so groß sein, daß mit ihnen und den bereits bekannten Kräften die Gleichgewichtsbedingungen ($\Sigma V = 0$, $\Sigma H = 0$, $\Sigma M = 0$) erfüllt werden. Wir können sie also als Unbekannte an dem abgeschnittenen Teil des Tragwerks (hier schraffiert gezeichnet) ansetzen und dort wie unbekannte äußere Kräfte angreifen lassen.

12

VORZEICHEN

G <u>Stabkraft O_2</u>

Dieser Schnitt schneidet 3 Stäbe, deren Kräfte uns unbekannt sind. Mit Hilfe einer List können wir die Untersuchung so vereinfachen, daß wir zunächst nur **eine** Unbekannte ermitteln : Wir bilden $\Sigma M = 0$ um den Punkt, in dem sich zwei dieser Stäbe schneiden, diese zwei können also kein Moment um diesen Punkt bilden. So bleibt nur die unbekannte Stabkraft O_2, die um diesen Punkt dreht.

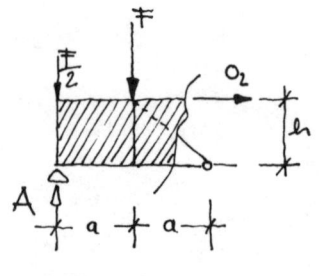

Mit $\Sigma M = 0$ können wir schreiben :

$$+ A \cdot 2a - \frac{F}{2} \cdot 2a - F \cdot a + O_2 \cdot h = 0$$

$$O_2 = \frac{2aF - 2aA}{h} \qquad \Big| A = 2F$$

$$O_2 = - \frac{2aF}{h}$$

Negatives Vorzeichen bedeutet : Druck.

Der Stab O_2 ist also ein Druckstab. In diesem Fall konnten wir das schon vorher vermuten ; daß bei dieser Lagerung und Belastung im Obergurt Druck herrscht - so wie bei einem entsprechenden Balken an der Oberseite - ist leicht zu erkennen. Wie aber waren wir rechnerisch zu diesem Ergebnis gekommen ? Wir stellten uns dumm und setzten die unbekannte Kraft O_2 zunächst einmal mit positivem Vorzeichen (+) an, behandelten sie also wie eine Zugkraft. Als solche zog sie an dem abgeschnittenen (schraffiert gezeichneten) Teil des Tragwerks, drehte ihn also rechts herum : $+ O_2 \cdot h$.

Wäre es nun wirklich eine Zugkraft, so würde auch im Ergebnis das (+) erhalten bleiben. In unserem Falle aber hat sich das Vorzeichen umgedreht; wir erhalten (-). Das heißt : In dem Stab wirkt eine Druckkraft.

12
VORZEICHEN

G Die unbekannte Stabkraft wird immer als Zugkraft angesetzt, auch dann, wenn man sie schon als Druckkraft erkannt haben sollte. Die Auflösung der Gleichung liefert dann das richtige Vorzeichen : (+) für Zug- und (−) für Druckstäbe.

Stabkraft U_2

Wieder legen wir Schnitt und Drehpunkt so, daß nur die Unbekannte U_2 ein Drehmoment erzeugt und arbeiten mit $\Sigma M = 0$:

$$A \cdot a - \frac{F}{2} \cdot a - U_2 \cdot h = 0$$

$$U_2 = \frac{3aF}{2 \cdot h} \qquad | A = 2F$$

Die Stabkraft U_2 hat positives Vorzeichen (+), ist also eine Zugkraft.

Stabkraft V_1

Hier setzen wir an : $\Sigma V = 0$

$$+ A + V_1 = 0$$

Wir legen den Schnitt schräg durch das Fachwerk, so daß V_1 und U_1 durchschnitten werden. Die unbekannten Kräfte werden so eingetragen, daß sie vom Schnitt weg zeigen, so, als seien sie Zugkräfte. U_1 ist ein Nullstab, das heißt, in ihm wirkt keine Kraft, wie wir aus $\Sigma H = 0$ leicht erkennen. Zur Berechnung von V_1 verwenden wir $\Sigma V = 0$ und setzen alle nach oben wirkenden Kräfte positiv (+) ein.

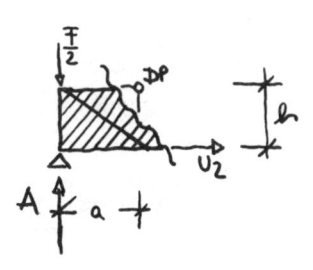

$$+ A + V_1 = 0$$
$$V_1 = -A \qquad \text{(Druckkraft)}$$

VORZEICHEN

12
VORZEICHEN

G Diese Vorzeichenhandhabung ist willkürlich. Wir hätten ebenso alle nach unten wirkenden Kräfte positiv einsetzen können und dasselbe Ergebnis erhalten :

$$-A - V_1 = 0$$
$$V_1 = -A \text{ (Druckkraft)}$$

Das Ergebnis ist in jedem Fall :
V_1 ist ein Druckstab.

Stabkraft D_1

Auch hier können wir von $\sum V = 0$ ausgehen. Die horizontalen Stabkräfte O_1 und U_1 haben keine Vertikalkomponenten. Nach unten wirkende Kräfte bezeichnen wir als positiv.

$$-A + \frac{F}{2} + D_1 \cdot \sin \alpha = 0$$

$$D_1 = \frac{-\frac{F}{2} + A}{\sin \alpha}$$

$$D_1 = \frac{-\frac{F}{2} + 2F}{\sin \alpha}$$

$$D_1 = \frac{3F}{2 \sin \alpha}$$

Zur Ermittlung von α :

$$\tan \alpha = \frac{h}{a}$$

Also auch D_1 ist ein Zugstab.

Oft lassen sich zur Ermittlung einer unbekannten Stabkraft verschiedene Gleichungen ansetzen. Wir werden im allgemeinen die einfachste Möglichkeit einer Lösung suchen.

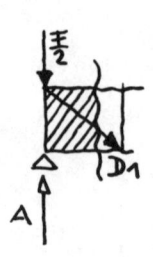

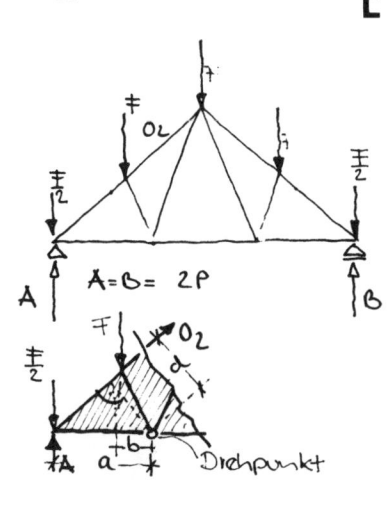

Beispiel 12.2.2

gesucht: O_2

$$A \cdot a - \frac{F}{2} \cdot a - F \cdot b + O_2 \cdot d = 0$$

$$\Rightarrow O_2$$

Der Abstand d der Kraft O_2 vom Drehpunkt kann entweder rechnerisch ermittelt oder aus der Zeichnung herausgemessen werden – sofern wir – vermittels eines wohlgespitzten Bleistiftes – genügend genau gezeichnet haben.

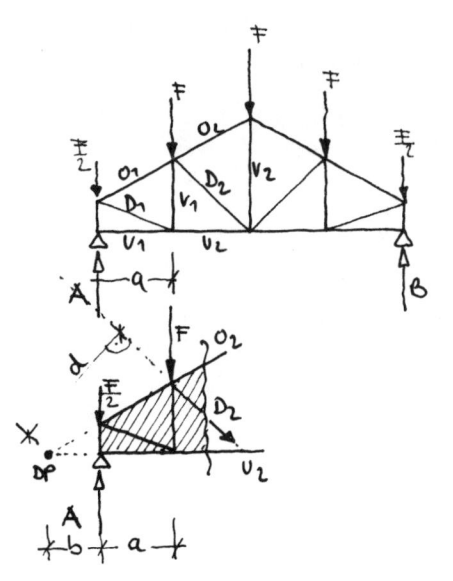

Beispiel 12.2.3

gesucht: D_2

In diesem Fall schneiden sich die Stabkräfte O_2 und U_2 außerhalb des Fachwerks. Dorthin müssen wir den Drehpunkt legen, wenn D_1 und keine andere Kraft um ihn ein Moment erzeugen soll, so daß wir auch hier eine Gleichung mit nur einer Unbekannten erhalten:

$$-A \cdot b + \frac{F}{2} \cdot b + F(a+b) + D_2 \cdot d = 0$$

$$\Rightarrow D_2$$

12.3 Eine Überschlagsmethode

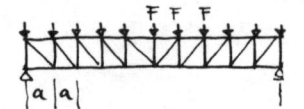

Bei Fachwerkträgern mit vielen Feldern und parallelem Ober- und Untergurt können wir näherungsweise das Moment wie bei einem Träger mit gleichmäßig verteilter Last berechnen und die maximalen Obergurt- und Untergurtkräfte ermitteln mit dem gedachten Moment $\overline{M}$.

$$\max O \approx \frac{\max \overline{M}}{h} \quad \text{(Druck)}$$

$$\max U \approx \frac{\max \overline{M}}{h} \quad \text{(Zug)}$$

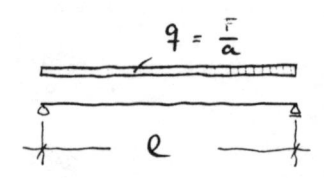

Dabei setzen wir an:

$$q = \frac{F}{a}$$

Wir verteilen also in Gedanken die Einzellasten zu einer gleichmäßig verteilten Last. Mit dieser ergibt sich

$$\max \overline{M} = \frac{q \cdot l^2}{8} \quad \text{und daraus}$$

$$\max O \approx \max U \approx \frac{q \cdot l^2}{8h}$$

Die größten Kräfte in Vertikal- und Diagonalstäben ergeben sich aus den Auflagerreaktionen.

12.4 Erkennen von Stabkräften

Durch einfache Überlegungen läßt sich oft erkennen, welche Art von Kräften in welchen Stäben wirkt, es lassen sich also Zug-, Druck- und 0-Stäbe unterscheiden, auch ohne Cremonaplan oder Berechnung nach Ritter.

Beispiel 12.4.1

Der Vergleich mit einem Balken unter gleicher Belastung macht deutlich: in den Obergurt-Stäben herrscht Druck – so wie in den oberen Fasern des Balkens. Die Analogie zum Balken läßt uns auch erkennen, daß die mittleren Obergurtstäbe – O_2 und O_3 – größere Druckkräfte enthalten als die äußeren.

Entsprechend herrscht im Untergurt Zug – wie in den unteren Fasern des Balkens. Doch Halt! In allen Untergurtstäben ???

Stellen wir uns vor, der Untergurtstab U_4 wäre ein Zugstab. <u>Wäre</u>! Wo sollte diese Kraft am rechten Ende des Stabes eine Gegenkraft finden? Sie würde "ins Leere fahren". Der Vertikalstab V_5 kann keinen horizontalen Kraftanteil enthalten. Das Auflager B ist verschieblich – es kann keine H-Kraft aufnehmen. Da jede Gegenkraft, jede Reaktion, fehlt, so kann auch in U_4 keine Kraft sein – U_4 ist ein 0-Stab.

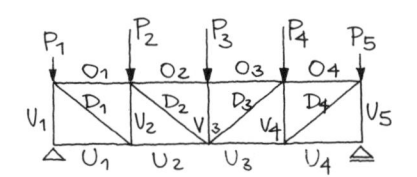

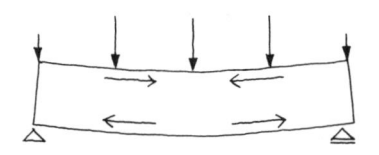

Aber könnte nicht U_1 ein Zugstab sein – mit einer horizontalen Reaktion im Auflager A? Nein! Da Auflager B keine horizontale Reaktionskraft entwickeln kann und horizontale oder schräge Lasten nicht auf das System wirken, kann auch in A keine horizontale Kraft wirken, sonst wäre nicht

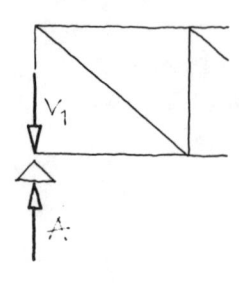

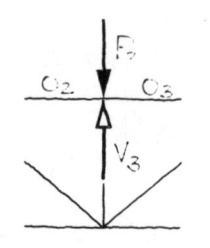

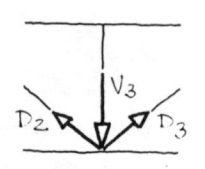

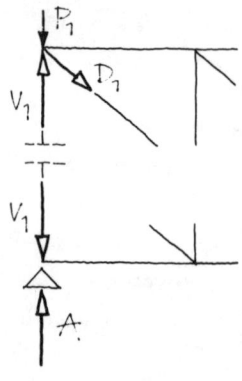

$$\Sigma H = 0$$

Die vertikale Auflagerreaktion A wird nur vom Vertikalstab V_1 aufgenommen. In ihm herrscht eine Druckkraft, sie ist

$$V_1 = -A$$

(Vorzeichen -, weil Druck)

Welche Kraft wirkt im mittleren Vertikalstab V_3?

Die äußere Kraft P_3 trifft in einen Knoten mit den beiden Obergurtstäben O_2 und O_3 und dem Vertikalstab V_3 zusammen. Die beiden Obergurtstäbe liegen auf <u>einer</u> Geraden. Ihre Kräfte liegen auf derselben Wirkungslinie. Sie können nicht mit einer dritten Kraft ein Krafteck bilden, keiner von ihnen vermag die vertikale Kraft P_3 aufzunehmen. P_3 wird deshalb voll auf den Vertikalstab V_3 übertragen, der sich ihr als Druckstab entgegenstellt.

$$V_3 = -P_3 \quad \text{(Vorzeichen -, weil Druck)}$$

An seinem unteren Knoten gibt der Stab V_3 seine Kraft an die beiden Diagonalstäbe D_2 und D_3 ab - er wird von diesen beiden Stäben wie von zwei Seilen gehalten - gleichsam hochgezogen - D_2 und D_3 sind Zugstäbe (Dies gilt nur bei Symmetrie am mittleren Knoten.).

Noch größer ist die Zugkraft in dem Diagonalstab D_1. Die Auflagerkraft A, die von dem Vertikalstab V_1 in voller Größe aufgenommen wurde, muß jetzt (um die Last P_1 verringert) von dem Stab D_1 als Zugkraft weitertransportiert werden.

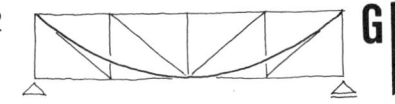

12 G In einem parallelgurtigen Fachwerkträger sind zur Mitte fallende Diagonalstäbe – die sich gleichsam einer Seillinie nähern – Zugstäbe.

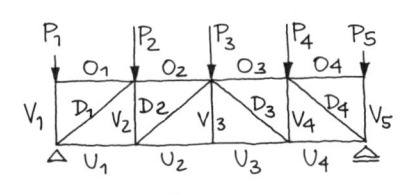

Beispiel 12.4.2

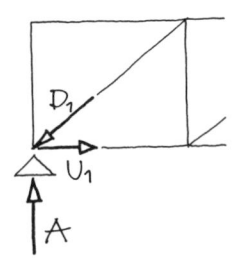

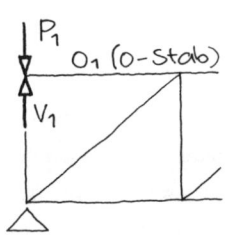

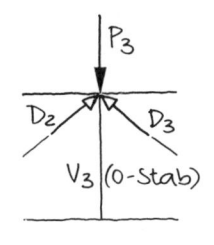

Auch hier herrscht in Obergurtstäben Druck, in Untergurtstäben Zug. Hier aber sind auch die äußeren Untergurtstäbe U_1 und U_4 Zugstäbe – die Diagonalstäbe stellen ihnen die erforderliche horizontale Kraftkomponente entgegen.

Hingegen sind die äußeren Obergurtstäbe – O_1 und O_4 Null-Stäbe. In ihnen wirkt keine Kraft – wo sollte sie denn in der äußeren Ecke bleiben?

Der Vertikalstab V_1 überträgt nur die Last P_1, er tut dies als Druckstab.

$$V_1 = -P_1$$

Wie wird der Vertikalstab V_3 beansprucht? Gar nicht! Er würde an seinem unteren Knoten keinen Widerstand finden. V_3 ist ein Null-Stab. Der Last P_3 stemmen sich die beiden Diagonalstäbe D_2 und D_3 entgegen und nehmen sie – als Druckstäbe – voll auf.

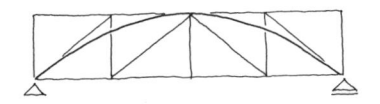

In einem parallelgurtigen Fachwerkträger sind zur Mitte steigende Diagonalstäbe – die sich gleichsam einer Bogenlinie nähern – Druckstäbe.

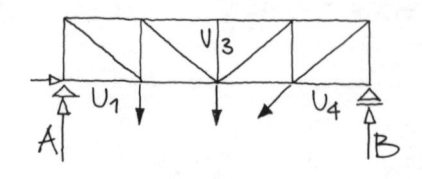

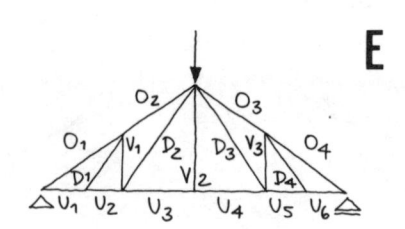

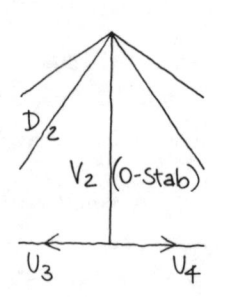

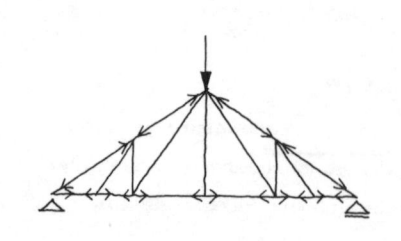

Beispiel 12.4.3

In diesem Fall ist der Vertikalstab V_3 ein Null-Stab. Hingegen bewirkt die Horizontalkomponente einer Last, daß auch im unverschieblichen Auflager A eine horizontale Reaktion auftreten muß. Ihr steht eine Druckkraft im Stab U_1 entgegen. U_4 bleibt ein Null-Stab, weil er in das verschiebliche Auflager B keine horizontale Kraft bringen kann.

Beispiel 12.4.4

Es ist wohl ohne weiteres einzusehen, ja zu spüren, daß die Obergurtstäbe Druck und die Untergurtstäbe Zug erhalten.

Der mittlere Vertikalstab V_2 kann nur ein Nullstab sein, eine Kraft in ihn würde unten "ins Leere fahren". Welche Kraft aber bekommt D_2?
An diese Frage müssen wir uns Schritt für Schritt herantasten. Beginnen wir mit D_1. Auch dieser Stab kann nur ein Null-Stab sein, wie an seinen unteren Knoten leicht abzulesen ist – auch hier würde eine Kraft aus D_1 "ins Leere fahren".
Da D_1 ein Null-Stab ist, kann auch der Vertikalstab V_1 keine Kraft führen, sie würde an seinem oberen Knoten keinen Widerstand finden. Auch V_1 ist ein Null-Stab.

Dasselbe gilt für unsere gesuchte Kraft in D_2. Da V_1 ein Null-Stab ist, steht D_2 an seinem unteren Knoten keine Kraft entgegen. D_2 muß ein Null-Stab sein.
Somit sind nur die Stäbe des Obergurtes und die des Untergurtes beansprucht, alle Stäbe im inneren sind Null-Stäbe.

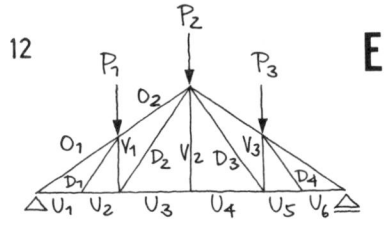

Bei dieser Belastung sind D_1 und V_2 auch Nullstäbe. Aber die Last P_1 wirkt voll auf den Vertikalstab V_1 - er wird zum Druckstab.
An seinem unteren Knoten gibt er seine Kraft weiter an den Diagonalstab D_2 - dieser wird zum Zugstab.

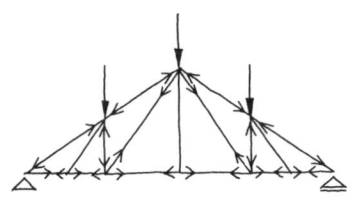

Dieser Fachwerkträger - nach seinem Erfinder Polonceau *) - Binder genannt besteht aus 2 dreieckförmigen Trägern, die durch ein Zugband verbunden werden. Es ist sofort zu erkennen, daß alle Obergurtstäbe Druck, alle Untergurtstäbe Zug erhalten. Der Diagonalstab D_1 stellt sich der Last P_1 als Druckstab entgegen. Seiner Druckkraft muß an seinem unteren Knoten eine Zugkraft in D_2 entgegentreten.

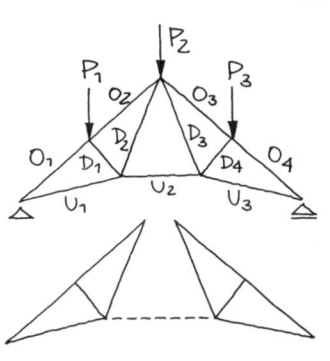

Der Winkel zwischen den Stäben am Auflager darf nicht zu klein sein, weil sonst die Kräfte in diesen Stäben sehr groß werden. Je größer dieser Winkel umso kleiner die Stabkräfte.

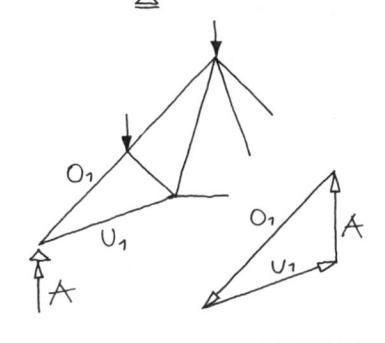

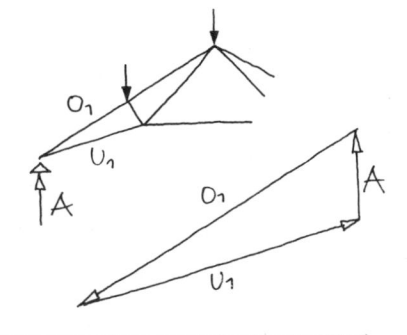

---

*) Jean B.-C. Polonceau, 1813-1859

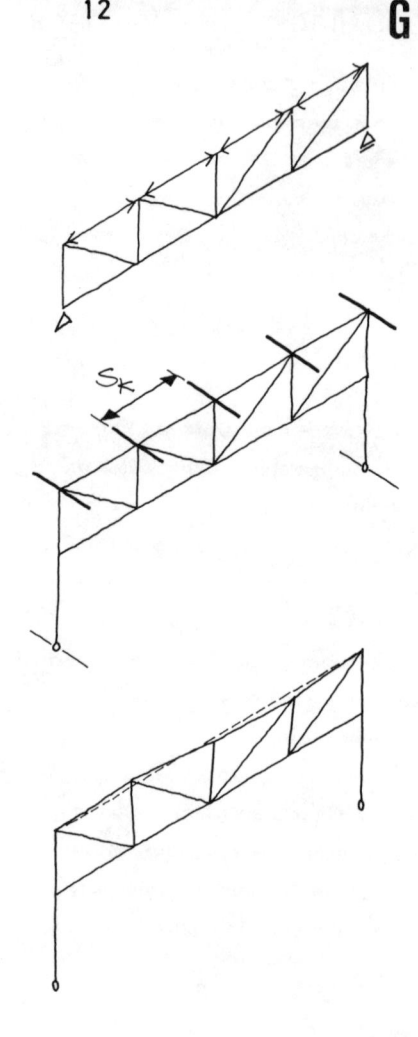

12 G 12.5 Aussteifung des Druckgurtes

Die Druckstäbe des Obergurtes eines Fachwerkträgers drohen zu knicken – sie sind deshalb entsprechend zu bemessen.

Wie groß ist die Knicklänge?

Die Knicklänge ist dann gleich der Knicklänge des Einzelstabes, wenn jeder Knoten des Obergurtes seitlich festgehalten ist.

Sind aber die Knoten nicht seitlich gehalten, so kann jeder Knoten seitlich ausweichen – das System ist labil.

In der Regel liegen die Obergurte in der Dachebene. Hier ist es durch einfache konstruktive Maßnahmen möglich, die Knoten seitlich festzuhalten und so das seitliche Knicken des Obergurtes als Ganzes zu verhindern. Windverbände oder steife Dachscheiben sind hier hilfreich.

13 Decken und Träger aus Stahlbeton

G 13.1 Allgemeines

"Beton ist ein künstlicher Stein, der aus einem Gemisch von Zement..., Betonzuschlag und Wasser... entsteht" (DIN 1045).
Der Zuschlagstoff ist bei Schwerbeton Kies oder Splitt, bei Leichtbeton (höhere Wärmedämmung !) Blähglas, Bims o.ä.
"Stahlbeton (bewehrter Beton) ist ein Verbundbaustoff aus Beton und Stahl" (DIN 1045).

DIN 1045, Ausgabe 1978, ist maßgebend für "Beton- und Stahlbetonbau, Bemessung und Ausführung".

Beton kann hohe Druckspannungen, jedoch nur geringe Zugspannungen aufnehmen. Ein Tragteil aus Beton allein würde deshalb in der Zugzone reißen und auf diese Weise brechen, lange bevor die D r u c k festigkeit des Betons voll ausgenutzt wäre. Deshalb werden in den Beton Stahl-Stäbe eingelegt. Im Stahlbeton nimmt der Stahl vorwiegend die Zugkräfte, der Beton die Druckkräfte auf.

Betonteile – ebenso wie Stützen können im Bau an Ort und Stelle aus Beton hergestellt werden (Ortbeton) oder lassen sich in Fertigteilwerken auf Vorrat produzieren und werden dann auf der Baustelle – ähnlich wie Holz- und Stahlstützen – nur montiert.
(Stahlbetonfertigteile).

G 13.1.1 Beton

Die Qualität des Betons wird nach den Festigkeitsklassen B 5, B 15... bis B 55 unterschieden. Diese Bezeichnungen bedeuten, daß der Beton nach einer Abbindezeit von normalerweise 28 Tagen eine Würfelfestigkeit von 5, 15... bis 55 N/mm² erreichen muß. Diese "Nennfestigkeit" wird anhand von genormten Probewürfeln mit 20 cm Seitenlänge von zugelassenen Prüfstellen überprüft.

Die Betone B 5 bis B 25 werden der Betongruppe B I, die Betone B 35 bis B 55 der Betongruppe B II zugerechnet.

Die erforderlichen Einrichtungen für die Herstellung und Verarbeitung von B I oder B II sind in der DIN 1045 beschrieben.
Aus Sicherheitsgründen wird bei der Bemessung nicht mit der vollen Nennfestigkeit, sondern mit einem geringeren Wert, der "Rechenfestigkeit" cal ß gearbeitet, d.h. es wird rechnerisch davon ausgegangen, daß cal ß die Bruchfestigkeit sei.
(Vergl. Anm., auf S. 242)
Die Betonklassen und ihre zugehörigen Rechenfestigkeiten cal ß sind:

Betongruppe	B I				B II		
Betonklasse	B 5	B 10	B 15	B 25	B 35	B 45	B 55
Rechenfestigkeit cal ß N/mm² kN/cm²	3,50 0,35	7,00 0,70	10,50 1,05	17,50 1,75	23,00 2,30	27,00 2,70	30,00 3,00

13

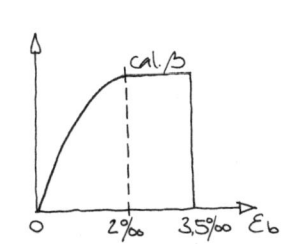

[Diagramm: σ-ε-Kurve mit cal.β, Achsen bei 2‰ und 3,5‰ ε_b]

G Beton folgt <u>nicht</u> dem Hookeschen Gesetz, d.h. die Spannungen verhalten sich <u>nicht</u> wie die Dehnungen. Vielmehr verläuft das Spannungs-Dehnungs-Diagramm zunächst parabolisch, ab einer Dehnung von 2 ‰ horizontal.

13   **G**

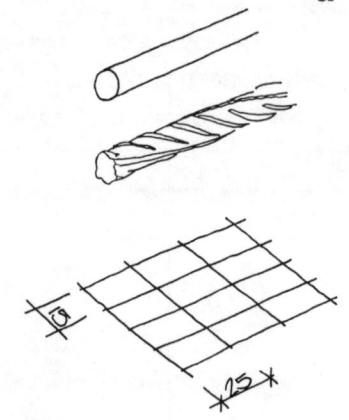

13.1.2 Stahl

Der Betonstahl wird meist in Form runder Stähle verwendet, Durchmesser 6 mm bis 40 mm. Diese Betonstähle können glatt oder gerippt sein. Gerippte Stähle erreichen bessere Haftung im Beton und werden deshalb bevorzugt. Die Stähle können zu Matten verschweißt sein, hierfür werden Stäbe von 4 mm bis 12 mm Durchmesser verwendet.

Der Beton muß den Stahl voll umhüllen, um ihn vor Feuchtigkeit und anderen schädlichen Einflüssen zu schützen und um einen guten Verbund der beiden Materialien zu gewährleisten. Je nach Art und Ort der Bauteile muß die Betondeckung der Stähle 1 bis 4 cm betragen.

(TABELLEN TEIL StB 4)

Es werden 3 Sorten von Betonstahl verwendet:
B St 420 S = B St III S
B St 500 S = B St IV S
B St 500 M = B St IV M

Hierbei gibt die Zahl die Streckgrenze an. Der nachfolgende Buchstabe bezeichnet sowohl die Lieferform als auch die Verarbeitungsmöglichkeit:
S - schweißbare, gerippte Betonstabstähle
M - geschweißte Betonstahlmatten aus gerippten Einzelstäben

236

13 G Übersicht über die wichtigsten Stahlsorten

Erzeugnisform	Betonstabstahl	Betonstahlmatte
Oberflächengestaltung	Schräg- oder Längs-/Schrägrippen	Rippen

Kurzname	B St 420 S	B St 500 S	B St 500 M
Kurzzeichen	III S	IV S	IV M
Nenndurchmesser mm	6 bis 28	6 bis 28	4 bis 12
Streckgrenze N/mm^2	420	500	500
Zugfestigkeit N/mm^2	500	550	550
Bruchdehnung %	10	10	8

13.1.3 Zusammenwirken von Stahl und Beton

Der Stahl dehnt sich bei Zug. Da Stahl und Beton miteinander verbunden sind, muß sich auch der Beton der benachbarten Zonen mit dem Stahl dehnen, wird also auch auf Zug beansprucht. Diese Zugbeanspruchung kann jedoch die Zugfestigkeit des Betons übersteigen.

Folge : Der Beton reißt. Das ist aber unbedenklich, die Zugkräfte werden ja vom Stahl aufgenommen. Doch muß dafür gesorgt werden, daß nicht einzelne große Risse entstehen, sondern viele kleine Risse – die Haarrisse.

Wir unterscheiden verschiedene Zustände des Stahlbetons während der Beanspruchung :

Zustand I : Der Beton ist nicht oder noch nicht gerissen. So z.B. bei druckbeanspruchten Stützen oder bei Biegeträgern, deren Tragfähigkeit erst zum kleinen Teil ausgenutzt wird, sodaß die Zugspannungen sehr klein bleiben und noch nicht zum Reißen des Betons führen.

Zustand II: Der Beton ist in der Zugzone gerissen, die Zugspannungen werden allein von dem Stahl aufgenommen. Das ist der normale Zustand für Biegeträger, er wird der Bemessung zugrundegelegt.

Nach DIN 1045 wird Stahlbeton nach einem Traglastverfahren bemessen. Das bedeutet : Das zulässige Moment und die zulässige Längskraft werden ermittelt aus der rechnerischen Bruchlast, geteilt durch den Sicherheitsfaktor γ .

Die rechnerische Bruchlast gilt als erreicht, wenn die Betondehnung – 3,5 ‰ und/oder die Stahldehnung 5 ‰ erreicht hat.

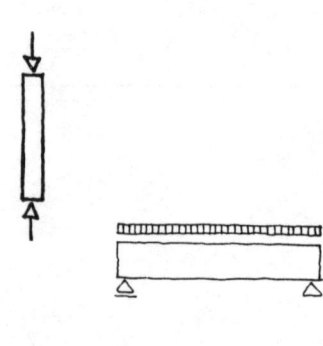

13

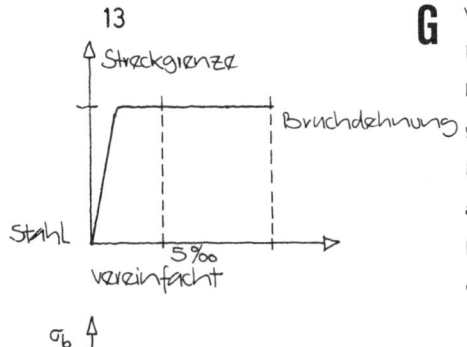

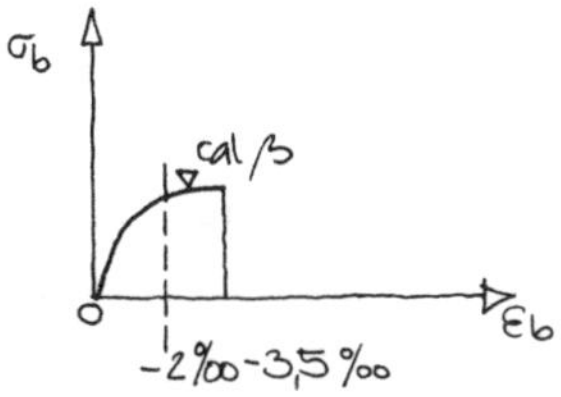

[Diagramm: Stahl vereinfacht — Streckgrenze, Bruchdehnung, 5‰]

[Diagramm: σ_b über ε_b, cal β, $-2‰ … -3,5‰$]

G Wie die Spannungs-Dehnungsdiagramme von Beton und Stahl erkennen lassen, haben bei diesen Dehnungen beide Materialien die Elastizitätsgrenze bzw. die Streckgrenze bereits überschritten. Da aber die Gebrauchslast – also die zulässige Beanspruchung – um den Faktor γ unter der Bruchlast liegt, wird unter dieser Gebrauchslast die Elastizitätsgrenze n i c h t überschritten.

[Diagramm: $\varepsilon_b = -3,5‰$, cal β, β_s, $\varepsilon_s = 5‰$ — Volle Ausnutzung von Stahl und Beton]

E Die Lage der 0-Linie bei voller Ausnutzung der rechnerischen Bruchdehnung von $-3,5‰$ für Beton und $5‰$ für Stahl ergibt sich aus dem Dehnungsdiagramm. Ihr Abstand vom gedrückten Rand wird mit x bezeichnet.

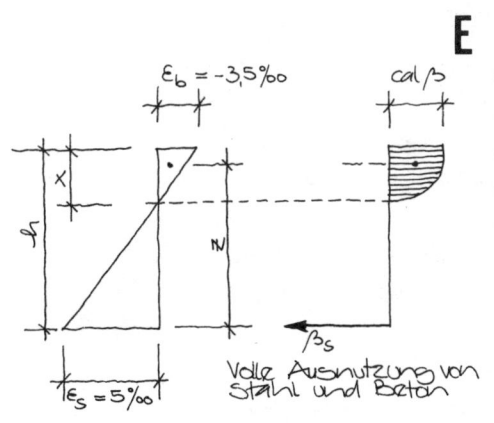

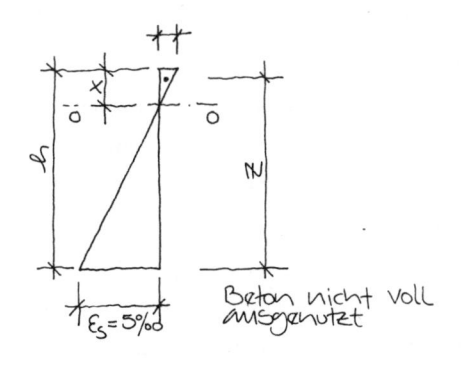

[Diagramm: $\varepsilon_s = 5‰$ — Beton nicht voll ausgenutzt]

Ist ein Beton-Tragteil höher oder breiter, als zum Tragen seiner Belastung notwendig, dann wird der Beton nicht voll ausgenutzt. Stahl wird jedoch nur in der notwendigen Menge eingelegt – die Stahldehnung also voll ausgeschöpft.
Das Dehnungs-Diagramm zeigt, daß die 0-Linie nach oben gerutscht ist. Damit wird auch der Hebelarm der inneren Kräfte größer. Die Stahleinlagen wirken also mit einem größeren inneren Hebelarm, es wird weniger Stahl benötigt.

13

$\varepsilon_b = 3.5‰$

$\varepsilon_s < 5‰$

Stahl nicht voll ausgenutzt

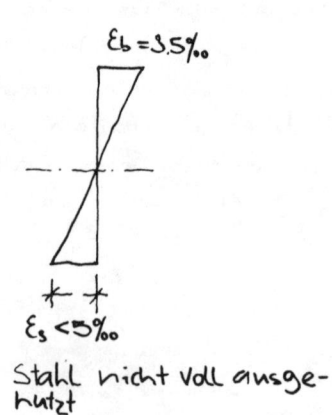

E Ist es hingegen notwendig, das Betonteil sehr knapp zu dimensionieren, so daß der Beton überlastet würde, so bietet sich u.a. folgende Möglichkeit :

Es wird so viel Stahl eingelegt, daß er nicht voll ausgelastet, die zul. Dehnung also nicht erreicht wird. Damit rutscht die 0-Linie nach unten, ein größerer Teil des Betons steht als Druckzone zur Verfügung, die Tragfähigkeit des Betontragteils wird größer.

Anhand von Beispielen in Kapitel 13.2, Stahlbetonbalken, wird dies näher erläutert.

G Das k_h-Verfahren

Die Bemessung von biegebeanspruchten Bauteilen aus Stahlbeton wird für die Praxis sehr erleichtert durch Tabellen, in die all die beschriebenen Einflüsse eingearbeitet sind. Ein wichtiger Tabellenwert wird als k_h, die Bemessungsmethode daher als "k_h-Verfahren" bezeichnet.

Für dieses Verfahren brauchen wir die Tabelle aus Teil StB 3.1 der Tabellensammlung

gegeben : M [kN.m]   Achtung: b ist in m, h in cm
          b [m]   einzusetzen.
          h [cm]   Warum, das werden
                         wir in Abschnitt
                         "Platten" erkennen.

Hierbei ist h der Abstand vom gedrückten Rand bis zum Schwerpunkt der Stahleinlagen. Mit d wird die Gesamtdicke des Betonteils, mit b die Breite des Betonteils in seiner Druckzone bezeichnet.

13   **G**   Wir ermitteln

$$k_h = \frac{h}{\sqrt{\frac{M}{b}}} = \frac{h}{\sqrt{M}} \sqrt{b}$$

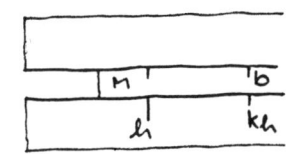

(mit **einer** Rechenschiebereinstellung zu bewältigen, – hier ist der Rechenschieber dem Taschenrechner vorzuziehen, weil er das gleichzeitige Spielen mit mehreren Größen ermöglicht).

(s. TABELLENSAMMLUNG)
TEIL StB 3.1)

B 15	B 25	B 35 k_h	B 45	B 55	BSt 220/340	BSt 420/500 k_s	BSt 500/550
27,5	21,3	18,5	17,1	16,2	8,0	4,2	3,5
13,9	10,7	9,4	8,6	8,1	4,3	3,6	
9,3	7,2	6,3	5,8	5,5	8,2	4,3	3,6
7,1	5,5	4,8	4,4	4,2	8,3	4,3	3,6
5,8	4,5	3,9	3,6	3,4	8,4	4,4	3,7
4,9	3,8	3,3	3,0	2,9	8,5	4,4	3,7
4,3	3,3	2,9	2,7	2,5	8,6	4,5	3,8
3,8	3,0	2,6	2,4	2,2	8,6	4,5	3,8
3,5	2,7	2,3	2,2	2,1	8,7	4,6	3,8
3,3	2,5	2,2	2,0	1,9	8,8	4,6	3,9
3,0	2,3	2,1	1,9	1,8	8,9	4,7	3,9
2,9	2,2	2,0	1,8	1,7	9,0	4,7	4,0
2,8	2,1	1,9	1,7	1,6	9,1	4,8	4,0
2,7	2,0	1,8	1,6	1,6	9,2	4,8	4,1
2,6	2,0	1,7	1,6	1,5	9,4	4,9	4,1
2,5	1,9	1,7	1,6	1,5	9,5	5,0	4,2
2,46	1,90	1,66	1,53	1,45	9,6	5,0	4,2
2,40	1,86	1,62	1,50	1,42	9,7	5,1	4,3
2,36	1,83	1,59	1,47	1,39	9,8	5,1	4,3
2,31	1,79	1,56	1,44	1,37	9,9	5,2	4,4
2,27	1,76	1,53	1,41	1,34	10,1	5,3	4,4
2,23	1,73	1,51	1,39	1,32	10,2	5,3	4,5
2,22	1,72	1,5	1,38	1,31	10,3	5,4	4,5
			$\frac{\beta_{eu}}{\gamma}$ (kN/cm²)		12,6	24,0	28,6

In der Zeile der Tabelle, in der wir den ermittelten k_h-Wert finden, steht der zugehörige Wert k_s in der Spalte der gewählten Stahlqualität. Mit diesem Wert k_s ermitteln wir den erforderlichen Querschnitt A_s [cm²].

$$\text{erf } A_s = k_s \cdot \frac{M}{h}$$

Das ist eine sehr verständliche Formel, denn A_s wächst mit dem Moment und verringert sich mit der Höhe h.

In den Wert k_s sind eingearbeitet:

– die Bruchdehnung β_s des Stahls,
– der Sicherheitsfaktor γ,
– der Faktor k_z, mit dem sich der Hebelarm z der inneren Kräfte aus der Höhe h ergibt.

$z = k_z \cdot h$, aber das müssen wir normalerweise gar nicht ermitteln, weil in k_s bereits berücksichtigt.

In den folgenden Abschnitten wird dies alles anhand von Zahlenbeispielen näher erläutert.

E Anmerkung :

Aufmerksame Leser haben sich vielleicht bei der Erwähnung des Sicherheitsfaktors γ gefragt: "Wieso, wir haben doch schon bei der Betonspannung aus Sicherheitsgründen einen kleineren Rechenwert cal ß angenommen, warum also zuerst diese Verringerung des Rechenwertes und jetzt noch einmal die Einführung eines Sicherheitsfaktors γ ?"

Der Grund ist folgender :
Die Herstellung von Stahl wird heute sehr genau beherrscht, deswegen genügt für ihn der relativ kleine Sicherheitsfaktor 1,75. Die Herstellung von Beton hingegen ist mit wesentlich größeren Unwägbarkeiten behaftet. Für ihn ist deswegen ein höherer Sicherheitsfaktor notwendig. Um hier im Traglastverfahren für Stahl und Beton mit einem einheitlichen Sicherheitsfaktor γ rechnen zu können, ist es also erforderlich, für die Betonspannung vorab einen verringerten Wert einzuführen, also mit der Rechenfestigkeit cal ß anstelle der tatsächlichen Mindest-Bruchfestigkeit (gleich Nennfestigkeit) zu arbeiten.

Zu erwähnen ist auch, daß das Zusammenwirken von Stahl und Beton nur durch einen Zufall möglich ist : Beide Materialien haben etwa den gleichen Wärmedehnungskoeffizienten α_t, dh. bei Temperaturänderung dehnen sie sich etwa gleich.

13 G 13.2 Stahlbeton - Balken

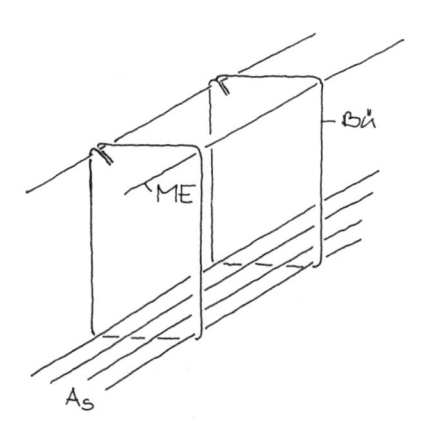

In einem Stahlbetonbalken werden nicht nur die im vorigen Abschnitt besprochenen Zug-Stähle angeordnet, sondern auch Bügel in Querrichtung und Montageeisen. Die Bügel dienen vor allem zur Aufnahme der Schubkräfte, mit Hilfe der Montageeisen werden die Bügel vor dem Einbringen und Abbinden des Betons in ihrer Lage gehalten.

Zugstähle (A_s), Bügel (Bü) und Montageeisen (ME) werden vor dem Betonieren zu "Körben" zusammengefügt, mit "Rödeldrähten" verbunden und in der Schalung unverrückbar befestigt.

Die Schalung ist die Gußform für den Beton. Soll sie nur einmal oder nur wenige Male verwendet werden, so wird sie aus Holz hergestellt, für Beton-Teile, die in hoher Stückzahl gefertigt werden, kommen Stahl-Schalungen infrage.

Alle Bewehrungsstähle müssen so angeordnet werden, daß sie ausreichend von Beton umgeben sind - sowohl gegen die Außenseiten des Betonteils als auch gegen andere parallel-laufende Stähle. Nur kreuzende Stähle dürfen sich unmittelbar berühren, z.B. Bügel mit den Längsstählen, also den Zugstählen oder Montagestählen.

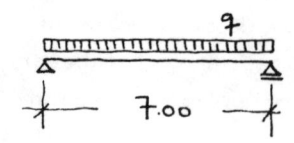

13 **G** Beispiel 13.2.1 (Dieses Beispiel wird unter "Zahlenbeispiele" in praxisüblicher Kurzschreibweise, jedoch mit anderen Abmessungen wiederholt).

Ein Träger ist über die Spannweite $l = 7,00$ m gelegt. (Er "spannt" über 7,00 m).
Gegeben sind die Lasten aus der den Träger belastenden Decke:

p = 20 kN/m

g_1 = 28 kN/m

Wir müssen zunächst die Abmessungen des Trägers schätzen, um eine Annahme für sein Eigengewicht treffen zu können.

Wir schätzen die Dicke d des Trägers mit $\frac{1}{10}$ der Spannweite und seine Breite b mit $\frac{1}{2}$ d :

d = 70 cm

b = 35 cm

(TABELLEN TEIL L)   Den Tabellen Teil L entnehmen wir das Gewicht des Stahlbetons mit 25 kN/m³.
(Beton aus Kies mit Stahleinlagen).

Damit ist das Eigengewicht des geschätzten Trägers je lfdm :

25 . 0,70 . 0,35 . 1,0 = 6,1 kN/m

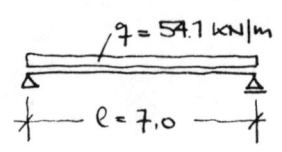

Lasten: p   = 20,0 kN/m
           g_1 = 28,0 kN/m
Eigengew. g_2 = 6,1 kN/m
           q   = 54,1 kN/m

13

(TABELLEN
TEIL StB 3)

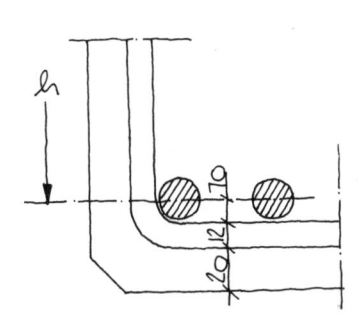

G Auflager, Querkräfte

$$A = B = \frac{54{,}1 \cdot 7{,}00}{2} = \underline{189{,}4 \text{ kN}}$$

$$Q_A = -Q_B = 189{,}4 \text{ kN}$$

Moment

$$\max M = \frac{54{,}1 \cdot 7{,}0^2}{8} = \underline{\underline{331{,}4 \text{ kN} \cdot m}}$$

Nachdem Auflagerreaktionen und maximales Moment ermittelt sind, folgt die Bemessung.

Bemessung

geschätzt: d = 70 cm

               b = 35 cm

Wie groß ist h? Um das zu ermitteln, müssen wir die Stärke der erforderlichen Beton-Deckung kennen. Nach der Tabelle ist sie für B 25, allgemeine Bauteile (dazu gehören Balken) und in geschlossenen Räumen (das nehmen wir hier an) 2 cm.

Den Durchmesser der Bügel nehmen wir zunächst mit 12 mm und den der Längseisen mit 20 mm an. Diese Annahmen werden später zu überprüfen sein. Daraus ergibt sich als Abstand a von der Außenkante des Trägers bis zum Schwerpunkt der Längseisen:

Halber Durchmesser	1,0 cm
Bügel	1,2 cm
Betondeckung	2,0 cm
a =	4,2 cm

Somit ist h = 70 cm - 4,2 cm ≈ 66 cm.

245

13 **G** Gebräuchlich ist die Schreibweise: d/h/b = 70/66/35

B 25

BSt 420/500

Jetzt können wir ermitteln:

$$k_h = \frac{h}{\sqrt{\frac{M}{b}}} \quad \begin{array}{l} h \,[cm] \\ M \,[kN \cdot m] \\ b \,[m] \end{array}$$

$$k_h = \frac{66}{\sqrt{\frac{331,4}{0,35}}} = 2,14 \approx 2,1$$

Den zugehörigen k_s-Wert finden wir in der k_h-Tabelle. Er steht in der gleichen Zeile wie $k_h = 2,1$, wobei k_h in der Spalte für B 25, k_s in der Spalte für BSt 420/500 zu finden ist – also jeweils in der Spalte für die gewählten Materialien.

$k_s = 4,8$

(TABELLEN TEIL StB 3.1)

	k_h			k_s	
	B 25			BSt 420/500	
...	...	...	...	...	...
...	2,1			4,8	...
...	...	...	...	...	...

Mit diesem k_s bestimmen wir den erforderlichen Querschnitt A_s der Zugstäbe:

$$A_s = k_s \; \frac{M \,[kN \cdot m]}{h \,[cm]}$$

$$\text{erf } A_s = 4,8 \; \frac{331,4}{66} = 24,1 \text{ cm}^2$$

13

(TABELLEN TEIL StB 2)

G Welche Stähle sollen wir wählen ? Hierfür gibt es keine festen Regeln . Im Prinzip kann man nur sagen, daß man für größere Balken Stähle mit größerem Durchmesser – also etwa 20 mm –, für kleine Fensterstürze solche mit kleineren Durchmessern – also etwa 12 mm – wählen wird. Versuchen wir es mit ⌀ 20 mm. Ein Rundstahl ⌀ 20 hat die Querschnittsfläche $A_s = 3,14$ cm². Wir benötigen hier also 8 Rundstähle ⌀ 20. In der Tabelle Teil StB 2.4 finden wir

$$8 \, ⌀ \, 20 = 25,13 \text{ cm}^2 > \text{erf } A_s$$

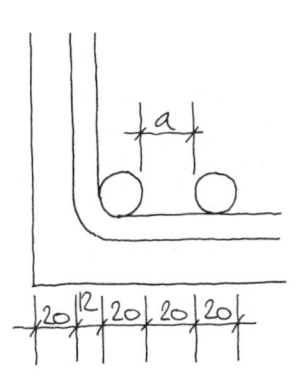

Wie finden diese Rundstähle Platz in dem Träger ? Die Zwischenräume a zwischen den Rundstählen müssen mindestens 20 mm und mindestens gleich dem Stahl-Durchmesser sein.

$$d \leq a \geq 20 \text{ mm}$$

In unserem Fall ist also der Mindestabstand gleich dem Stahldurchmesser. Wenn die Stähle in e i n e r Lage angeordnet werden, so muß der Träger mindestens breit sein :

8 ⌀ 20	8 . 2,0 =	16,0 cm
7 Zwischenräume	7 . 2,0 =	14,0 cm
2 Bügel	2 . 1,2 =	2,4 cm
Betondeckung	2 . 2,0 =	4,0 cm
	erf b =	36,4 cm

13

G Die Stähle passen also nicht in einer Lage in den Träger von b = 35 cm. Es gibt hier 3 Möglichkeiten der Abhilfe :

1. Verbreiterung des Trägers auf 37 cm.
   Die geringe Erhöhung des Eigengewichts kann dabei vernachlässigt werden.
2. Anordnung in 2 Lagen. Sie führt zu einer Verringerung von h, da der Schwerpunkt der Eisen vom gezogenen Rand weiter entfernt ist als bei nur 1 Lage. Neubemessung wäre erforderlich. Bewehrung in 2 Lagen wird im nächsten Beispiel näher behandelt.
3. Wahl größerer Durchmesser. Sie führt zu einer kleineren Anzahl von Stäben und Abständen.

Wählen wir Möglichkeit 3 :

gewählt : 5 ⌀ 25 = 24,5 cm²

Erforderliche Trägerbreite :

5 ⌀ 25	5 . 2,5 =	12,5 cm
Zwischenräume	4 . 2,5 =	10,0 cm
Bügel	2 . 1,2 =	2,4 cm
Betondeckung	2 . 2,0 =	4,0 cm
	erf. b =	28,9 cm

(s. Bewehrungsplan S.278)

Der Träger mit der Breite von 35 cm reicht aus, die Eisen in einer Lage anzuordnen.
Wir können die Trägerbreite sogar auf 30 cm reduzieren, müßten dann allerdings die Bemessung ab Ermittlung des k_h-Wertes (genau genommen ab Lastaufstellung) wiederholen.

Eine weitere Möglichkeit, die Eisen besser unterzubringen, besteht darin, die Höhe des Trägers zu vergrößern und so A_s zu verkleinern. Entsprechend würde eine Verringerung der Höhe zu einer Vergrößerung von A_s führen.

13   **G**   Beispiel 13.2.2

Für den Träger mit max M = 331,4 kN · m
stehe nur eine begrenzte Höhe zur Verfügung :
d = 60 cm.
Wir gehen davon aus, daß hier 2 Lagen erforderlich sind und nehmen deshalb die Höhe h entsprechend an :

h = 60 - 7 = 53 cm   d/h/b = 60/53/35

B 25

BSt 420/500

$$k_h = \frac{53}{\sqrt{\frac{331,4}{0,35}}} = 1,72 \longrightarrow k_s = 5,4$$

$$\text{erf } A_s = 5,4 \cdot \frac{331,4}{53} = 33,8 \text{ cm}^2$$

(s. Bewehrungsplan S.278)   ▶ gew: 7 ⌀ 25 ≙ 34,4 cm² > erf A_s

E   Hier wurde soviel Stahl angeordnet, daß die zulässige Stahldehnung und damit auch die Stahlspannung nicht voll ausgenutzt wurden – so konnte eine Überschreitung der zulässigen Betondehnung verhindert werden.
Dies läßt die k_h -Tabelle erkennen :
Die beiden letzten Spalten geben an, wie groß die Betondehnung ε_b und die Stahldehnung ε_s bei γ -fachem (also 1,75-fachem) Moment wäre :
In der stark begrenzten Zeile (k_h = 1,9 für B 25) ist ε_b = 3,50 ‰ und ε_s = 5,00 ‰ .
Hier sind die zulässigen Dehnungen voll ausgenutzt.
In den Zeilen darüber ist die Betondehnung kleiner, d.h. der Beton ist nicht voll ausgelastet, in den Zeilen darunter ist die Stahldehnung kleiner, d.h. der Stahl ist nicht voll ausgelastet.

13

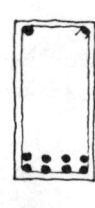

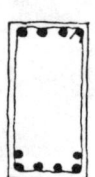

E Soll der Betonquerschnitt noch weiter verringert werden, so läßt sich das erreichen durch
1. noch weitere Verringerung der Stahldehnung, d.h. noch höheren Stahlquerschnitt. Mehr als 2 Lagen dürfen jedoch nicht angeordnet werden.
2. Druckstähle. Auch die Betondruckzone kann durch Eisen verstärkt werden. (Genau genommen wirken bereits die Montagestähle als solche Druckstähle, werden aber nur selten als solche berücksichtigt).

Beide Methoden sind jedoch wegen hohen Stahlverbrauchs unwirtschaftlich, sie sollten nur selten angewandt werden. Auch sollte man in der Vorbemessung diese letzten Reserven nicht ausschöpfen.

13   G   Schub

Die Schubspannung eines Stahlbetonträgers wird ermittelt nach der Formel

$$\tau_o = \frac{Q}{b \cdot z} \qquad \text{(vergl. Abschnitt 8.2)}$$

$z = h \cdot k_z$ Der Hebelarm z der inneren Kräfte ist
$z = h \cdot k_z$, der Wert k_z ist in der k_h-Tabelle in der Spalte k_z zu finden, jeweils in der Zeile des ermittelten k_h. Überschläglich ist
$z \approx 0,8 \, h$.

Für unsere beiden Beispiele ergibt sich damit:

Zu Beispiel 13.2.1

Q = 189,4 kN   h = 66 cm
B 25   b = 35 cm

Bei $k_h = 2,1$ finden wir $k_z = 0,87$
daher ist $z = 0,87 \cdot 66 = 57,5$ cm

$$\tau_o = \frac{189,4}{35 \cdot 0,87 \cdot 66} = 0,094 \; kN/cm^2$$

Die zulässigen Schubspannungen stehen in
(TABELLEN   Tabelle Teil StB 3.1.
TEIL StB 3.1)   Hier finden wir drei Zeilen für Balken mit Anmerkungen über die Art der Schubdeckung. In der Spalte für B 25 sind den Zeilen folgende Werte für zul τ zugeordnet:

     Konstruktive Schubdeckung   zul $\tau \leq 0,075$ kN/cm²
     verminderte Schubdeckung   zul $\tau \leq 0,18$ "
     volle Schubdeckung   zul $\tau \leq 0,30$ "

Unser vorh $\tau = 0,094$ kN/cm² fällt also unter verminderte Schubdeckung.

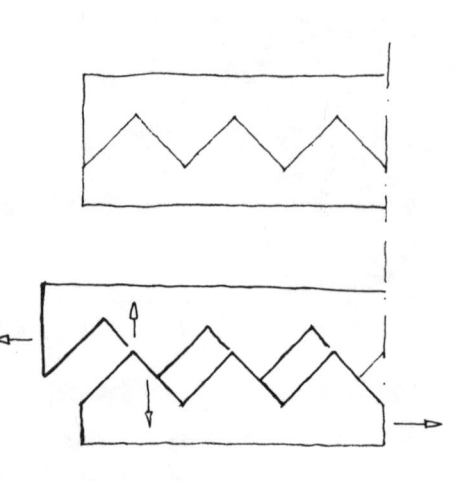

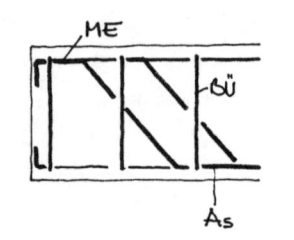

G Was bedeutet das ? Die Schubkraft muß durch Stähle aufgenommen werden. Die Bügel nehmen Schub auf. Oft wird auch ein Teil der Längseisen aufgebogen – diese aufgebogenen Schrägeisen wirken besonders günstig zum Aufnehmen der Schubkraft.

Man kann sich die innere Rauhigkeit des Betons vereinfacht als Sägezahn vorstellen. Würde die Schubkraft eine obere Schicht des Betons gegen eine darunterliegende entlang einem so entstehenden Schubriß verschieben, so würde sie den Beton entlang diesem Sägezahn schräg nach links oben schieben müssen. Dem wirken sowohl die Bügel als auch die Schrägeisen entgegen – sie halten gleichsam den Beton oberhalb und unterhalb des gedachten Sägezahns zusammen. Auf diesem Gedankenmodell – der sogenannten Fachwerkanalogie nach Mörsch[*] – basiert die Ermittlung der erforderlichen Schubeisen.

Bei konstruktiver Schubdeckung genügt es, nach konstruktiven Gesichtspunkten Bügel anzuordnen. Für verminderte und für volle Schubdeckung müssen die Bügel und eventuell die Schrägstähle nachgewiesen – d.h. rechnerisch ermittelt – werden. Da diese Stähle jedoch immer im Balken Platz finden, also nicht, wie die Längsstähle, maßgebend für die Abmessungen des Balkens sein können, wird hier auf die Darstellung dieses Nachweises verzichtet. Allenfalls über die Bügelabstände nach DIN 1045 sollten wir wissen :

---

[*]) Mörsch, Emil 1872 – 1959

13   **G**

Schubbewehrung bei	größter Bügelabstand $s_{bü}$
konstruktiver Schubdeckung	30 cm bzw. 0,8 d
verminderter Schubdeckung	25 cm bzw. 0,5 d
voller Schubdeckung	20 cm bzw. 0,3 d

der kleinere Wert ist maßgebend

In unserem Fall also ist der Abstand der Bügel $s_{bü}$ = 25 cm (0,5 d = 0,5 · 70 cm ist größer, also nicht maßgebend).

Die zulässige Schubspannung für volle Schubdeckung darf in keinem Fall überschritten werden. Wäre also bei B 25 die Schubspannung vorh τ_o > 0,30 kN/cm², so müßte der Balken neu bemessen werden. Nur in diesem Fall ist die Schubspannung maßgebend für die Abmessungen des Trägers. Besonders bei kurzen, hochbelasteten Trägern kann die Schubspannung hoch und damit maßgebend werden.

G <u>Für die Abmessungen eines Balkens können somit
3 Kriterien maßgebend sein :</u>

1. Die <u>Betonstauchung</u> ε_b
   Sie darf bei γ-facher Last 3,5 ‰ nicht überschreiten. Wir erkennen ε_b am k_h-Wert.
   Wenn er auf der Tabelle für den gewählten
   Beton zu finden ist, bleibt die Betonstauchung
   im zulässigen Bereich. Ist k_h kleiner als
   die Tabellenwerte, so muß der Balken größer
   bemessen werden.

2. Der <u>Stahlquerschnitt</u> A_s
   Er muß in 1 oder 2 Lagen mit den vorgeschriebenen Abständen in Balken angeordnet werden
   können. Ist dies nicht möglich, so muß der Balken
   breiter bemessen werden. (Oder höher, um so
   A_s zu verringern).

3. Die <u>Schubspannung</u> τ_o
   Zul τ für volle Schubdeckung darf nicht überschritten werden.

<u>Erste Schätzwerte</u>

$$d \approx \frac{l}{15} \div \frac{l}{10}$$

$$b \approx \frac{d}{2}$$

13 G   13.3 Stahlbeton-Platten

Platten sind ebene, flächenartige Tragwerke, die über ihre kleinste Abmessung auf Biegung beansprucht werden. Die Dicke d und mit ihr die statische Höhe h sind also wesentlich kleiner als die Breite b und die Spannweite l.

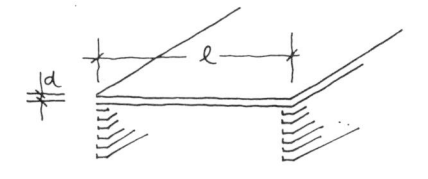

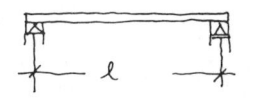

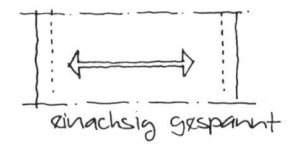

Platten können auf 2 gegenüberliegenden Wänden oder Trägern aufliegen, sie werden dann als "einachsig gespannte Platten" bezeichnet.

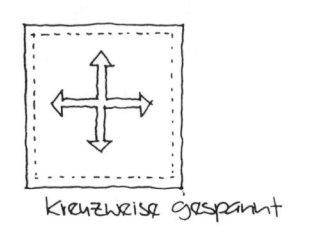

einachsig gespannt

Platten können auch auf 4 Seiten einer ca. quadratischen Fläche aufliegen. Sie heißen dann "kreuzweise gespannt" oder "allseitig aufgelagert".

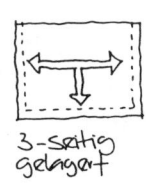

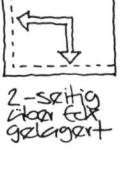

kreuzweise gespannt

In Sonderfällen sind Platten auf 3 Seiten oder auf 2 Seiten über Eck gelagert.

3-seitig gelagert   2-seitig über Eck gelagert

13 G

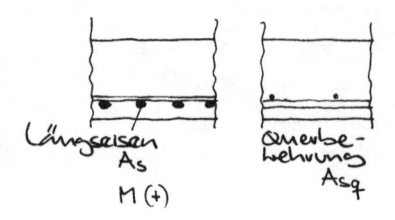

In diesem Kapitel werden nur die einachsig-gespannten Platten behandelt. Sie wirken wie Balken mit kleiner Höhe und sehr großer Breite und werden auch so bemessen. Die Stähle werden aber nicht zu Körben verbunden, sondern zu Matten aus Längs- und Querstählen. Es gibt also keine Bügel und nur in seltenen Ausnahmefällen schräge Aufbiegungen. Die Matten können vorgefertigt bezogen werden, sie sind unter Bezeichnungen wie "Baustahlgewebe BStG" oder "Betonstahlmatten" im Handel. Diese Matten werden so gelegt, daß ihre Längsstähle - also die Rundstähle in Tragrichtung - möglichst nahe dem gezogenen Rand liegen, denn dort wirken sie am günstigsten. Im Bereich der positiven Momente werden also die Matten mit den Längsstäben nach unten und den Querstäben nach oben gelegt.

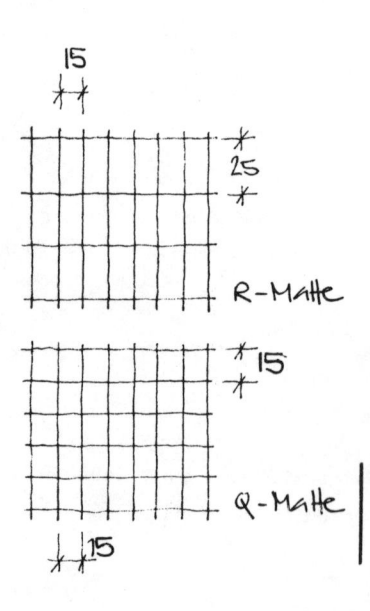

Bei den gebräuchlichsten Baustahl-Matten beträgt der Abstand der Längsstäbe 15 cm, der der Querstäbe 25 cm. Diese Matten, deren Stähle Rechtecke bilden, werden als "R-Matten" bezeichnet. Sie werden vor allem für einachsig gespannte Platten verwendet. Andere Matten, deren Stäbe Quadrate bilden werden als "Q-Matten" bezeichnet. Der Stababstand beträgt dort meist 15 cm in jeder Richtung.

Als Betondeckung genügt in der Regel 1 cm, wenn die Platte an Innenräume grenzt, 1,5 cm an solchen Plattenseiten, die ans Freie grenzen.

13

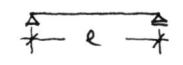

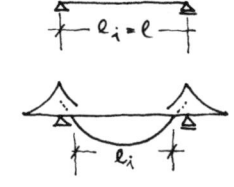

G Um die Durchbiegung zu begrenzen, schreibt DIN 1045 als Mindesthöhe

$$h \geq \frac{1}{35} l_i \quad \text{vor.}$$

Hierbei ist l_i der Abstand der Momenten-Nullpunkte. Bei Platten ohne Kragarme also ist $l_i = l$, bei Platten mit Kragarmen ist $l_i < l$.

Für Platten, die leichte Trennwände tragen, gilt eine noch strengere Begrenzung der Durchbiegung, denn hier soll verhindert werden, daß diese leichten Trennwände Risse bekommen, wie dies infolge einer zu großen Decken-Durchbiegung leicht geschehen könnte. Deshalb gilt für Decken <u>mit</u> leichten Trennwänden:

$$h \geq \frac{l_i^2}{150}$$

(Die Formel ist dimensionsecht, wenn wir h und li in [m] einsetzen).

Hier sei vorweggenommen, daß bei Durchlaufplatten mit ca. gleichen Feldern näherungsweise gilt:

Endfeld: $\quad l_i \approx 0{,}8\, l$
Mittelfelder: $l_i \approx 0{,}6\, l$

13

G Unter den im Hochbau normalerweise vorkommenden Flächenlasten ist dieses Maß $h \geq \frac{l_i}{35}$ bzw. $h \geq \frac{l_i^2}{150}$ immer maßgebend für die Bestimmung der Plattendecke. Damit ist uns für Entwurf und Vorbemessung ein wichtiges und einfaches Hilfsmittel an die Hand gegeben:
Wir bestimmen die Dicke einer Platte über

$$h \geq \frac{l_i}{35} \quad \text{bzw.} \quad h \geq \frac{l_i^2}{150}$$

Daraus ergibt sich die Dicke d.

Nehmen wir den Durchmesser der Längseisen mit ∅ 1 cm an, so ergibt sich in Innenräumen
$$d = h + 1,5 \text{ cm}$$
und im Freien
$$d = h + 2 \text{ cm}.$$
Aus Gründen der Schalldämmung sollte man aber Deckenplatten zwischen Geschossen mit

$$d \geq 15 \text{ cm wählen,}$$

dünnere Decken erfordern zusätzliche Schallschutzmaßnahmen.

Die Stahleinlagen lassen sich in der Deckenplatte immer unterbringen – A_s ist also nicht maßgebend für die Dicke. Auch der Schub wird so gut wie nie kritisch, ist also nicht maßgebend für die Dicke der Platte.

13   **G** Soll auch die Bewehrung ermittelt werden, so gehen wir so vor, wie bei der Bemessung eines Balkens. Um die Rechnung zu vereinfachen, betrachten wir hier einen 1 m breiten Streifen der Platte. Da in der k_h - Formel

$$k_h = \frac{h}{\sqrt{\frac{M}{b}}}$$

b in [m] angegeben wird (jetzt erkennen wir auch, warum !), erscheint b jetzt nicht mehr in der Rechnung :

$$k_h = \frac{h}{\sqrt{\frac{M}{b}}} \quad \Rightarrow \quad k_h = \frac{h}{\sqrt{M}}$$

Wie bei der Bemessung des Balkens ist

$$A_s = k_s \cdot \frac{M}{h}$$

Dabei ist M das Moment des 1 m -breiten Streifens und A_s der Stahlquerschnitt, der über 1 m zu verteilen ist.

13 G Beispiel 13.3.1 Stahlbeton-Platte über Innenraum
(Auch dieses Beispiel wird unter "Zahlenbeispiele" in praxisüblicher Kurzschreibweise, jedoch mit anderen Abmessungen wiederholt).

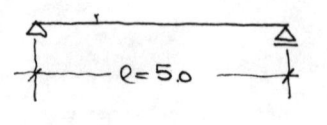

$$l = 5,00 \text{ m}$$

$$h \geq \frac{500}{35} = 14,3 \text{ cm}$$

$$\rightarrow d = 16 \text{ cm}$$

Lastaufstellung

Eigengewicht $0,16 \cdot 1,00 \cdot 25 = 4,0$ kN/m²
Belag und Putz $\approx 1,0$ kN/m²

$\overline{g} = 5,0$ kN/m²

Nutzlast für Wohnraum $\overline{p} = 1,5$ kN/m²

$\overline{q} = 6,5$ kN/m²

Auflagerreaktion für den 1 m breiten Streifen:

$$A = B = \frac{q \cdot l}{2} = \frac{6,5 \cdot 5,0}{2} = \underline{16,25 \text{ kN}}$$

$$Q_A = - Q_B = \qquad\qquad\qquad 16,25 \text{ kN}$$

Moment für den 1 m breiten Streifen:

$$\max M = \frac{q \cdot l^2}{8} = \frac{6,5 \cdot 5,0^2}{8} = \underline{\underline{20,4 \text{ kN}\cdot\text{m}}}$$

Bemessung

Die Dicke d wurde auf volle cm aufgerundet. Damit ist auch h etwas größer geworden als $\frac{l_i}{35}$. Wir arbeiten selbstverständlich mit dem tatsächlich vorhandenem h.

$$h = 16 - 1 - 0,5 = 14,5 \text{ cm}$$

$$d/h/b = 16/14,5/100$$

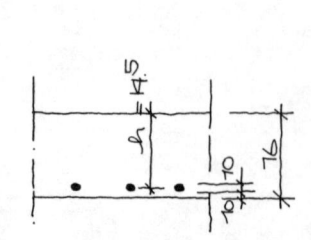

13 **G** Jetzt wird die Bemessung wie bei einem Balken durchgeführt. Baustahlgewebe besteht aus:

BSt 500/550

Wir schreiben also: B 25/BSt 500/550

$$k_h = \frac{h}{\sqrt{M}} = \frac{14,5}{\sqrt{20,4}} = 3,2$$

Dieser hohe k_h-Wert zeigt eine geringe Betonstauchung an und führt zu niedrigem k_s.

$\longrightarrow k_s = 3,8$

$\text{erf } A_s = 3,8 \cdot \frac{20,4}{14,5} = 5,35 \text{ cm}^2$

Auch diese erforerliche A_s ist auf den 1 m breiten Streifen bezogen. Die gebräuchlichen Baustahlmatten sind so bezeichnet, daß aus der Bezeichnung der Stahlquerschnitt je m unmittelbar abgelesen werden kann.
So hat z.B. die Matte R 317 einen Stahlquerschnitt von 3,17 cm²/m. Wir wählen hier die Matte R 589 mit $A_s = 5,89$ cm²/m $>$ erf A_s

Wir schreiben also: ► gew. R 589.

(TABELLEN TEIL StB 2)

Der Tabelle in Teil StB 2 entnehmen wir näheres über diese Matte: Die Längsstähle liegen im Abstand von 15 cm, es sind Doppelstäbe mit je 7,5 mm Durchmesser. Diese Doppelstäbe wurden gewählt, damit dort, wo sich die Matten an ihren Rändern überlappen, auch nur die gleiche Bewehrung vorhanden ist:
Jede Matte hat nämlich an den Rändern Einzelstäbe, durch die Überlappung kommen wieder jeweils 2 Stäbe zusammen.

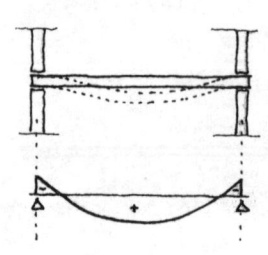

13 **G** Die Querstäbe ⌀ 6,5 liegen im Abstand 25 cm.
Dies führt zu $A_{sq} = 1,33$ cm² $= 0,2\ A_s$.
Die Querbewehrung muß mindestens 1/5 der Längs-
bewehrung betragen.

An den Rändern können durch darüberstehende
Wände o.ä. unbeabsichtigte Einspannungen und
damit negative Momente entstehen. Ihnen begegnen
wir durch eine schwache obere Bewehrung entlang
den Rändern, genannt "Randbewehrung" oder
"Randeinspannungsmatten". (s. Bewehrungs-
skizze S. 285).

Zusammenfassung

Für die Bemessung von Stahlbetonplatten merken
wir uns :

Das maßgebende Kriterium ist immer

$$h \geq \frac{l_i}{35}$$

bzw. $h \geq \dfrac{l_i^2}{150}$ (Decken mit leichten Trennwänden)

Daraus ergibt sich die Dicke mit $d \approx h + 2$ cm.

Die erforderlichen Stähle - meist Baustahlmatten -
lassen sich immer unterbringen, sind also für die
Plattendicke nicht maßgebend.
Betondruckspannung (-stauchung) oder Schub
werden fast nie kritisch.

13 G 13.4 Plattenbalken

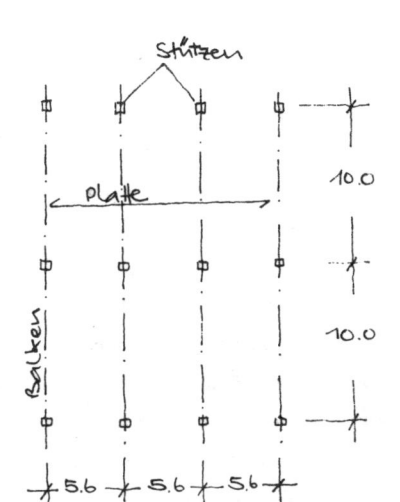

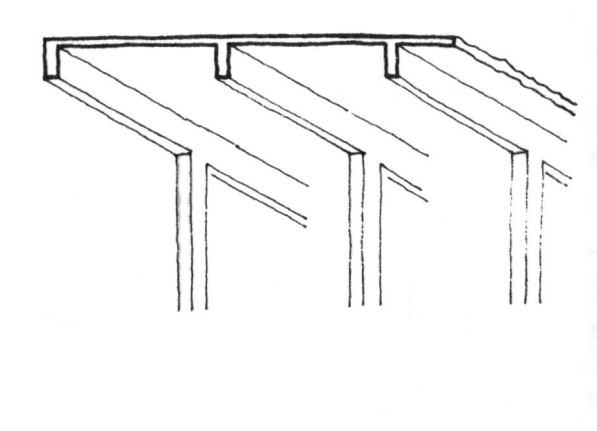

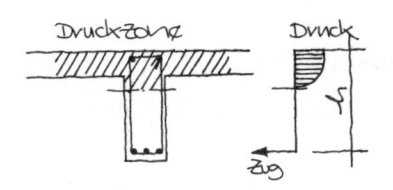

Eine Stb-Platte wird zwischen Stb-Balken gespannt. Die Spannweite der Balken ist wesentlich größer als die der Platte. (In unserem Beispiel nahezu doppelt so groß). Die Platte erfüllt hier zwei Funktionen :
- Sie trägt als Platte von Balken zu Balken.
- Sie vergrößert die Druckzone jedes Balkens.

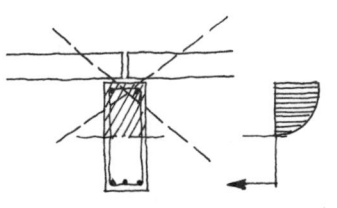

Wenn Balken und Platte eine Einheit bilden - also in einem Betoniervorgang gegossen wurden und durch die Armierung verbunden sind - so breiten sich die Druckspannungen vom Balken her über den angrenzenden Bereich der Platte aus - der Druck verteilt sich über eine breite Druckzone, die Druckspannungen werden kleiner.

13

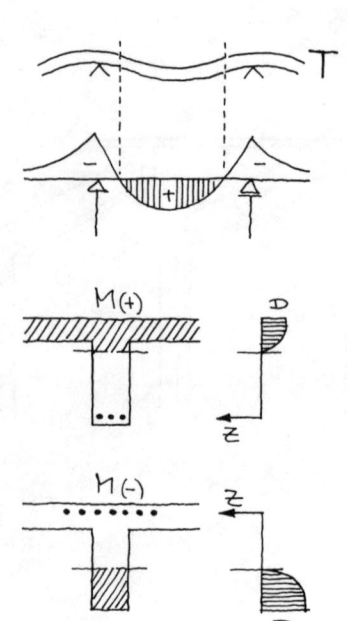

G Das gilt im Bereich der positiven Momente (+), dort ist die Druckzone oben, sie kann sich über einen weiten Bereich der Platte ausdehnen.

Im Bereich der negativen Momente (-) hingegen ist die Druckzone unten im Balken. Hier ist keine Platte im Druckbereich – nur die Breite des Balkens selbst wirkt als Druckzone.

Die Platte im Zugbereich ist aber von Nutzen für die Unterbringung der Stähle : Sie werden nicht nur in der Breite des Balkens selbst angeordnet, sondern zum Teil auch im angrenzenden Bereich der Platte, in den ja die Zugspannungen übergreifen. Wenn im Balken oben Zug herrscht, er also oben gedehnt wird, so wird auch der benachbarte Bereich der Platte gedehnt. Die Stähle, die hier Platz finden, tun also auch der Platte Gutes : Sie verhindern Risse oder verteilen sie zumindest auf viele kleine Haarrisse.

Beispiel 13.4.1 (Wird im Anhang "Zahlenbeispiele" in praxisüblicher Schreibweise wiederholt)

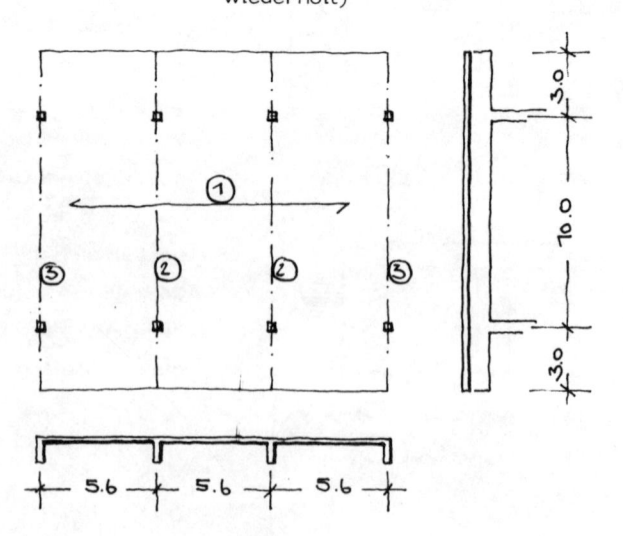

13   **G**   Pos. 1 Platte

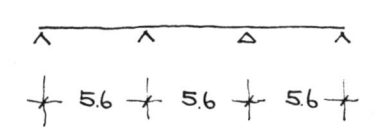

Das ist eine Durchlaufplatte über 3 Felder – also ein statisch unbestimmtes System.

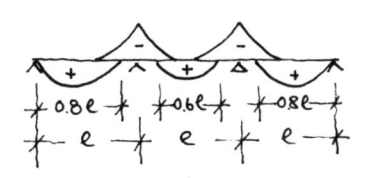

Wie schon erwähnt, können wir die Abstände der Momenten – Nullpunkte bei Durchlaufträgern annehmen :

Für Endfelder : $l_i \approx 0,8\, l$

Für Innenfelder : $l_i \approx 0,6\, l$

Wenn wir dieses Maß l_i kennen, so können wir mit

$$h \geq \frac{l_i}{35} \quad (bzw. \quad h \geq \frac{l_i^2}{150})$$

die Dicke der Platte bestimmen. (Vergl. Abschnitt 14.3)

Die Platte unseres Beispiels sei in allen Feldern gleich dick, maßgebend für die Dicke ist also das Endfeld mit $l_i = 0,8\, l$.

$l_i = 0,8 \cdot 5,60\,m = 4,50\,m$

$h \geq \dfrac{450}{35} = 12,9\,cm$

erf d $= 12,9\,cm + 1,5\,cm = 14,4\,cm$

▸ gewählt : d $= 15\,cm$

Lastaufstellung

Eigengewicht der Platte
0,15 m . 25 kN/m³   =   3,75 kN/m²
Belag, Unterdecke, Isolation   ca   1,25 kN/m²
                                          $\bar{g} =$ 5,00 kN/m²
Verkehrslast $\bar{p} =$ 5,00 kN/m²
                                          $\bar{q} =$ 10,00 kN/m²

G Pos. 2 Plattenbalken

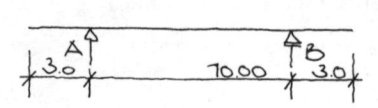

Wegen der Entlastung durch die Kragarme und der mitwirkenden Druckplatte kann die Gesamtdicke kleiner geschätzt werden als bei einem Balken ohne Kragarme. Wir schätzen :

$$\frac{l}{14} = \frac{1000}{14} = 70 \text{ cm}$$

Lastaufstellung

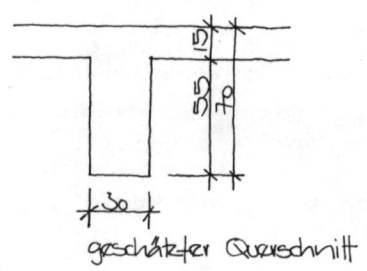

g aus Platte 5,0 kN/m² . 5,6 m   = 28,0 kN/m
Eigengewicht Balken (geschätzt)
0,30 m . 0,55 m . 25 kN/m³   = 4,1 kN/m
(Für die Lastaufstellung wird nur
der Teil des Balkens berücksichtigt,
der unterhalb der Platte liegt, denn
die Dicke der Platte ist schon in Pos. 1
lastmäßig erfaßt)

                                    g = 32,1 kN/m

Verkehrslast aus
Platte, Pos. 1
5,0 kN/m² . 5,6 m =   p = 28,0 kN/m
                                   q = 60,1 kN/m

Auflager, Querkräfte

$A = B = (3,0 \text{ m} + \frac{10,0 \text{ m}}{2}) \cdot 60,1$ kN/m

                                   = 481,0 kN
Q_{Al} = - 3,0 m . 60,1   = - 180,3 kN
Q_{Ar} = - 180,3 + 481   = 300,7 kN
Q_{Bl} =   - 300,7 kN
Q_{Br} =   180,3 kN

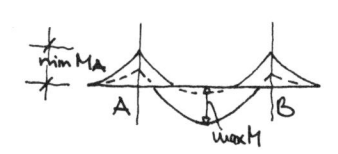

13

G Momente

$$\min M_A = \min M_B = -\frac{60,1 \cdot 3,0^2}{2}$$

$$= -270,45 \text{ kN} \cdot \text{m}$$

$$\max M_A = \max M_B = \frac{32,1 \cdot 3,0^2}{2}$$

$$= -144,45 \text{ kN} \cdot \text{m}$$

$$\max M = \frac{q \cdot l^2}{8} + \max M_A$$

$$\max M = \frac{60,1 \cdot 10,0^2}{8} - 144,45$$

$$\max M = 606,80 \text{ kN} \cdot \text{m}$$

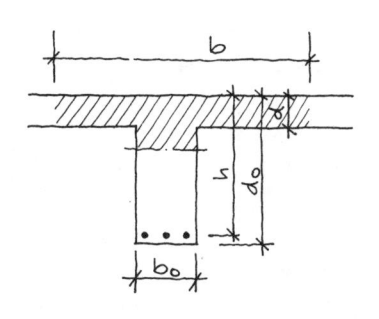

Bemessung   B 25; BSt 420/500

Um Verwechslungen mit den Bezeichnungen der Platte zu vermeiden, wird die Bezeichnung d für die Platten-Dicke auch hier beibehalten. Die Gesamtdicke des Balkens wird mit d_o bezeichnet. Entsprechend wird die Breite des Balkens selbst mit b_o und die mitwirkende Breite der Platte mit b benannt.

1. Bemessung im Feld

Wie groß ist die mitwirkende Breite b der Platte? Die Betondruckspannung verteilt sich allmählich über die fragliche Breite. Am Auflager ist die mittragende Breite kaum größer als der Balken selbst, in der Mitte der Feldlänge ist sie am größten. Je länger der Balken ist, um so weiter kann sich die Druckspannung über die Platte verteilen, um so breiter wird die mittragende Breite b sein.

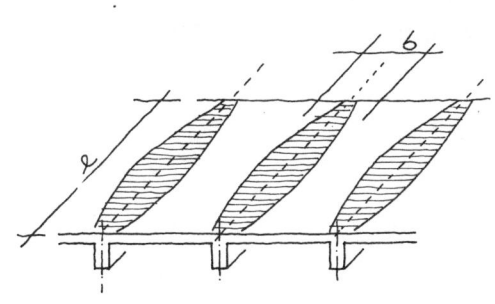

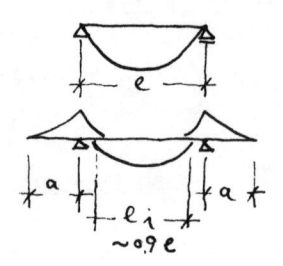

13 **G** Wir können mit brauchbarer Näherung die Breite
b mit einem Drittel der Spannweite ansetzen
bzw. bei Trägern mit Kragarm oder bei Durchlaufträgern mit einem Drittel der Nullpunktent-
fernung l_i. (Eine genauere Ermittlung ist in
DIN 1045 angegeben, auf sie können wir hier verzichten.)

$$b \approx \frac{l_i}{3}$$

Selbstverständlich kann b in keinem Fall größer
werden als die tatsächlich vorhandene Breite,
in unserem Beispiel also keinesfalls größer als
der Abstand 5,6 m von Balken zu Balken.

Jetzt sind also b und d bekannt. Die anderen
Maße müssen wir zunächst schätzen, bzw. wir
haben sie bereits für die Lastaufstellung geschätzt.

$$b = \frac{900}{3} = 300 \text{ cm}$$

$$b_o = 30 \text{ cm}$$

$$d = 15 \text{ cm}$$

$$d_o = 70 \text{ cm}$$

voraussichtlich
2 Lagen, daher $\quad h = 70 - 7 = 63 \text{ cm}$

$$k_h = \frac{h}{\sqrt{\frac{M}{b}}} = \frac{63}{\sqrt{\frac{606,8}{3,00}}} = 4,43 \quad \bigg| \begin{array}{l} \text{B 25} \\ \text{BSt 420/500} \end{array}$$

$$\rightarrow k_s = 4,4$$

$$A_s = 4,4 \cdot \frac{606,8}{63} = 42,4 \text{ cm}^2$$

▶ gew.: 9 ∅ 25 = 44,2 cm² (2 Lagen)

13

ME 2⌀12

9⌀25

(TABELLEN TEIL StB 1.3)

A_s 2⌀25
2⌀12
4⌀16

2⌀25

2⌀12   7⌀25

(s. Bewehrungsplan S. 286)

Gerf Breite : erste Lage 5 ⌀ 25 = 12,5 cm
4 Zwischenräume 4 . 2,5 = 10,0 cm
Bügel 2 ⌀ 12 = 2,4 cm
Betondeckung 2 . 2,0 = 4,0 cm
28,9 cm

b_o = 30 cm

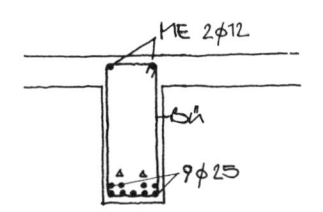

2. Bemessung über der Stütze

Hier steht als Breite nur b_o = 30 cm
zur Verfügung. d_o = 70 cm
voraussichtlich 1 Lage: h = 66 cm
b_o = 30 cm

$$k_h = \frac{66}{\sqrt{\frac{270,45}{0,30}}} = 2,2$$

$\rightarrow k_s = 4,7$

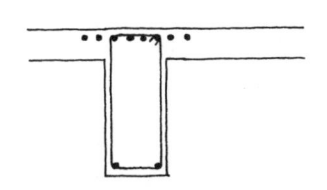

$A_s = 4,7 \cdot \dfrac{270,45}{66} = 19,3$ cm²

▸ aufgebogen 2 ⌀ 25 = 9,8 cm²
Montageeisen 2 ⌀ 12 = 2,2 cm²
Zulage 4 ⌀ 16 = 8,0 cm²
20,0 cm²

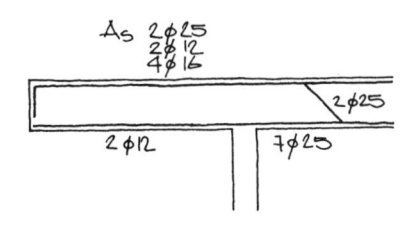

Es werden hier 2 ⌀ 25 der Feldbewehrung, die nahe dem Auflager unten nicht mehr gebraucht werden, nach oben aufgebogen, so daß sie jetzt oben für die Zugbewehrung über der Stütze zur Verfügung stehen. Zudem wirken die Aufbiegungen als Schubbewehrung. Die 4 ⌀ 16 wurden gewählt, um auch im angrenzenden Bereich der Platte einen Teil der Stähle anordnen zu können - und da ist es besser, mehrere dünne als wenige dicke Eisen zu verteilen, hier also besser 4 ⌀ 16 als 2 ⌀ 25.

13   E   3. Bemessung auf Schub

$$Q_{Ar} = 300{,}7 \text{ kN}$$

$$\tau_o = \frac{300{,}7}{30 \cdot 66 \cdot 0{,}88} = 0{,}17 \text{ kN/cm}^2$$

→ verminderte Schubdeckung.

(TABELLEN
TEIL StB 3.1)

Die Höhe $h = 66$ cm ist der Bemessung über der Stütze entnommen, denn dort tritt die größte Schubkraft Q_{Ar} auf. Der Wert $k_z = 0{,}88$ ist in der gleichen Zeile zu finden wie der an der Stütze ermittelte Wert $k_h = 2{,}2$. Als Breite darf selbstverständlich nur b_o eingesetzt werden – die kleinste vorhandene Breite.

Für den Plattenbalken unseres Beispiels ist verminderte Schubdeckung erforderlich.
(Die Ermittlung der Schubstähle wird hier nicht behandelt).

(s. Bewehrungsplan S.286)

▶ gew.: Bügel ⌀ 10 , Abstand $e = 25$ cm
       aufgebogen ⌒ 2 ⌀ 25

13

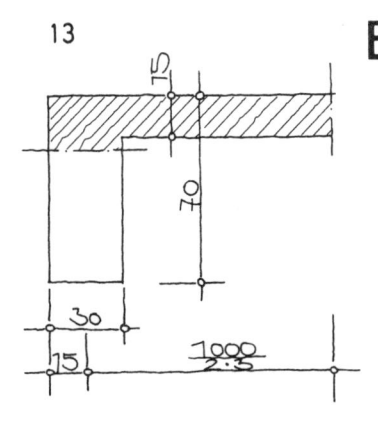

Pos 3 Randbalken

Aus konstruktiven Gründen werden für den Randbalken dieselben Abmessungen gewählt wie für die anderen Plattenbalken. Die Breite b ist hier kleiner, weil nur auf der einen Seite die mitwirkende Platte vorhanden ist.

Daher setzt sich b zusammen:

$$\text{rechts}: \frac{1}{2} \cdot \frac{l_i}{3} = \frac{900}{2 \cdot 3} = 150 \text{ cm}$$

$$\text{links}: \frac{b_0}{2} = \frac{30}{2} = 15 \text{ cm}$$

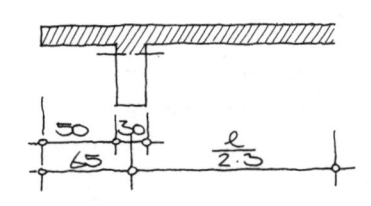

$$\underline{b = 165 \text{ cm}}$$

Für den hier skizzierten Fall würde gelten:

$$b = \frac{l_i}{2 \cdot 3} + 65 \text{ cm}$$

Die übrige Bemessung verläuft wie bei Pos. 2.

G Zusammenfassung

Im Plattenbalken verteilt sich im Bereich der positiven Momente der Druck über eine große mitwirkende Breite der Platte, die Druckspannungen bleiben deshalb klein. Die zulässige Betonspannung (-stauchung) wird fast nie ausgenützt. Maßgebend ist, ob der Platz für die Stähle in der Breite b_o des Balkens ausreicht.

Im Bereich der negativen Momente, also über der Stütze, wirkt als Druckzone nur die Balkenbreite b_o. Hier kann die Beton-Druckspannung kritisch werden. Hingegen ist immer reichlich Platz für Stähle vorhanden, denn sie können auch in der angrenzenden Platte angeordnet werden.

Die Schubspannung kann für kurze, hochbelastete Plattenbalken maßgebend sein.

Erste Schätzwerte:

$$d_o \approx \frac{l}{15} \div \frac{l}{10}$$

$$b_o \approx \frac{d_o}{2}$$

13.5 Rippendecke und deckengleiche Träger

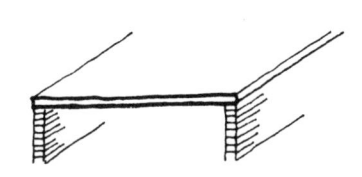

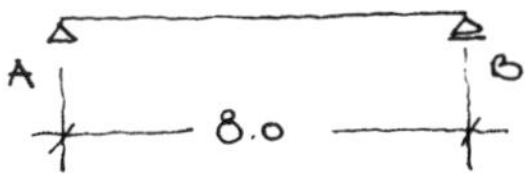

Eine Decke soll über 8,00 m gespannt werden. Für eine Platte ergäbe sich die erforderliche Mindestdicke aus:

$$h \geq \frac{800}{35} = 22,8 \text{ cm} \longrightarrow d = 25 \text{ cm}$$

bzw.

$$h \geq \frac{800^2}{150} = 42,0 \text{ cm} \longrightarrow d = 45 \text{ cm}$$

Eine Massivplatte mit 25 cm Dicke wäre in den meisten Fällen des Hochbaus unwirtschaftlich. Allein das Eigengewicht einer solchen Platte beträgt $0,25 \cdot 25 = 6,25$ kN/m², also weit mehr als die Nutzlast, die zwischen 1,5 kN/m² und 5,0 kN/m² liegt.

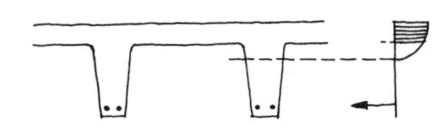

Weniger als die halbe Dicke der Platte würde als Beton-Druckzone wirksam, der Rest hätte nur die Aufgabe, die Verbindung zu den Zugstählen herzustellen und diese Zugstähle zu umhüllen. Diese Aufgabe aber können auch einzelne Rippen erfüllen, der restliche, überflüssige Beton kann wegfallen. Es ist dabei nicht einmal notwendig, die gesamte Druckzone mit Beton auszufüllen, in der Nähe der 0-Linie ist die Wirkung des Betondrucks ohnehin gering, weil Druckspannung und innerer Hebelarm klein sind. Deshalb kann man beruhigt auch diesen wenig wirksamen Beton weglassen. Nur im obersten, wirksamsten Bereich wird die Platte angeordnet.

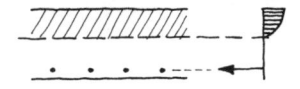

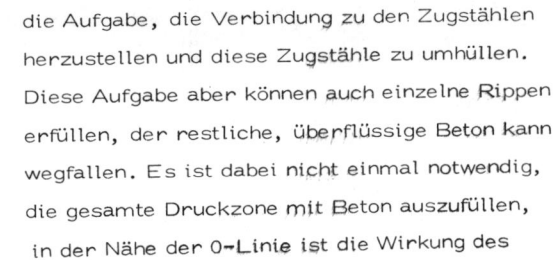

13

G. Diese Konstruktion heißt "Stahlbeton-Rippendecke", kurz "Rippendecke". Eine solche Rippendecke ist gleichsam eine kleine Plattenbalkendecke. Auch bei der Rippendecke werden die Betondruckspannungen von der Platte aufgenommen, die Stähle liegen in verkleinerten Balken – den "Rippen".

> DIN 1045, Abschn. 21.2 :
> "Stahlbetonrippendecken sind Plattenbalken mit einem lichten Abstand der Rippen von höchstens 70 cm, bei denen kein statischer Nachweis für die Platten erforderlich ist... "
>
> Die Mindest-Dicke der Platte wird in der DIN 1045 mit 1/10 des lichten Rippenabstands, mindestens aber 5 cm angegeben. Aus Gründen der Feuersicherheit sind jedoch bei Zwischendecken 8 cm Plattendicke erforderlich, falls nicht andere Feuerschutzmaßnahmen – z.B. eine feuerhemmende Unterdecke – vorgesehen sind.

13

Hohlkörper

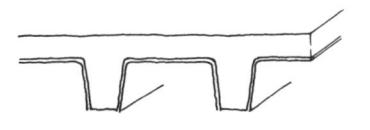

Füllkörper

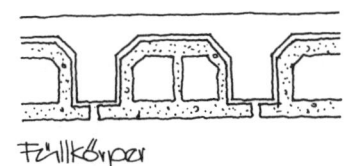

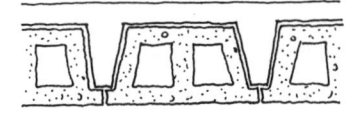

(TABELLEN TEIL StB 4)

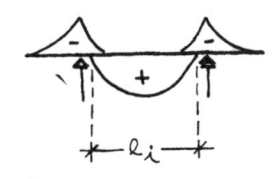

l_i

G Arten der Rippendecke

Die Räume zwischen den Rippen können gebildet werden

- durch Hohlkörper, die nach dem Abbinden des Betons wieder entfernt oder die als verlorene Schalung belassen werden.
- Durch Füllkörper, d.h. statisch nicht wirksame Zwischenbauteile, die während des Betonierens als Schalung dienen und später eine ebene Untersicht bilden und außerdem die Wärmeisolierung der Decke verbessern.

Sowohl Hohlkörper als auch Füllkörper sind genormt. Häufig werden Bleche als wieder zu entfernende Hohlkörper verwendet. Ihre Maße sind auf einer Tabelle zusammengestellt. Vor der endgültigen Festlegung der Abmessungen einer Rippendecke sollte man erkunden, mit welchen Hohl- oder Füllkörpern die infragekommenden Baufirmen arbeiten.

Diese Hohl- oder Füllkörper sind nicht in jeder beliebigen Höhe zu haben, sondern ihre Maße steigen in Sprüngen von meist 5 cm. Folglich kann man für die Rippendecke nur solche Höhen wählen, die sich aus Hohl- oder Füllkörpern ergeben. (Siehe Beispiel).

Auch für Rippendecken gilt – wie für Stahlbetonplatten –

$$h \geq \frac{li}{35} \quad \text{bzw.} \quad h \geq \frac{li^2}{150}.$$

Aus diesem Wert folgt die erforderliche Dicke. Die wirklich zu wählende Dicke – vorh d – ergibt sich dann aus der Höhe der nächstgrößeren Hohlkörper oder Füllkörper.

275

13

≤ 2 ∅ 16
$b_o = 10$

≥ 2 ∅ 18
$b_o = 12$

$b_o = 5$
zulässig aber
ungebräuchlich

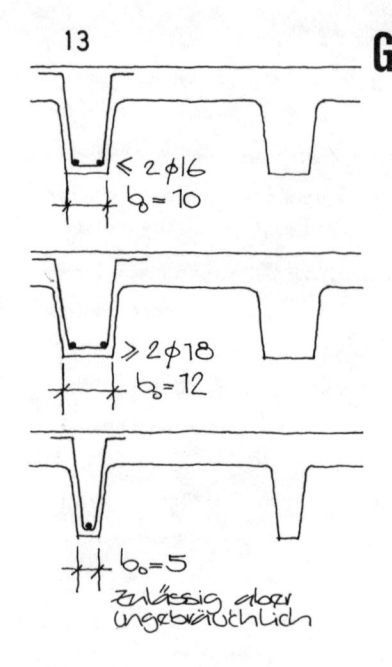

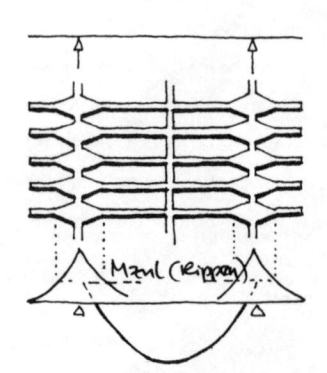

verbreiterte Rippen
im Bereich der
negativen Momente

G Die Breite der Rippen wird so gewählt, daß sie für die Rundstähle mit der erforderlichen Betondeckung genügend Platz bieten. Gebräuchlich ist die Anordnung von zwei Stählen je Rippe – von ihnen darf einer im Bereich der Auflager aufgebogen werden. Im allgemeinen ergeben sich Rippenbreiten von 10 cm oder 12 cm.
(Die nach DIN 1045 erforderliche Mindestbreite der Rippen von $b_o = 5$ cm mit nur 1 Rundstahl kommt nur selten zur Anwendung).

In den Rippen werden Bügel (∅ 5 oder ∅ 6) angeordnet.

Im Bereich der positiven Momente (im Feld) kann die Platte – oben – über ihre ganze Breite den Druck aufnehmen. Hier ist die Rippendecke sehr leistungsfähig. Die zul. Betondruckspannung wird bei den im Hochbau gebräuchlichen Belastungen nie überschritten. Auch die Zugstähle lassen sich immer unterbringen, weil die Rippenbreite entsprechend gewählt werden kann.

Im Bereich der negativen Momente (Stützenmomente bzw. Kragmomente) steht hingegen nur die Breite der Rippen für die Aufnahme des Drucks (unten !) zur Verfügung. Hier kann die zul. Betondruckspannung leicht überschritten werden.
Was tun ?

Es bietet sich die Möglichkeit, die Rippen gegen die Auflager so zu verbreitern, daß der Druck aufgenommen werden kann.

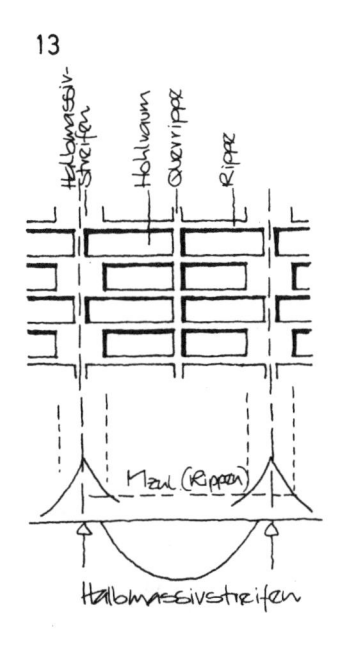

G Hierfür sind allerdings besondere Hohl- oder Füllkörper notwendig, diese Methode ist also aufwendig. Einfacher ist es, Halbmassivstreifen anzuordnen, d.h. abwechselnd einen Hohlraum im Bereich des Stützenmoments durchzuführen, den anderen jedoch mit Beton auszufüllen und auf diese Weise eine Verbreiterung der Rippen zu schaffen. Selbstverständlich ist dies nur dort notwendig, wo die Rippen allein nicht mehr in der Lage sind, den Druck aus den negativen Momenten aufzunehmen.

Damit ungleichmäßige Lasten – z.B. hohe Einzellasten – gleichmäßig auf mehrere Rippen verteilt werden, sind Querrippen anzuordnen. Außerdem ist in der Platte eine Querbewehrung erforderlich; sie sorgt nicht nur dafür, daß die Platte von Rippe zu Rippe zu spannen vermag, sondern sie vermeidet auch größere Risse zwischen den Rippen.

Sollte in einer Rippendecke die Querkraft so groß sein, daß in den Rippen die zulässige Schubspannung überschritten wird, so ist auch dem durch Anordnung von Halbmassivstreifen leicht abzuhelfen, denn diese vergrößern die für Schub kritische Breite, verringern also die Schubspannung. Halbmassivstreifen sind also nicht nur für die Aufnahme von negativen Momenten notwendig, sondern manchmal auch zur Verringerung der Schubspannungen.

13

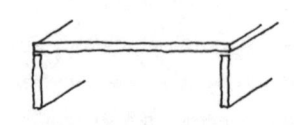

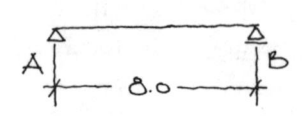

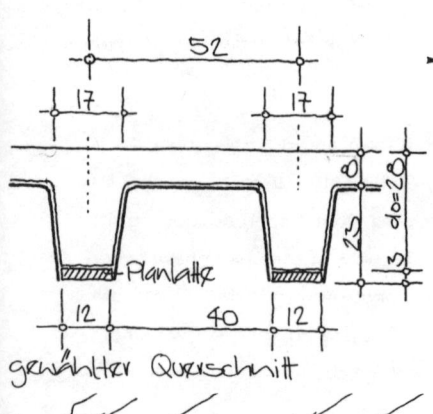

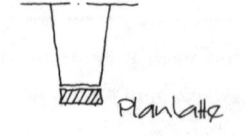

Beispiel 13.5.1 (Vergl. auch "Zahlenbeispiele")

Wie für Platten gilt auch für Rippendecken

$$h \geq \frac{l_i}{35} \quad \text{bzw.} \quad h \geq \frac{l_i^2}{150}$$

In unserem Beispiel ist

$$h \geq \frac{800}{35} = 22,8 \text{ cm}$$

Die Gesamtdicke ergibt sich aus den Schalblechen. (sh. Tabelle)

▶ Gewählt : Blechhöhe   230 mm
            Blechbreite 400 mm

Die Seiten der Bleche sind im Verhältnis 1/10 geneigt. Auf die Höhe von 23 cm ergibt das je Seite 2,3 cm. Daraus folgt die Verbreiterung der Rippen von unten 12 cm auf oben 17 cm.

Zwischen den Schalblechen liegt die "Planlatte". Sie ist notwendig, um die Bleche während des Betonierens auf der Schalung unverschieblich festzuhalten.

Wenn die Rippendecke als Raumdecke sichtbar bleiben soll, so wird diese Planlatte nach dem Betonieren mit der Schalung entfernt. Soll die Rippendecke aber verkleidet werden, so kann die Planlatte bleiben und zur späteren Befestigung einer Unterdecke dienen. In diesem Fall können auch Ankerschienen anstelle der Planlatte treten.

13   **G** Die Dicke d_o des Betonquerschnitts ergibt sich mit :

Platte	= 8,0 cm
Blechhöhe	= 23,0 cm
− Planlatte	= − 3,0 cm
d_o	= 28,0 cm

Daraus ergibt sich h

− Betondeckung	= − 1,5 cm
− Bügel	= − 0,5 cm
− halber ⌀ (geschätzt)	= − 1,3 cm
h	= 24,7 cm
Wir rechnen mit h	= 24,5 cm

Mit diesen Maßen können wir das Eigengewicht der Rippendecke ermitteln.

Lastaufstellung

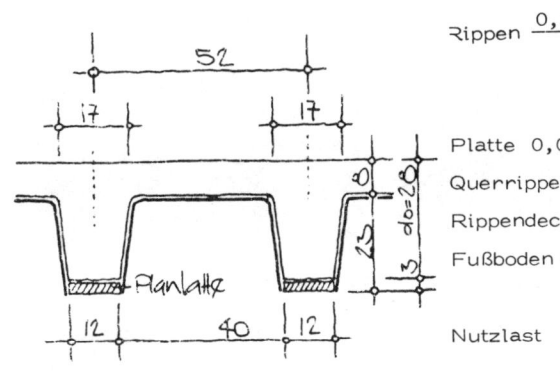

Rippen $\frac{0,12 + 0,17}{2} \cdot 0,23 \cdot 25/0,52$
                                  ↑
                            (Rippenabstand)

	=	1,6 kN/m²
Platte 0,08 . 25	=	2,0 kN/m²
Querrippen etc.	=	0,8 kN/m²
Rippendecke $\bar{g}_1$	=	4,4 kN/m²
Fußboden + Unterdecke	=	1,2 kN/m²
$\bar{g}$	=	5,6 kN/m²
Nutzlast $\bar{p}$	=	5,0 kN/m²
$\bar{q}$	=	10,6 kN/m²

Überschläglich läßt sich das Eigengewicht gebräuchlicher Rippendecken gleich dem von Platten mit d = 18 cm annehmen :

$$\bar{g}_1 \approx 25 \cdot 0,18 = 4,5 \text{ kN/m}^2$$

279

13   **G** Die Lasten werden auch bei der Rippendecke zunächst auf m² bezogen. Das Gewicht der Rippen wird auf m² umgerechnet, d.h. durch den Rippenabstand (hier 0,52 m) geteilt. Querrippen, eventuell Halbmassivstreifen etc. werden vereinfacht durch eine gleichmäßigen Zuschlag über die ganze Fläche berücksichtigt. Er wurde hier mit dem halben Rippengewicht geschätzt.

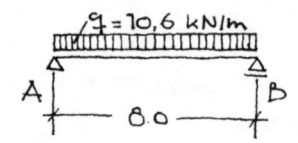

Auflager, Querkräfte, Momente

$A = B = \dfrac{10,6 \cdot 8,0}{2} = 42,4$ kN $\left.\begin{array}{l}\text{je 1 m}\\\text{breiten}\\\text{Streifen}\end{array}\right\}$

$Q_{Ar} = Q_{Bl} = A = 42,4$ kN

$\max M = \dfrac{10,6 \cdot 8,0^2}{8} = 84,8$ kN·m

Bemessung

B 25   BSt 420/500

$d = 8$ cm

$d_o = 28$ cm

$h = 24,5$ cm

$b_o = \dfrac{12}{0,52} = 23,1$ cm

(bezogen auf 1 m)

$k_h = \dfrac{24,5}{\sqrt{84,8}} = 2,66$

$\rightarrow \quad k_s = 4,6$

erf $A_s = 4,6 \cdot \dfrac{84,8}{24,5} = 15,9$ cm² je m Breite

$= 15,9 \cdot 0,52 = 8,3$ cm² je Rippe

▸ gew : 1 ⌀ 22 + 1 ⌀ 25   je Rippe

$= 3,8 + 4,9 = 8,7$ cm²

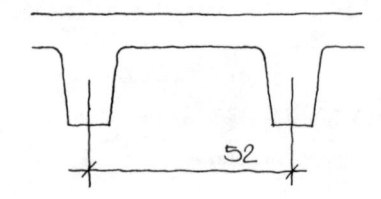

Schub $\dfrac{42,4 \cdot 0,52}{0,9 \cdot 24,5 \cdot 12} = 0,083$ kN/cm²

$\uparrow \qquad\qquad < 0,18$

$a_z \approx 0,9 \cdot 24,5$

$\rightarrow$ verminderte Schubdeckung

▸ gew: Bü ⌀ 6 e = 20 cm (wird hier nicht nachgewiesen)

13   **G**   Beispiel 13.5.2 (Vergl. auch "Zahlenbeispiele)

Rippendecke mit deckengleichen Trägern

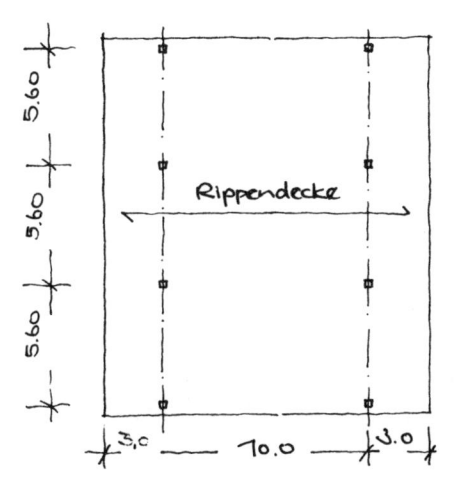

Dieser Grundriß wurde im Abschnitt 13.4. mit einer Platte über die kleine Spannweite (3 mal 5,6 m) und einen Plattenbalken über die große Spannweite (10,0 m mit 3,0 m Auskragung) überdeckt. Den selben Grundriß können wir auch mit einer Rippendecke über die große Spannweite und deckengleichen Trägern über die kleine Spannweite überdecken.

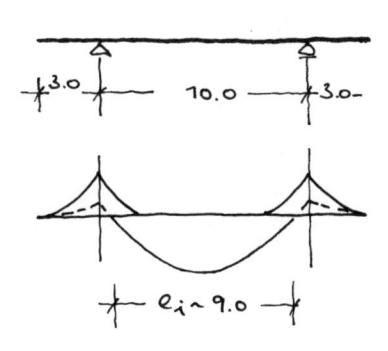

Pos. 1 Rippendecke

Wir schätzen l_i zunächst mit $0,9 \cdot 10,0 \, m = 9,0 \, m$.
Daraus ergibt sich

$$h \geq \frac{900}{35} = 26 \text{ cm}$$

Dies führt zu $d_o \geq 30$ cm.
Aus der nächsthöheren Hohlkörperform ergibt sich

$$d_o = 33 \text{ cm} \rightarrow h = 29 \text{ cm}.$$

Dieses Maß genügt nur für den Entwurf.

Eine genaue Berechnung finden wir unter Zahlenbeispiele, Pos. 3 b, S. 295

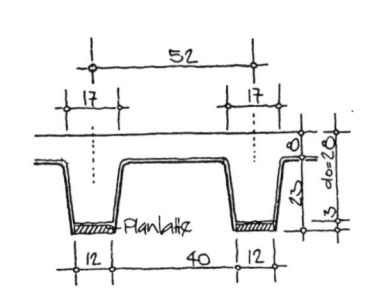

(s. Schalplan S. 287)

13

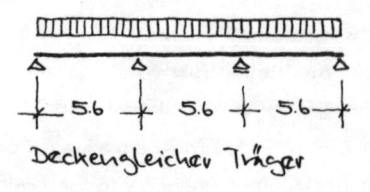

```
 ┌──────────────────┐
 △    △    △    △
 ├ 5.6 ┼ 5.6 ┼ 5.6 ┤
```
Deckengleicher Träger

(s. Schalplan S. 287)

G <u>Pos. 2</u> Deckengleicher Träger

Über die kleine Spannweite von 3 mal 5,6 m kann der Unterzug "in die Decke gedrückt" werden, d.h. auch hier wird nur $d = 33$ cm gewählt. Um auch für diesen hochbelasteten Träger die relativ geringe Dicke zu ermöglichen, ist eine große Breite erforderlich. Dieser Träger wird breiter als hoch. Wir verstoßen damit gegen die Regel, Träger wesentlich höher als breit zu planen, aber der Vorteil der ebenen Untersicht, d.h. der gleichen Höhe von Decke und Träger, kann diesen Regelverstoß rechtfertigen. Diese Rippendecke mit deckengleichen Trägern ist im Schalplan auf S. 287 dargestellt.

Die überschlägliche Berechnung eines ähnlichen Trägers finden wir unter Zahlenbeispiele, Pos. 4 b, S. 302

13   G   Zusammenfassung

Rippendecken können mit Hohlkörpern oder Füllkörpern hergestellt werden. Rippendecken wirken ähnlich den Plattenbalken. Die Platte ist mindestens 5 cm, meist 8 cm dick, der Abstand der Rippen ist höchstens 70 cm. Im Bereich der positiven Momente nimmt die Platte den Druck auf, die Stähle (meist 2 Rundstähle) liegen in den Rippen. Wenn im Bereich von negativen Momenten die Rippen den Druck nicht mehr allein aufnehmen können, hilft eine Verbreitung der Rippen (aufwendig!) oder die Anordnung von Halbmassivstreifen. Zur gleichmäßigeren Verteilung der Lasten werden Querrippen angeordnet.

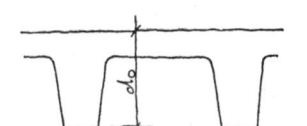

Die Dicke d_o der Rippendecke ergibt sich aus:

$$h \geq \frac{l_i}{35} \quad \text{bzw.} \quad h \geq \frac{l_i^2}{150}$$

Betondruckspannung (-stauchung) und Schubspannung sind für die Gesamtdicke nicht maßgebend. Auch die Stähle lassen sich immer unterbringen.

Ist die Rippendecke wesentlich weiter gespannt als die Querträger, so können die Querträger gleich dick ausgebildet werden wie die Rippendecke (Deckengleiche Träger). Dies ist fast immer möglich, wenn l des Querstägers $\leq 2/3 \, l$ der Rippendecke ist.

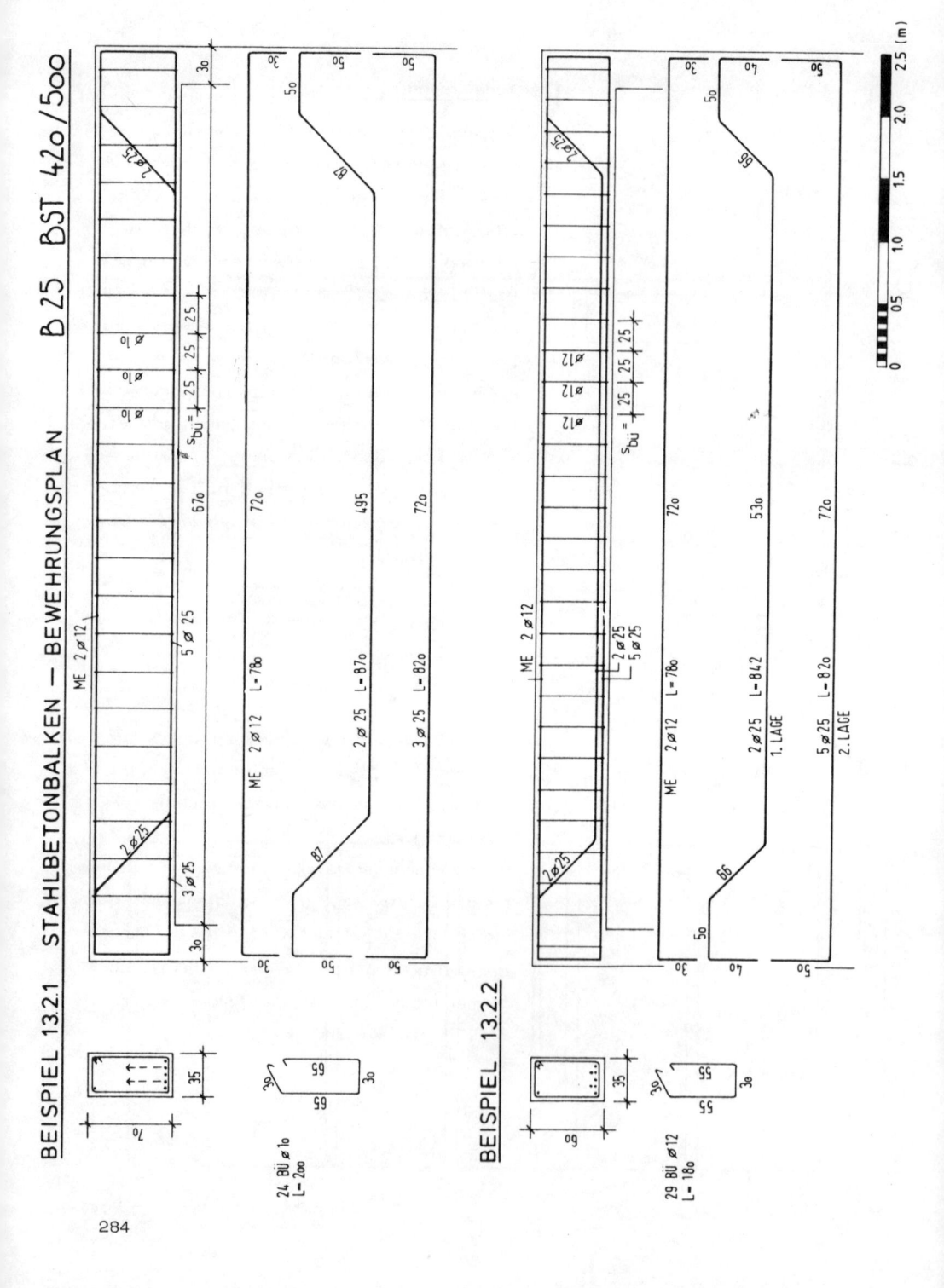

BEISPIEL 13.2.1   STAHLBETONBALKEN - BEWEHRUNGSPLAN   B 25   BST 420/500

BEISPIEL 13.2.2

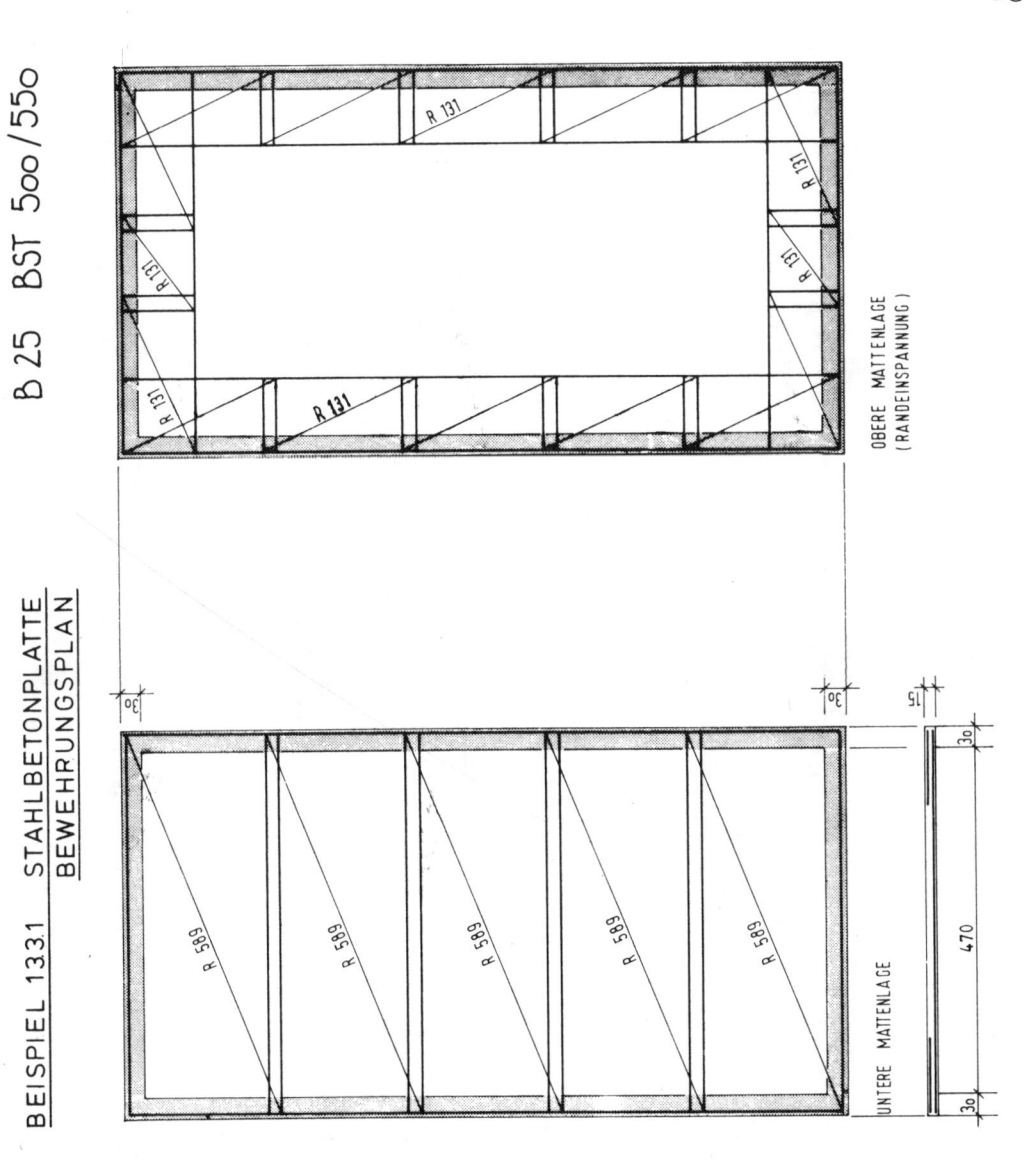

BEISPIEL 13.3.1   STAHLBETONPLATTE
BEWEHRUNGSPLAN

B 25   BST 500/550

OBERE MATTENLAGE
(RANDEINSPANNUNG)

R 131

UNTERE MATTENLAGE

R 589

470

30

15

30

0 0.5 1.0 1.5 20 25 (m)

BEISPIEL 134   PLATTENBALKEN - BEWEHRUNGSPLAN   B 25   BST 420/500

BEISPIEL 13.52 RIPPENDECKE MIT DECKENGLEICHEN BALKEN   B 25 BST 420/500
SCHALPLAN

Z ZAHLENBEISPIEL zum Kapitel 13

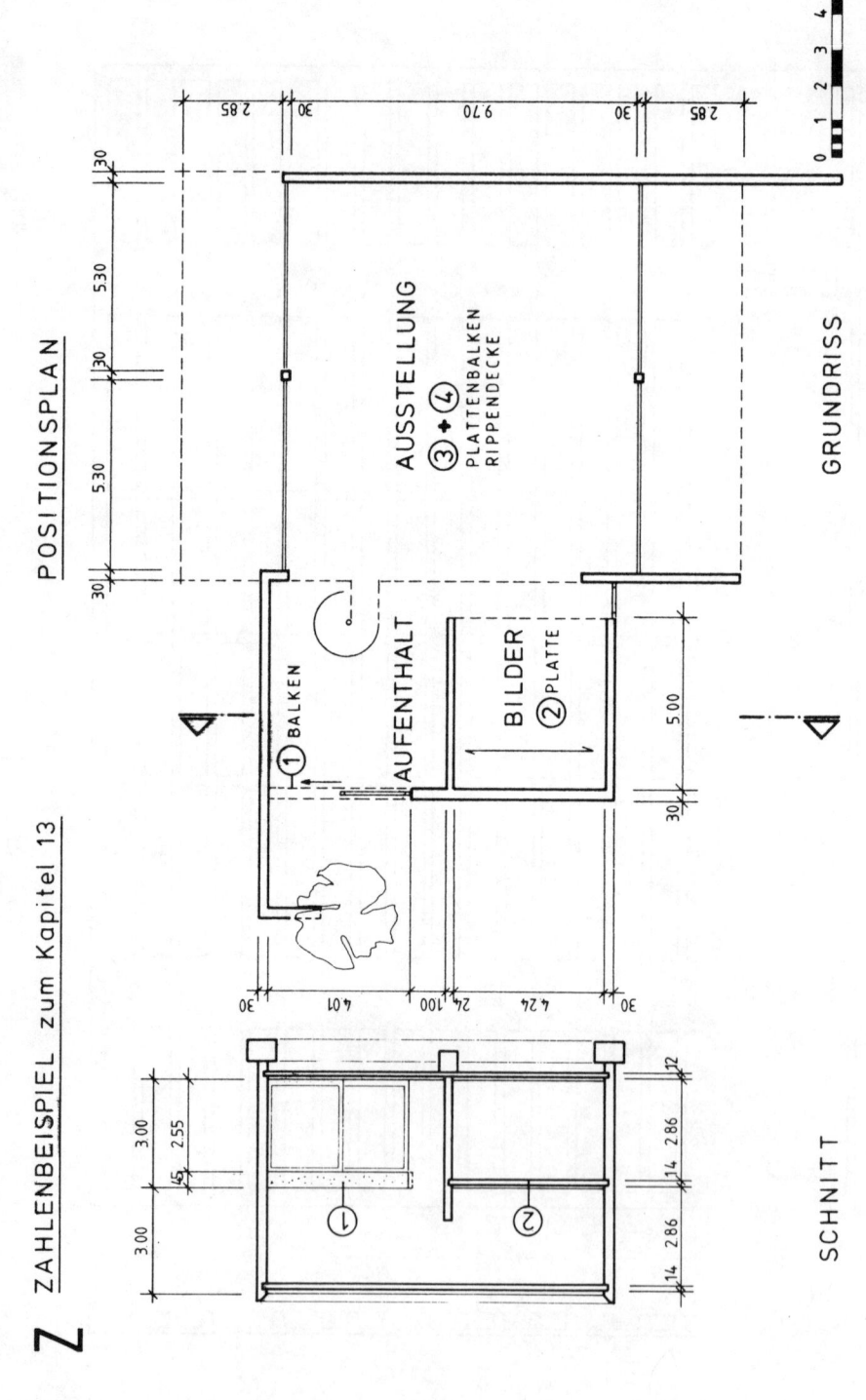

POSITIONSPLAN / GRUNDRISS

AUSSTELLUNG
③ + ④
PLATTENBALKEN
RIPPENDECKE

① BALKEN
AUFENTHALT
BILDER
② PLATTE

SCHNITT

Z ZAHLENBEISPIEL zum Kapitel 13

(s.S. 288)

Kleine Ausstellungshalle

Dieses Beispiel wird - anders als die bisherigen Beispiele im Text - in praxisüblicher Kurzschreibweise gezeigt. Lasten und Maße wurden denen der Textbeispiele in Kap. 13 ähnlich oder gleich gewählt, um Rückgriffe auf den Text zu erleichtern.

Pos. 1 Stahlbetonbalken

Vergl. Beispiel 13.2.1

Die Spannweite l nehmen wir an mit $l \approx 1{,}05 \cdot 4{,}01 \approx 4{,}20$ m

Lasten

aus Mauerwerk und Decke über 1.OG	20,0 kN/m
Eigengewicht $0{,}24 \cdot 0{,}45 \cdot 25$	2,7 kN/m
g =	22,7 kN/m
aus Decke über 1.OG p =	14,3 kN/m
q =	37,0 kN/m

Auflager, Querkräfte

$$A = B = \frac{37{,}0 \cdot 4{,}2}{2} = 77{,}7 \text{ kN}$$

$$Q_A = -Q_B = 77{,}7 \text{ kN}$$

Moment

$$\max M = \frac{37 \cdot 4{,}20^2}{8} = 81{,}6 \text{ kN} \cdot \text{m}$$

Z Bemessung

d/h/b = 45/41,5/24

B 25

BSt 420/500

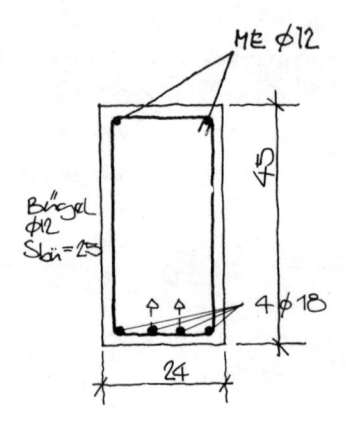

$k_h = \dfrac{41,5}{\sqrt{\dfrac{81,6}{0,24}}} = 2,25 \longrightarrow k_s = 4,6$

s. TAB StB 3.1.1

erf $A_s = 4,6 \cdot \dfrac{81,6}{41,5} = 9,0 \text{ cm}^2$

▸ gewählt 4 ⌀ 18

vorh A_s = 10,2 cm² > 9 cm²

Schub

$\tau_o = \dfrac{77,7}{24 \cdot 0,885 \cdot 41,5} = 0,08$

(s. TAB. StB 1.1) ⟶ verminderte Schubdeckung

▸ ⌐ 2 ⌀ 18

Bü ⌀ 12 $s_{bü}$ = 25 cm

(Ermittlung der Schubstähle wird hier nicht behandelt)

Z Pos.2 Stahlbetonplatte

Vergl. Beispiel 13.3.1

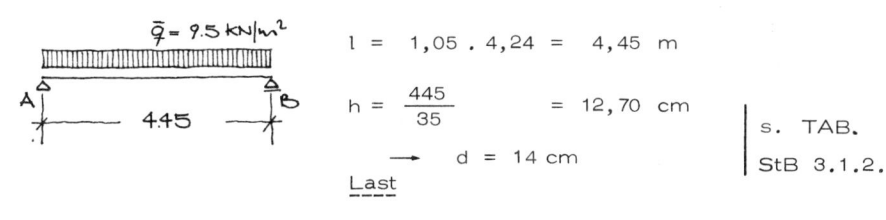

$l = 1{,}05 \cdot 4{,}24 = 4{,}45$ m

$h = \dfrac{445}{35} = 12{,}70$ cm | s. TAB.
$\rightarrow d = 14$ cm | StB 3.1.2.

<u>Last</u>

Eigengewicht $0{,}14 \cdot 25$	$= 3{,}5$ kN/m²
Putz und Belag	$\approx 1{,}0$ kN/m²
	$\bar{g} = 4{,}5$ kN/m²
Nutzlast (Archiv)	$\bar{p} = 5{,}0$ kN/m²
	$\bar{q} = 9{,}5$ kN/m²

<u>Auflager, Querkräfte</u>

(bezogen auf 1 m-breiten Streifen)

$A = B = \dfrac{9{,}5 \cdot 4{,}45}{2} = 21{,}14$ kN

$Q_A = -Q_B = 21{,}14$ kN

<u>Moment</u>

$\max M = \dfrac{9{,}5 \cdot 4{,}45^2}{8} = 23{,}5$ kN · m

<u>Bemessung</u>   B 25
BSt 500/550
(BSt G)

$h = 14 - 1{,}5 - 0{,}5 = 12$ cm

$d/h/b = 14/12/100$

$k_h = \dfrac{12}{\sqrt{23{,}5}} = 2{,}5 \rightarrow k_s = 3{,}9$

erf $A_s = 3{,}9 \cdot \dfrac{23{,}5}{12} = 7{,}63$ cm²

s. TAB. StB 2.2   ► gew: Betonstahlmatte Z - R 770/154

vorh $A_s = 7{,}7$ cm²

VARIANTE a
Platte mit Plattenbalken

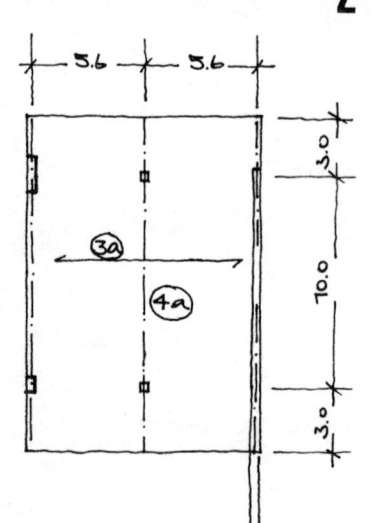

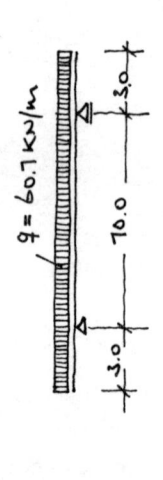

Pos. 3a Stahlbetonplatte

Vergl. Beispiel 13.3.1

$l = 1,05 \cdot 5,30 = 5,60$ m

$l_i = 0,8 \cdot 5,60 = 4,46$ m

s. TAB.StB 3.1.3

erf h $= \dfrac{446}{35} = 12,8$ cm $\longrightarrow$ d = 15 cm

Lasten

Eigengewicht: $0,15 \cdot 25$	$= 3,75$ kN/m²
Belag, Unterdecke:	$\underline{1,25}$ kN/m²
$\bar{g} =$	$5,00$ kN/m²
$\bar{p} =$	$5,00$ kN/m²
$\bar{q} =$	$10,00$ kN/m²

(Auflager, Querkräfte, Momente und weitere Bemessung hier nicht ausgeführt. Für den Entwurf genügt : d = 15)

Pos. 4a Plattenbalken

Vergl. Beispiel 13.4.1

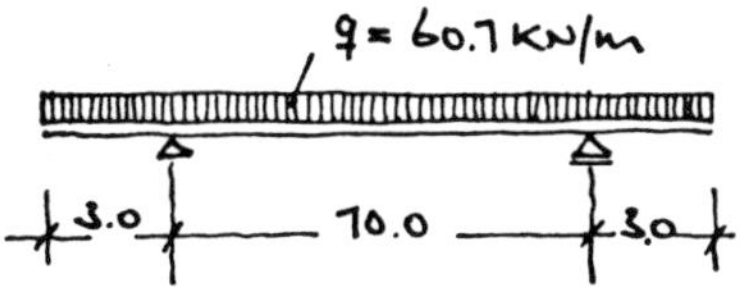

Lastaufstellung

aus Platte 5,0 . 5,6	=	28,0 kN/m
Eigew. 25.0,30.0,55	=	4,1 kN/m
g	=	32,1 kN/m
p	=	28,0 kN/m
q	=	60,1 kN/m

Auflager, Querkräfte

$$A = B = (3{,}0 + \frac{10{,}0}{2}) \cdot 60{,}1 = \underline{481{,}0 \text{ kN}}$$

$$Q_{Al} = -Q_{Br} = 3{,}0 \cdot 60{,}1 = -180{,}3 \text{ kN}$$

$$Q_A = -Q_{Bl} = -180{,}3 + 481 = 300{,}7 \text{ kN}$$

Momente

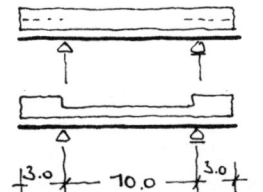

$$\min M_A = \min M_B = -\frac{60{,}1 \cdot 3{,}0^2}{2}$$

Lastfall min M_A

$$= \underline{\underline{-270{,}45 \text{ kN} \cdot \text{m}}}$$

$$\max M_A = \max M_B = -\frac{32{,}1 \cdot 3{,}0^2}{2}$$

$$= -144{,}45 \text{ kN} \cdot \text{m}$$

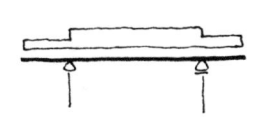

Lastfall max M_F

$$\max M_F = \frac{60{,}1 \cdot 10{,}0^2}{8} - 144{,}45$$

$$= \underline{\underline{606{,}80 \text{ kN} \cdot \text{m}}}$$

Bemessung

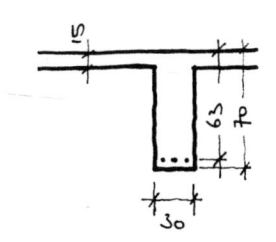

$$b = \frac{0{,}9 \cdot 1000}{3} = 300$$

$$b_o = 30$$

$$d = 15$$

$$d_o = 70$$

$$h = 63$$

s. TAB. TS 1.1

Z <u>1. Feld</u>

s. TAB. StB 3.1.5

$$k_h = \frac{63}{\sqrt{\frac{606,8}{3,0}}} = 4,4 \quad \rightarrow \quad k_s = 4,4$$

erf. $A_s = 4,4 \cdot \frac{606,8}{63} = 42,4 \text{ cm}^2$

▸ gew: 9 ⌀ 25 = 44,2 cm² (2 Lagen)

<u>2. Stütze</u>

$$k_h = \frac{66}{\sqrt{\frac{270,45}{0,30}}} = 2,2 \quad \rightarrow \quad k_s = 4,7$$

erf. $A_s = 4,7 \cdot \frac{270,45}{66} = 19,3 \text{ cm}^2$

▸   3 ⌀ 25 = 14,7 cm²
ME   2 ⌀ 12 = 2,2 cm²
Zul   2 ⌀ 16 = 4,0 cm²
                         20,9 cm²

<u>3. Schub</u>

$$\tau_o = \frac{300,7}{30 \cdot 66 \cdot 0,88} = 0,17 \text{ kN/cm}^2$$

$$\leq 0,18 \text{ kN/cm}^2$$

s. TAB. StB 1.1   → verminderte Schubdeckung

(Ermittlung der erf. Schubstähle wird hier nicht behandelt)

▸   ⌐‾ 3 ⌀ 25
Bü   ⌀ 10 , $s_{bü}$ = 25

Z Im folgenden wird als Variante zu Platte Pos 3 a und Plattenbalken Pos 4 a eine deckengleiche Konstruktion untersucht : Rippendecke Pos 3 b über die große und deckengleiche Träger Pos 4 b über die kleine Spannweite.

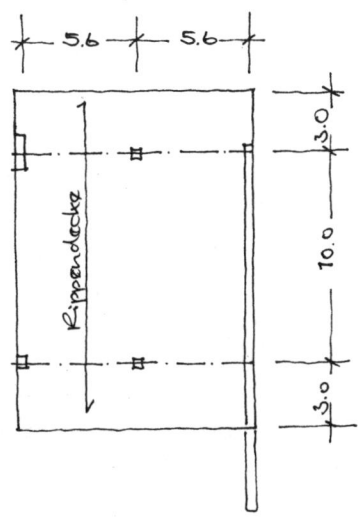

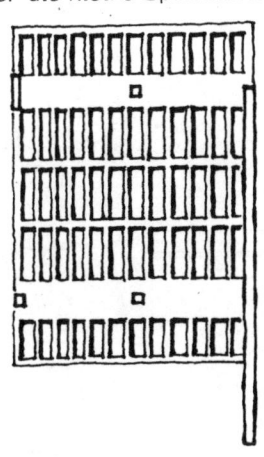

s. TAB. StB 3.1.6

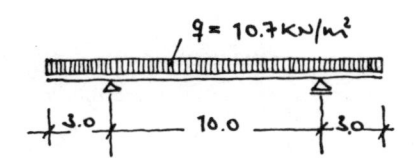

TAB. StB 4

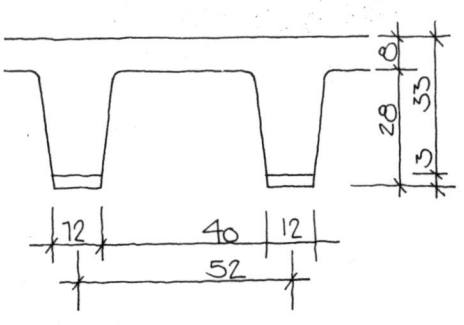

VARIANTE b

Rippendecke mit deckengleichen Trägern

Pos. 3b Rippendecke

$l_i \approx 0{,}9 \cdot 1{,}00 = 9{,}0$ m

erf h $= \dfrac{900}{35} = 25{,}7 \approx 26$ cm

▸ gewählt :

Für den Entwurf genügt : $d_o = 33$ cm

Z Lastaufstellung

$g_1 \approx 25 \cdot 0{,}18$ = 4,5 kN/m²
Fußboden + Unterdecke : 1,2 kN/m²
$\bar{g}$ = 5,7 kN/m²
Nutzlast $\bar{p}$ = 5,0 kN/m²
$\bar{q}$ = 10,7 kN/m²

Auflager, Querkräfte, Momente

(bezogen auf einen 1 m breiten Streifen)

Lastfall 1

$A = B = 10{,}7(3{,}0 + \frac{10{,}0}{2})$ = 85,6 kN

$Q^\cdot_{Al} = -10{,}7 \cdot 3{,}0$ = -32,1 kN

$Q_{Ar} = -32{,}1 + 85{,}6$ = 53,5 kN

$Q_{Bl} = -Q_{Ar}$ = -53,5 kN

$Q_{Br} = -Q_{Al}$ = 32,1 kN

$\min M_A = \min M_B = -\frac{10{,}7 \cdot 3{,}0^2}{2} =$ $\underline{\underline{-48{,}15}}$ kN.m

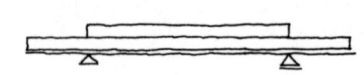

Lastfall 2

$\max M_A = \max M_B = -\frac{5{,}7 \cdot 3{,}0^2}{2} =$ -25,65 kN.m

$\max M_{Feld} = \frac{10{,}7 \cdot 10{,}0^2}{8} - 25{,}65 =$ $\underline{\underline{108{,}1}}$ kN.m

Lastfall 3

$\min M_A = \min M_B = -\frac{10{,}7 \cdot 3{,}0^2}{2} =$ -48,15 kN.m

$\min M_{Feld} = \frac{5{,}7 \cdot 10{,}0^2}{8} - 48{,}15 =$ 23,1 kN.m

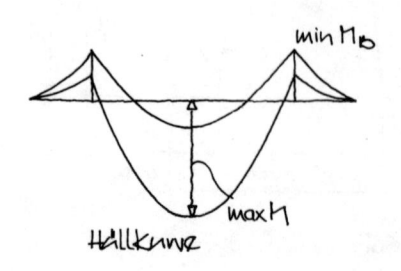

2   Bemessung   B 25; BSt 420/500

$d = 8$ cm
$d_o = 33$ cm
$h = 29$ cm
$b_o = \dfrac{12}{0,52} = 23,1$ cm

(bezogen auf 1 m)

1. Feld   max M = 108,1 kN·m

$k_h = \dfrac{29}{\sqrt{108,1}} = 2,8 \rightarrow k_s = 4,6$

erf $A_s = 4,6 \cdot \dfrac{108,1}{29} = 17,1$ cm² je m Breite

$= 17,1 \cdot 0,52 = 8,9$ cm² je Rippe

► gew : 2 ⌀ 25 je Rippe = 9,8 cm²

2. Stütze   min M = − 48,15 kN·m

$k_h = \dfrac{29}{\sqrt{\dfrac{48,15}{0,231}}} = 2,0 \rightarrow k_s = 4,9$

Die Breite der Rippen reicht also aus, den Druck aus den negativen Momenten aufzunehmen. Eine Verbreiterung durch Halbmassivstreifen ist nicht erforderlich.

$A_s = 4,9 \cdot \dfrac{48,15}{29} = 8,1$ cm² je m Breite

$= 8,13 \cdot 0,52 = 4,2$ cm² je Rippe

► gew: 1 ⌀ 16 + 1 ⌀ 18

$= 2,0 + 2,5 = 4,5$ cm²

Schub : $\dfrac{53,5 \cdot 0,52}{0,85 \cdot 29 \cdot 12} = 0,094$ kN/cm²

$< 0,18$

→ verminderte Schubdeckung

► gew : Bü ⌀ 6   e = 20 cm

Pos. 4b Deckengleicher Träger

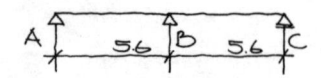

Die Spannweiten $l = 5{,}60$ m dieses Trägers sind wesentlich kleiner als die der Rippendecke. ($5{,}60 < \frac{2}{3} \cdot 10{,}00$). Der Träger läßt sich deshalb deckengleich ausbilden.

Die exakte Berechnung dieses Durchlaufträgers übersteigt unsere bisher erworbenen Kenntnisse. Wir können aber den Träger an der am stärksten beanspruchten Stelle bemessen, wenn wir wissen, daß am Zweifeldträger das Stützenmoment ist:

$$M_B = -\frac{q \cdot l^2}{8}$$

Da wir hierfür nur q brauchen, verzichten wir in der Lastaufstellung auf die Trennung von g und p, wie sie für die exakte Berechnung eines Durchlaufträgers erforderlich wäre.

Lastaufstellung

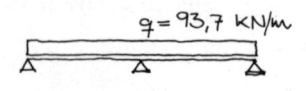

aus Pos. 3b:	A = 85,6 kN/m
zusätzliches Eigengewicht des deckengleichen Trägers:	
1,30 m . 0,25 m . 25 kN/m³	8,1 kN/m
↑ geschätzte Breite	q = 93,7 kN/m

Z Stützenmoment

$$\min M = -\frac{93{,}7 \cdot 5{,}6^2}{8} = \underline{\underline{-370 \text{ kN} \cdot \text{m}}}$$

Bemessung   B 25; BSt 420/500

d = 33 cm

d = 29 cm

b = 130 cm

$$k_h = \frac{29}{\sqrt{\frac{370}{1{,}30}}} = 1{,}72 \longrightarrow k_s = 5{,}4$$

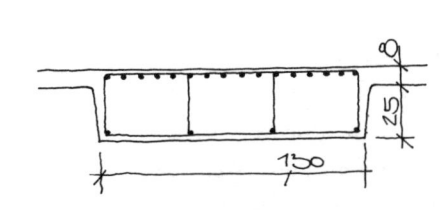

$$\text{erf } A_s = 5{,}4 \cdot \frac{370}{29} = 68{,}9 \text{ cm}^2$$

▶ gew : 22 ⌀ 20   = 69,1 cm²

G Vergleich

Hier hat der Architekt zu entscheiden, welche der beiden Varianten sich besser in die Gesamtplanung einfügt:

Variante a - Platte mit Plattenbalken - ist einfacher zu schalen und zu bewehren als die Variante b; dadurch ist sie billiger.

Aber der Plattenbalken dürfte den Raumeindruck empfindlich stören, sofern er nicht von einer abgehängten Decke verdeckt wird. Durchbrüche für Installationen sollten nur im mittleren Bereich dieses Trägers angeordnet werden, wo die Querkraft klein ist.

Variante b - Rippendecke mit deckengleichen Unterzügen erfordert mehr Arbeitsaufwand für Schalung und Bewehrung. Der deckengleiche Unterzug erfordert wegen der geringen Konstruktionshöhe viel Stahl. Diese Variante ist also teurer. Doch kann sie entweder unverkleidet als Deckenkonstruktion gezeigt werden oder verkleidet bzw. verputzt eine ebene Deckenuntersicht bilden.

14 Stützen und Wände aus Beton und Stahlbeton

G 14.1 Allgemeines

Betondruckteile – Stützen oder Wände – werden entweder ohne Stahleinlagen (unbewehrter Beton) oder meist mit Stahlbewehrung (Stahlbeton) ausgebildet.

Das Material Beton ist von seinen Eigenschaften her, – nicht vom Herstellungsvorgang – dem Mauerwerk ähnlich, (z.B. keine Zugfestigkeit, mäßige Druckspannungen u.s.w.). Deshalb kann unbewehrter Beton etwa in den Grenzen des Mauerwerksbaus (zul. Spannungen, Geschoßzahlen, Wandlängen, Geschoßhöhen u.s.w.) angewandt werden.

Bei Skelettbauten oder allgemein bei höheren Beanspruchungen oder ungewöhnlicheren und kühneren Bauwerksabmessungen kommt in der Regel nur Stahlbeton – wenn nicht Stahl oder verleimtes Holz – in Frage.

Wie alle druckbeanspruchten Bauglieder unterteilen wir auch die Beton- und Stahlbetondruckglieder in **gedrungene** (ohne Knickgefahr) und **schlanke** (mit Knick- bzw. Beulgefahr.)

14   **G** Die Tragfähigkeit der gedrungenen Stützen oder
Wände hängt nur vom Material und der Querschnittsfläche, die der schlankeren Druckglieder
von wesentlich mehr Einflußgrößen ab.
(s. Kap. 9.2.2 und 10)

Die Verfasser streben an, die notwendigen Be-
rechnungsmethoden so einfach und einheitlich
wie möglich zu halten. Deshalb wurde anstelle
der verschiedenen, in der DIN vorgesehenen,
teils komplizierten Methoden hier ein Näherungsverfahren entwickelt. Es wurde den Verfahren
für Stahl und Holz soweit angeglichen, wie die
Unterschiedlichkeit der Materialien dies erlaubt. *)

---

*) Herleitung dieses Verfahrens s.: Führer,
   "Überschlägliche Dimensionierung für das
   Entwerfen von Druckgliedern."
   Verlag Werner

14 G

14.2 Gedrungene Beton- und Stahlbetonstützen

(AUS TABELLEN TEIL BM 1)

Beton	cal ß	zul σ (kN/cm²)
B 5	0,35	0,12
B 10	0,70	0,23
B 15	1,05	0,42
B 25	1,75	0,70
B 35	2,30	0,92

1. Tragfähigkeit der gedrungenen unbewehrten Betonstütze

Der Nachweis ausreichender Tragfähigkeit einer gedrungenen Betonstütze erfolgt mit Querschnittsfläche und zul. Spannung. Die zulässige Tragfähigkeit muß größer oder gleich der vorhandenen sein.

$$\text{zul } N = \text{zul } \sigma \cdot A \geqq \text{vorh } N$$

Entsprechend muß die vorhandene Spannung kleiner oder gleich der zulässigen sein.

$$\text{vorh } \sigma = \frac{\text{vorh } N}{A} \leqq \text{zul } \sigma$$

Die Querschnittsfläche ist die meist rechteckige Grundrißfläche der Stütze oder eines 1 m langen Wandstückes (ähnlich Mauerwerk). Aus der rechnerischen Bruchfestigkeit cal ß und dem Sicherheitsfaktor γ nach DIN 1045, 17.9 ergeben sich die nebenstehenden zul Spannungen.

2. Tragfähigkeit der gedrungenen Stahlbetonstützen

Beim Stahlbeton haben wir es mit zwei Materialien - Beton und Stahl - zu tun, die miteinander fest verbunden sind.

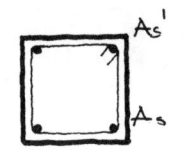

Die Gesamtbewehrung tot A_s wird unterteilt in A_s (eine Seite) und A_s' (andere Seite)

Aufgrund von Versuchen ist in der Stahlbetonvorschrift (DIN 1045) festgelegt worden, daß der Bruch der Stahlbetonstützen bei Längsdruck theoretisch dann eintritt, wenn die Stauchung der Stütze 2 ‰ (2 mm bei einer Stützenlänge von 1 m = 1000 mm) erreicht.

Beton und Stahllängsbewehrung haben bei 2 ‰ Stauchung ganz bestimmte Spannungen, die sich aus den Spannungs-Dehnungs-Diagrammen ablesen lassen.

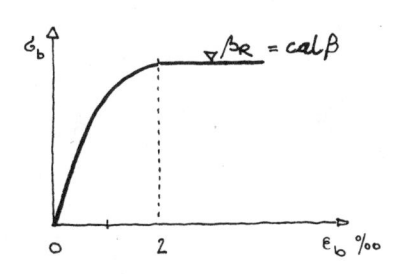

303

14

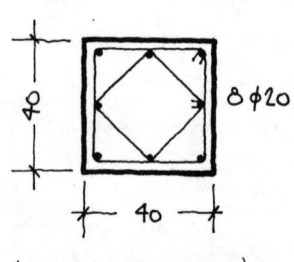

σ_s [kN/cm²] diagram showing BSt 420/500 (40 kN/cm²) and BSt 220/340 (20 kN/cm²), with $E_s = 27000$ kN/cm², vs ε_s ‰

(TABELLEN StB 2)

Querschnitt: 40/40, 8 ⌀ 20

(TABELLEN StB 1)

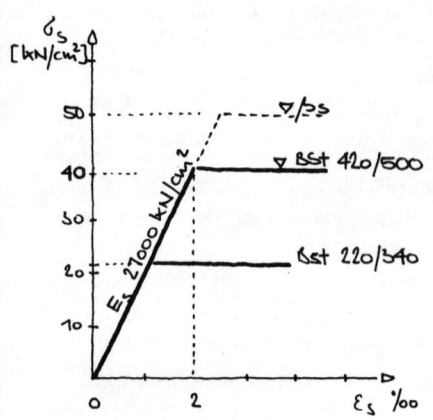

G Beim Bruch (2 ‰ Stauchung) ist das Tragvermögen der Materialien:

Beton: $N_b = A_b \cdot \text{cal } \beta$ | N_b: Tragfähigkeit des Betons

A_b: Querschnitt des Betons

Stahl: $N_s = \text{tot } A_s \cdot \beta_s$ | N_s: Tragfähigkeit des Stahls

$$\text{tot } N_u = A_b \cdot \text{cal } \beta + \text{tot } A_s \cdot \beta_s \quad | \quad u: \text{ultimate}$$

Für Stahlbetondruckglieder wird eine 2,1-fache Sicherheit der Gebrauchslast gegenüber dem Bruch gefordert, so daß die zulässige Längskraft lautet:

$$\text{zul } N = \frac{A_b \cdot \text{cal } \beta + \text{tot } A_s \cdot \beta_s}{2,1} \quad | \quad \gamma = 2,1$$

Beispiel <u>14.2.1</u>

Stütze ohne Knickgefahr; <u>Nachweis</u> der zul. Längskraft.

geg: d/b = 40/40; 8 ⌀ 20

B 25 ; BSt 420/500

A_b = 40·40 = 1600 cm²
tot A_s = 8 · 3,14 = 25,1 cm²
cal β = 1,75 kN/cm² (B 25)
β_s = 42 kN/cm² (BSt 420/500)

$$\text{zul } N = \frac{1600 \cdot 1,75 + 25,1 \cdot 42}{2,1}$$

$$= \frac{2800 + 1070}{2,1} = 1830 \text{ kN}$$

14

G Bei der umgekehrten Aufgabenstellung
- Bemessung, d.h. Finden der erforderlichen
Beton- und Stahlquerschnitte bei gegebener
Belastung - ist es oft zweckmäßig, den Stahlquerschnitt als dimensionslosen Anteil (%)
am Gesamtquerschnitt A_b auszudrücken.
Hierzu wird aus Betonqualität, Stahlqualität
und Bewehrungsgrad eine ideelle zul. Spannung σ_i
gebildet:

H $$\text{Bewehrungsgrad } \mu = \frac{\text{tot } A_s}{A_b} \quad [\%]$$

Damit wird die zulässige Längskraft zu

$$\text{zul } N = \frac{A_b \cdot \text{cal } \beta + \mu \cdot A_b \cdot \beta_s}{2,1} \quad \Big| \quad \text{tot } A_s = \mu \cdot A_b$$

$$\text{zul } N = A_b \frac{\text{cal } \beta + \mu \cdot \beta_s}{2,1}$$

und abgekürzt:

$$\text{zul } N = A_b \cdot \sigma_i$$

σ_i ist eine ideelle zul Spannung, entstehend
aus der zul. Betonspannung $\frac{\text{cal } \beta}{2,1}$ plus dem
auf die gesamte Fläche verteilt gedachten,
gleichsam "verschmierten" Traganteil der
Stahlstäbe

$$\sigma_i = \frac{\text{zul } N}{A_b} = A_b \cdot \frac{\text{cal } \beta + \mu \cdot \beta_s}{2,1 \cdot A_b}$$

$$\sigma_i = \frac{\text{cal } \beta + \mu \cdot \beta_s}{2,1}$$

14

(TABELLEN TEIL StB 3.2)

tot $A_s = A_s + A_s'$
$\geq 0{,}008\, A_b$ (0,8 %)
$\leq 0{,}09\, A_b$ (9 %)

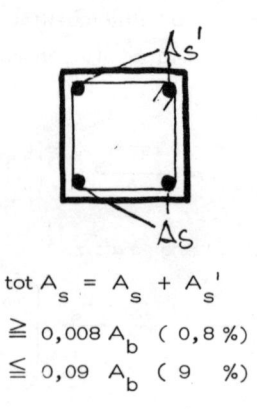

(TABELLEN Teil StB 3.2)

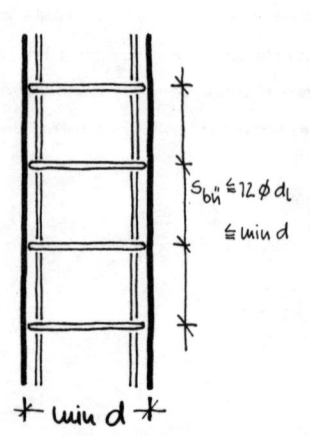

$s_{bü} \leq 12\, \varnothing\, d_l$
$\leq min\, d$

$min\, d$

G Die ideellen Spannungen σ_i werden in Abhängigkeit von Bewehrungsgrad, Stahlgüte und Betongüte ausgedrückt.

Wird das vorige Beispiel mittels σ_i nachgerechnet, so ergibt sich

$$\mu = \frac{tot\, A_s}{A_b} = \frac{25{,}1}{1600}\, \frac{cm^2}{cm^2} = 0{,}0157 = 1{,}57\,\%$$

und aus der Tabelle $\sigma_i = 1{,}14\ kN/cm^2$
zul $N = 1600 \cdot 1{,}14 = 1830\ kN$ (wie vorher).

Die Vorschriften legen einen Mindestbewehrungsgehalt von $\mu = 0{,}8\,\%$ und einen Höchstbewehrungsgrad von 9 % von A_b fest.
Weil aber das Einbringen und Verdichten des Betons bei viel Bewehrung schwierig wird, sollte 5 % Bewehrung möglichst nicht überschritten werden.

Man sieht an der σ_i-Tabelle, daß die Tragfähigkeit der Stütze (bei konstantem Querschnitt ausgedrückt durch die Spannung σ_i) vom Grundtragvermögen (bei Mindestbewehrung 0,8 %) durch Stahleinlagen auf das ca 2-fache bei 5 % Bewehrung und auf das 2,5-fache bei Höchstbewehrung angehoben werden kann.
Auf jeden Stahlstab entfällt ein Anteil der Längsdruckkraft. Deshalb muß der Stab durch Bügel am Ausknicken gehindert werden. Der Bügelabstand muß gleich oder kleiner dem 12-fachen Durchmesser des Längsstabes sein. Weitere Anordnung s. Beispiele für die Bewehrung im Tabellenband.

14

(TABELLEN
TEIL StB 2)

G Beispiel 14.2.2

<u>Stütze ohne Knickgefahr ; Bemessung</u>

geg: mittige Längskraft N = – 2400 kN
  B 25 ; BSt 420/500

ges.: bügelbewehrte quadratische Stütze mit
  Mindestbewehrung : (μ = 0,8 %)

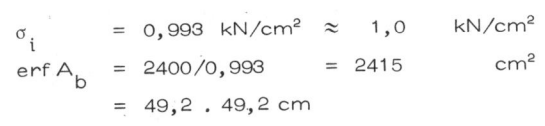

σ_i = 0,993 kN/cm² $\approx$ 1,0   kN/cm²

erf A_b = 2400/0,993 = 2415   cm²

  = 49,2 . 49,2 cm

▸gewählt   50 . 50 cm

erf A_s = 0,008 . 2415 = 19,3   cm²

▸gewählt   8 ⌀ 18 (20, 36 cm²)

  Bügel ⌀ 8, $s_{bü}$ = 20   cm < 12.1,8

  Zwischenbügel ⌀ 8, $s_{bü}$ = 40   cm

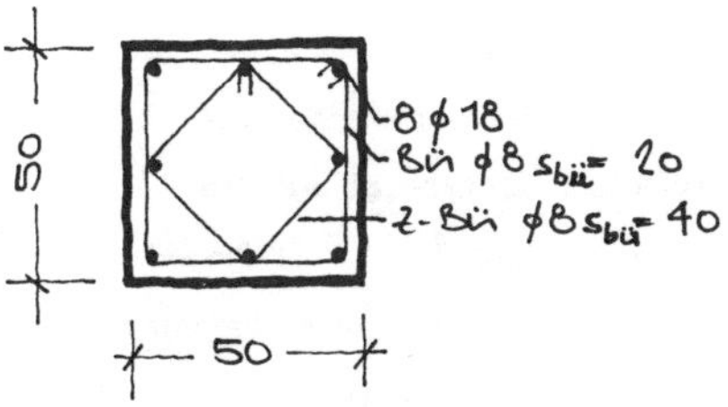

(Die Zwischenbügel sind hier unter 45° zu den anderen Bügeln gelegt, sie halten hier die 4 mittleren Längseisen).

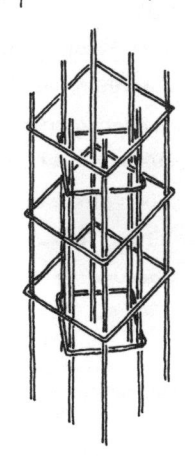

Der Wert $\sigma_i \approx$ 1,0 kN/cm² für Mindestbewehrung bei B 25 und BSt 420/500 ist leicht zu merken. Entsprechend ist der Wert bei hoher Bewehrung (μ = 5 %) σ_i = 2,0 kN/cm².

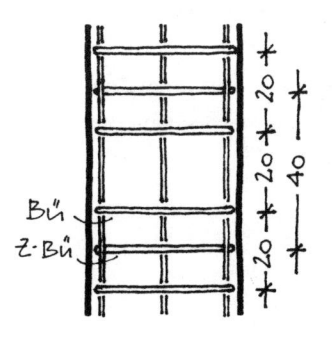

14.3 Schlanke Beton- und Stahlbetonstützen

G

Die Knickgefahr sehr schlanker Stützen hängt – wie wir wissen (s. Kap. 9.2.2 u. 10) – unter Annahme der idealen Eulerschen Voraussetzungen – von der Schlankheit und dem Elastizitätsmodul ab.

E nach Euler ist $\sigma_K = \dfrac{\pi^2 E}{\lambda^2}$

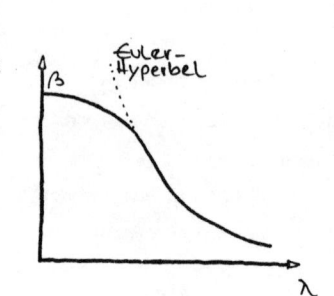

Bei weniger schlanken Stützen ist auch die Bruchfestigkeit ß von Bedeutung (s.S. 158). Die Kurve der Knickspannung verläßt im $\sigma - \lambda$ -Diagramm bei kleineren Schlankheiten die Euler-Hyperbel und läuft horizontal auf die Bruchspannung des Materials ß zu. Auf diesen Knickspannungskurven beruht das ω -Verfahren.

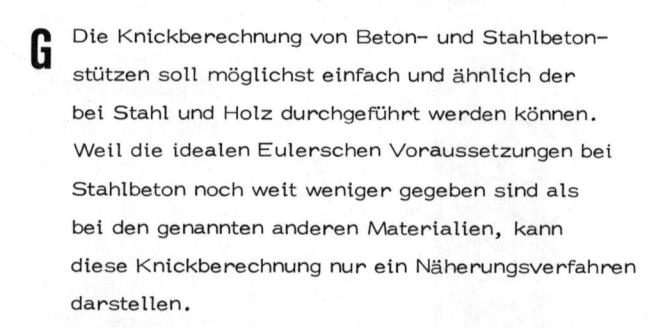

G Die Knickberechnung von Beton- und Stahlbetonstützen soll möglichst einfach und ähnlich der bei Stahl und Holz durchgeführt werden können. Weil die idealen Eulerschen Voraussetzungen bei Stahlbeton noch weit weniger gegeben sind als bei den genannten anderen Materialien, kann diese Knickberechnung nur ein Näherungsverfahren darstellen.

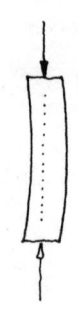

Als geometrische und strukturelle Unzulänglichkeiten (Imperfektionen) sind zu nennen:

- unvermeidbare Abweichung vom geraden Stützenverlauf (krummes Einschalen)
- ungewollte Ausmittigkeit der Krafteinleitung in der Stütze (z.B. - infolge Verdrehung der Balken aus Durchbiegung)

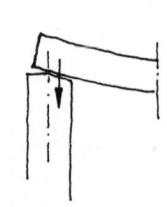

14 **G**

Kiesnest

- ungleiche Festigkeit und inkonstanter E-Modul über die Querschnittsfläche (z.B. Kiesnester, schlechte Verdichtung bei enger Bewehrung)
- unterschiedliche Austrocknung (Schwinden des Betons) und Stauchung im Laufe der Zeit (Kriechen).

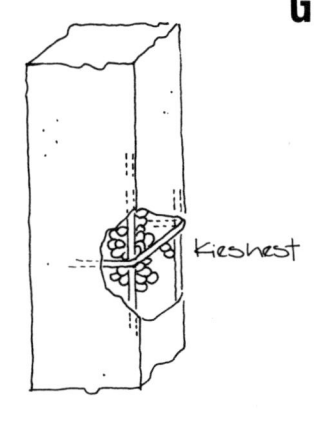

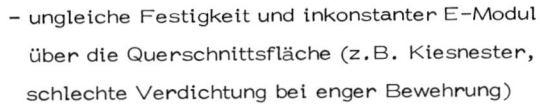

Infolge der Längskraft und der verschiedenen Imperfektionen entstehen Verbiegungen der Stütze und damit Biegemomente, die um so größer sind, je schlanker die Stütze und je höher die Last ist.

Bei einer bestimmten Schlankheit und wachsender Längskraft würde - falls man es so weit kommen lassen würde - der Querschnitt irgendwann brechen oder er würde nicht mehr genügend Widerstand gegen weitere Verbiegungen aufbringen können und die Stütze würde so wegen der immer größer werdenden Verformungen zerstört werden.

Die im Augenblick des Versagens erreichte kritische Last (Traglast) muß größer sein als das 2,1-fache der tatsächlich vorhandenen Längskraft. (Sicherheitsfaktor $\gamma = 2,1$).
Wie schon erwähnt, sind die Versagensursachen bei schlanken Beton- und besonders bei Stahlbetonstützen erheblich anders als bei idealgeraden Stahlstützen. Trotzdem kann zum Überschlagen von Querschnittsabmessungen ein ω -Verfahren wie bei Stahl und Holz angewendet werden.

G Bei der endgültigen Berechnung der Konstruktion durch den Ingenieur mit den Verfahren nach DIN wird sich der Betonquerschnitt nicht mehr ändern; der erforderliche Stahlquerschnitt der Längsstäbe in Stahlbetonstützen kann geringfügig anders werden als nach dem hier gezeigten ω -Verfahren.

Bei Stahl und Holz wurde der Nachweis der Tragfähigkeit und die Bemessung mit den Formeln durchgeführt : (s.S. 159)

$$\sigma_k = \frac{\omega \cdot N}{A} \leqq \text{zul } \sigma$$

bzw.

$$\text{zul } N = \frac{\text{zul } \sigma \cdot A}{\omega} \quad ; \quad \text{erf } A = \frac{\omega \cdot N}{\text{zul } \sigma}$$

Ähnlich können wir nach dem hier gezeigten Näherungsverfahren auch für Stahlbeton vorgehen.

E Zum Näherungsverfahren:

Der ω-Wert bei Stahl und Holz ist nur von der Schlankheit ($\lambda = \frac{s_k}{i}$) und dem gewählten Material abhängig.

Was bedeutet bei Stahlbeton $\lambda = \frac{s_k}{i}$?

- Stablänge und Auflagerung (Eulerfälle) ergeben auch im Stahlbetonbau näherungsweise die Knicklänge s_k.

- Der Trägheitsradius $i = \sqrt{\frac{I}{A}}$ ist ein Maß für das auf die Querschnittsfläche bezogene Trägheitsmoment. Neben den Abmessungen der Betonfläche geht bei Stahlbeton auch die Bewehrung in das Trägheitsmoment ein.

In unserem Näherungsverfahren wurden sämtliche Einflüsse der Stahleinlagen (Menge, Anordnung und Stahlgüte der Bewehrung) auf Trägheitsmoment und Schlankheit mit "mittleren" Werten berücksichtigt. Die Aufstellung der ω-Tabelle erfolgte für den üblichen Stahl BSt 420/500 und einen Bewehrungsgrad von 2...2,5 %. (Genau genommen bedeutet das, daß bei Mindestbewehrung die Steifigkeit zu hoch, bei hoher Bewehrung die Steifigkeit als zu niedrig angenommen wurde.)

- Statt der Schlankheit $\frac{s_k}{i}$ kann bei Rechteck- und Rundstützen auch die Außenabmessung verwandt werden in den Formen

$d_{min}\ i = \frac{d}{3,46}$

$i = \frac{\varnothing}{4,00}$

$\lambda = 3,46 \frac{s_k}{\min d}$ (Rechteck)

$\lambda = 4,00 \frac{s_k}{\varnothing}$ (Rund)

14

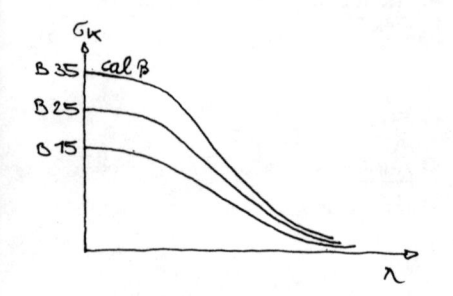

σ_K / B 35 / B 25 / B 15 / cal β / λ

E — Im Stahlbau gibt es für die Stahlarten St 37 und St 52 – wie wir gesehen haben – unterschiedliche ω -Reihen. Der Grund ist darin zu suchen, daß für alle Stahlsorten zwar der E-Modul gleich, aber die Bruchspannungen ungleich sind.

Für die Betongüten wird hier das Verhältnis $\frac{E_b}{\text{cal } \beta}$ als konstant angesehen. Die Knickspannungskurven sind sich dadurch alle ähnlich. (Was nicht ganz exakt ist).

Es ist somit für alle Betongüten nur e i n e ω -Reihe zur Erfassung der Knickgefahr erforderlich.

Die Schlankheit bleibt der einzige unabhängige Parameter für den Knickwert, alle anderen Einflüsse sind mit Mittelwerten in die ω -Tabellen eingegangen.

14

G 1. Knicknachweis der <u>unbewehrten</u> Betonstütze und – wand

Unbewehrte Betonstützen sind nach DIN 1045 zulässig bis

$$\lambda = 40 \quad (\frac{s_k}{d} \approx 11) \quad \text{und}$$

Betonwände bis

$$\lambda = 70 \quad (\frac{s_k}{d} = 20)$$

anwendbar.

(Damit sind nach DIN bei Beton engere Grenzen als bei Mauerwerk gezogen – der Grund ist nicht einsehbar.)

Der Nachweis bzw. die Bemessung wird – wie besprochen – im hier gezeigten Verfahren ähnlich wie bei Holz und Stahl vorgenommen.

$$\sigma = \frac{\omega \cdot N}{A} \leqq \text{zul } \sigma$$

oder

$$\text{zul } N = \frac{\text{zul } \sigma \cdot \text{vorh } A}{\omega}$$

oder

$$\text{erf } A = \frac{\omega \cdot N}{\text{zul } \sigma}$$

$$\lambda = \frac{s_k}{i} = 3{,}46 \; \frac{s_k}{\min d}$$

(Rechteck)

$\rightarrow \omega$

KNICKZAHLEN ω

λ	ω
0	1,00
5	1,04
10	1,08
15	1,12
20	1,17
25	1,22
30	1,27
35	1,33
40	1,40
45	1,47
50	1,56
55	1,65
60	1,75
65	1,87
70	2,00

(0–40: Pfeiler; 45–70: Wände)

unbewehrter Beton

G 2. Knickberechnung der rechteckigen Stahlbetonstütze

Die max. zulässige Schlankheit ist $\lambda = 200$ (DIN 1045); das angegebene ω -Verfahren wird wegen der Ungenauigkeit bei sehr schlanken Stützen auf $\lambda = 100$ ($\frac{s_k}{d} \approx 29$) beschränkt.

Die Mindestdicken der Stützen sind je nach Querschnittsform und Herstellungsvorgang :

Mindestdicken bügelbewehrter, stabförmiger Druckglieder

	Querschnittsform	stehend hergestellte Druckglieder aus Ortbeton cm	Fertigteile und liegend hergestellte Druckglieder cm
1	Vollquerschnitt, Dicke	≥ 20	≥ 14
2	Aufgelöster Querschnitt, z.B. I-, T- und L-förmig (Flansch- und Stegdicke)	≥ 14	≥ 7
3	Hohlquerschnitt (Wanddicke)	≥ 10	≥ 5

In jedem Querschnitt müssen mindestens 4 Stäbe mit einem Mindestdurchmesser nach folgender Tabelle angeordnet werden, und die gesamte Längsbewehrung muß mehr als 0,8 % von A_b betragen.

Mindestdurchmesser d_L der Längsbewehrung

Kleinste Querschnittsdicke der Druckglieder cm	Mindestdurchmesser d_L in mm bei BSt 220/340 (I)	BSt 420/500 (II) BSt 500/550 (IV)
< 10	10	8
≥ 10 bis < 20	12	10
≥ 20	14	12

Weitere Konstruktionshinweise s. Tabellen.

14 | Tabellen StB 3.2 |

G Unter Verwendung des ω -Verfahrens wird der <u>Nachweis</u> ausreichender Tragfestigkeit in der Form geführt :

λ	ω
20	1,00
25	1,04
30	1,08
35	1,12
40	1,16
45	1,20
50	1,24
55	1,28
60	1,32
65	1,36
70	1,40
75	1,48
80	1,57
85	1,65
90	1,73
95	1,82
100	1,90

Schlankheit $\lambda = s_k/i$

bewehrter Beton

geg: Knicklänge s_k ; Querschnitt d, b;
   Bewehrungsgrad μ oder tot A_s

errechnet : Schlankheit λ

abgelesen : Knickbeiwert ω

errechnet : zul N = $\dfrac{A_b \cdot \text{cal } \beta + \text{tot } A_s \cdot \beta_s}{2,1 \cdot \omega}$

oder

abgelesen : σ_i

errechnet : zul N = $\dfrac{\sigma_i \cdot A_b}{\omega}$

14   **G**   Beispiel <u>14.3.1</u> Stütze mit Knickgefahr

wie bei gedrungener Stahlbetonstütze 14.2.1, jedoch

$s_k = 4,0 \text{ m}$

geg: d/b = 40/40 ; 8 ⌀ 20
     B 25   BSt 420/500

$\lambda = 3,46 \cdot \dfrac{s_k}{\min d} = 3,46 \cdot \dfrac{400}{40} \approx 35$

$\omega = 1,12$

zul N $= \dfrac{1830}{1,12} = 1630 \text{ kN}$ | vergl. Bsp. 14.2.1

Bei der <u>Bemessung</u> wird die Querschnittsaußenabmessung und die Stahllängsbewehrung gesucht. Zweckmäßigerweise wird eine Vorentscheidung getroffen, ob es sich um eine Stütze mit geringer oder mittlerer Bewehrung handeln soll, oder ob die Querschnittsabmessungen (aus irgend welchen Zwängen bedingt) so klein wie möglich werden sollen, d.h. eine hohe Bewehrung erforderlich ist.

14   **G**   Beispiel 14.2.2   <u>Stütze mit Knickgefahr</u>

geg: mittige Längsdruckkraft $N = 900$ kN

Knicklänge $s_k = 3,0$ m

ges: bügelbewehrte quadratische Stütze

geschätzt 30 . 30 cm

(TABELLEN TEIL StB 3.2)

$$\lambda = \frac{300}{0,289 \cdot 30} = 34,5$$

→ $\omega = 1,12$

$$\text{erf } \sigma_i = \frac{\omega \cdot N}{A_b} = \frac{1,12 \cdot 900}{30 \cdot 30} = 1,12 \text{ kN/cm}^2$$

(TABELLEN TEIL StB 3.2)

nach der σ_i Tabelle ist dafür erforderlich

→   erf $\mu = 1,5$ %

erf $A_s = 0,015 \cdot 900 = 13,5$ cm²

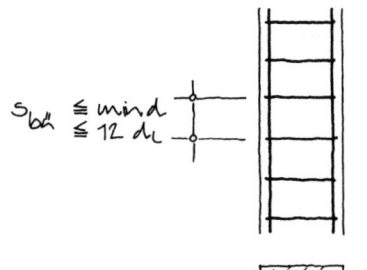

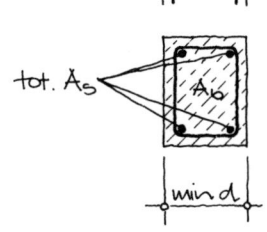

► gewählt 30 . 30

4 ⌀ 22 (15,21 cm²)

Bügel ⌀ 8, $s_{bü} = 26$ cm $< 12 \cdot 2,2$

Bügelbewehrung in Druckgliedern		
Mindest-Bügeldurchmesser $d_{bü}$		⌀ mm
1	Einzelbügel, Bügelwendel	5
2	Betonstahlmatten als Bügel	4
3	bei Längsstäben mit ⌀ $d_L > 20$ mm	8

G Schätzwerte

Es erhebt sich die Frage, wie man einen Stützenquerschnitt schätzt.

Beim Festlegen der Außenabmessungen von Stahlbetonstützen ist man relativ frei, weil durch die Ermittlung des Bewehrungsgrades eine exakte Anpassung an die erforderliche Tragfähigkeit möglich ist.

Man kann also entweder

a) die Außenabmessungen (in vernünftigen Grenzen) annehmen und den Bewehrungsgrad ermitteln oder

b) den Bewehrungsgrad festlegen und danach die Außenabmessungen ermitteln.

Um einen Anhaltspunkt zum ersten Festlegen von Querschnittsabmessungen zu haben, werden folgende weitergehenden Vereinfachungen vorgenommen:

Statt der Beton-Rechenfestigkeit cal ß wird die Betongüte B (sog. Nennfestigkeit B 15.....B 45) verwandt. Der Knickbeiwert und z.T. der Bewehrungsgrad werden zusammen in einem Beiwert erfaßt, mit dem sich der erforderliche Querschnitt der Stahlbetonstütze grob angeben läßt.

$$\text{erf } A_b = \frac{\text{vorh } N}{n \cdot B}$$

Diese Form eignet sich besonders zum Überschlagen bzw. Abschätzen, weil nur die Betongüte B... und Beiwerte n verwandt werden, deren "Eckwerte" sich in Abhängigkeit von Schlankheit und Bewehrungsgrad merken lassen.

14   G

"ECKWERTE" n

	Mindestbewehrung	hohe Bewehrung
gedrungene Druckglieder ($\frac{s_k}{d} \leq 6$)	0,40	0,60
schlanke Druckglieder ($\frac{s_k}{d} \approx 20$)	0,30	0,40

Kommt es dem Entwerfenden nicht auf die Einhaltung eines bestimmten – niedrigen – Bewehrungsgrades an, so kann der Stützenquerschnitt mit

$$\text{erf } A_b \approx \frac{\text{vorh N}}{0,4 \cdot B}$$

ermittelt werden.

Die Knickgefahr wird durch den Bewehrungsgrad ausgeglichen.
Für B 25 wird daraus die einfache Merkregel (B = 2,5 kN/cm²):

$$\text{erf } A_b \, (\text{cm}^2) \approx \text{vorh N (kN)}.$$

Die erforderliche Querschnittfläche in cm² ist ungefähr der Stützenlast in kN gleich.

14

G Man kann ferner davon ausgehen, daß bei
üblichen Hochbauten die Last je m² Decken- und
Dachfläche
>   aus Eigengewicht
>   plus Verkehrslast
>   plus Sonstiges.

ungefähr 10 kN beträgt.
Die zu tragenden Decken - bzw. Dachflächen werden
errechnet aus Stützeneinzugsfläche × Decken-
anzahl.

Je 1 m² Decken- bzw. Dachfläche werden
ungefähr benötigt

bei B 25	10 cm²	Stützenquerschnitt
bei B 15	15 cm²	Stützenquerschnitt
bei B 35	8 cm²	Stützenquerschnitt

Mit diesen einfachen Werten kann der Stützenquerschnitt überschlagen und danach, - wenn
erforderlich-, der Nachweis mit dem ω -Verfahren
geführt werden.

Der entwerfende Architekt wird mit

> je m² Deckenfläche ⟶ 10 cm² Stützenquerschnitt

die Stützenquerschnitte hinreichend genau
ermitteln.

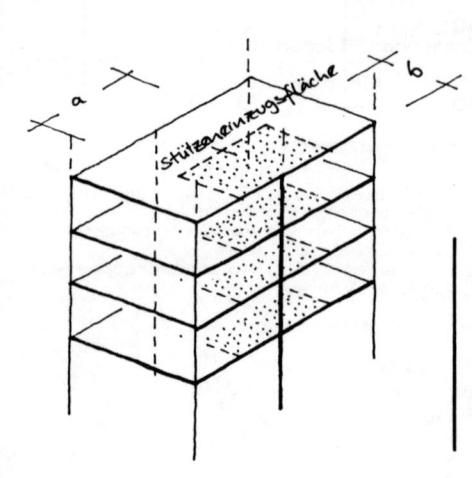

Literatur

Allgemein

	Angerer, F.	Bauen mit tragenden Flächen, Callwey-Verlag
*	Brennecke, Folkerts Haferland, Hart	Dachatlas, Institut für internationale Architektur-Dokumentation
	Domke, H.	Grundlagen Konstruktiver Gestaltung, Bauverlag
	Engel, H.	Tragsysteme, Deutsche Verlagsanstalt
	Faber, C.	Candela und seine Schalen, Callwey-Verlag
	Joedicke	Schalenbau, Krämer Verlag
	Koncz, T.	Handbuch der Fertigteilbauweise, Bd. 1 - 3, Bauverlag
	Otto, Frei	Zugbeanspruchte Konstruktionen, Bd. 1 + 2, Ullstein-Verlag
	Rühle, H.	Räumliche Dachtragwerke, Bd. 1 + 2, Verlag Rudolf Müller
*	Salvadori/Heller	Tragwerk und Architektur/Structure in Architecture, Vieweg Verlag
*	Siegel, C.	Strukturformen der modernen Architektur, Callwey-Verlag
*	Torroja, E.	Logik der Form, Callwey-Verlag
	Polonyi/Dicleli	Kosten der Tragkonstruktionen von Skelettbauten, Verlag Rudolf Müller
*	Wormuth	Grundlagen der Hochbaukonstruktion, Werner Verlag
	Minke	Zur Effizienz von Tragwerken, Krämer Verlag
*	Mann	Entwerfen tragender Konstruktionen, DBZ 10/75
	Büttner/Hampe	Bauwerk, Tragwerk, Tragkonstruktion, Hatje-Verlag
	Seegy, R.	Beitrag zur Didaktik..... der Tragwerklehre..... (Windaussteifung), Forschungsbericht aus dem Institut für Tragkonstruktionen, Uni Stuttgart

Bestimmungen

Gottsch-Hasenjäger	Technische Baubestimmungen, Verlag Rudolf Müller

Zur Statik

Schreyer/Wagner	Praktische Baustatik, B.G. Teubner Verlagsgesellschaft
Werner, E.	Tragwerklehre, Baustatik für Architekten Teile 1 und 2, Werner-Verlag
Rybicki, R.	Faustformeln und Faustwerte, Werner-Verlag

Zum Stahlbau

*	Hart, Henn, Sontag	Stahlbauatlas, Verlag Architektur und Baudetail
	Stahl im Hochbau	Verlag Stahleisen
*	Merkblätter	der Beratungsstelle für Stahlverwendung
	Mengeringhausen	Raumfachwerke (Mero)
*	Stahlbau-Taschenkalender	darin Vorschriften, Normen und Profile, Stahlbau-Verlag

Zum Holzbau

*	Götz, Hoor, Möhler Natterer	Holzbauatlas, Institut für internationale Architektur-Dokumentation
	Hempel, G.	Holzkonstruktionen unserer Zeit, Bruderverlag
	Halasz, R.v.	Holzbautaschenbuch, Verlag Wilhelm Ernst + Sohn
	Krauss, F.	Hyperbolisch paraboloide Schalen aus Holz, Krämer Verlag
	Hempel, G.	100 Knotenpunkte, Bruderverlag
	Wille	Statik der Holztragwerke, Verlag Rudolf Müller
*	Informationsdienst Holz	der Arbeitsgemeinschaft Holz e.V.

Zum Mauerwerksbau

	Mauerwerkskalender	Verlag Wilhelm Ernst und Sohn
*	Reichert	Konstruktiver Mauerwerksbau, Verlag Rudolf Müller
	Planungsunterlagen, Dokumentationen	z.B. der Kalksandsteinindustrie, der Ziegelindustrie

Zum Stahlbetonbau

Betonkalender	Verlag Wilhelm Ernst und Sohn
Wommelsdorf	Stahlbetonbau, Bemessung und Konstruktion Teil 1 und 2, Werner Verlag
Klindt	Berechnungsbeispiele für Stahlbetonbau, Verlag Rudolf Müller
Führer	Überschlägliche Dimensionierung für das Entwerfen von Druckgliedern, Werner-Verlag
Informationsmaterial	z.B. der Baustahlgewebe-GmbH u.a.
Hake, P.:	Vorlesungsskripte "Stahlbeton für Architekten". Lehrstuhl für Hochbaustatik, RWTH Aachen, WS 1970/71
Hake, P.:	Tragkonstruktionen DBZ 9/1980

* Empfohlene Werke, die nach Lesen dieses Buches im wesentlichen verstanden werden können.

Weitere Fachliteratur für Studium und Praxis

Grundlagen der Tragwerklehre 2

Von Prof. Dr.-Ing. Franz Krauss und
Claus-Christian Willems mit einem Beitrag
von Prof. Dr.-Ing. Wilfried Führer
296 Seiten, 678 Abbildungen, 5 Tabellen,
kartoniert.

Der Entwurf von Tragwerken

Hilfen zur Gestaltung und Optimierung
Von Prof. Dr.-Ing. Wilfried Führer,
Dipl.-Ing. Susanne Ingendaaij und
Dipl.-Ing. Friedhelm Stein
240 Seiten, 426 Abbildungen, 20 Tabellen,
kartoniert.

Tabellen zur Tragwerklehre

Von Prof. Dr.-Ing. Franz Krauss und
Prof. Dr.-Ing. Wilfried Führer
3., durchgesehene Auflage.
135 Seiten, zahlreiche Abbildungen
und Tabellen, kartoniert.

Normengerechtes Bauen

Band 1: Kosten, Grundflächen und Raum-
inhalte von Hochbauten.
Von Dipl.-Ing. F. Knut Weiss
15. Auflage in Vorbereitung

Band 2: Bildkommentar zu DIN 276/277
in Beispielen.
Von Dipl.-Ing. Henning Bertermann
126 Seiten, 52 Abbildungen und
22 Tabellen, kartoniert.

Handbuch der graphischen Techniken für Architekten und Designer

4 Bände; je Band 128 Seiten mit
rund 650 Abbildungen, Format A4 quer.

Der schadenfreie Hochbau

Grundlagen zur Vermeidung von Bauschäden.
Herausgeber: Prof. Dipl.-Ing. Arno Grassnick
Band 1: Rohbau.
Von Prof. Dipl.-Ing. Arno Grassnick
und Dipl.-Ing. Walter Holzapfel
5., überarbeitete und erweiterte Auflage.
244 Seiten mit 224 Abbildungen
und 29 Tabellen, kartoniert.

Band 2: Allgemeiner Ausbau.
Von Prof. Dipl.-Ing. Arno Grassnick
Dipl.-Ing. Walter Holzapfel,
Prof. Dipl.-Ing. Ludwig Klindt
und StD Gerhard P. Wahl
2., überarbeitete Auflage.
250 Seiten mit zahlreichen Abbildungen
und Tabellen, kartoniert.

Band 3: Wärme-, Tauwasser-, Schallschutz.
Von Dipl.-Ing. Rainer Pohlenz
220 Seiten mit 422 Abbildungen
und 35 Tabellen, kartoniert.

Band 4: Schutzmaßnahmen am Bau.
Von Prof. Dipl.-Ing. Arno Grassnick
Dipl.-Ing. Walter Holzapfel,
Ober-Ing. Eckard Grün, Dr.-Ing. Wilhelm
Fix und Dipl.-Ing. Horst Rother
196 Seiten mit zahlreichen Abbildungen
und Tabellen, kartoniert.

Rudolf Müller
Buch- und Zeitschriftenverlag
Postfach 410949 · 5000 Köln 41